高职高专规划教材

建筑装饰构造

第二版

王萱　王旭光　主编

李一凡　李妮　陈欣沂　副主编

李继业　主审

 化学工业出版社

·北京·

本书依据国家最新相关规范和标准，关注建筑装饰行业的最新发展，结合建筑装饰行业职业技能要求编写而成。注重实践技能的培养，突出技能性、实用性，力求反映当前最新的装饰构造技术。全书共分八章，主要包括建筑装饰构造基本知识、楼地面、墙柱面、顶棚、门窗、幕墙及其他部位装饰构造原理与方法，典型装饰构造实例。为方便学习，每章后均有思考题和习题。

　　本书为高职高专建筑装饰工程技术、环境艺术设计、室内设计技术及相关专业的教学用书，也可作为有关技术人员和专业职业资格考试的培训教材和参考书。

图书在版编目（CIP）数据

建筑装饰构造/王萱，王旭光主编. —2版. —北京：
化学工业出版社，2012.8(2020.10重印)
高职高专规划教材
ISBN 978-7-122-14457-7

Ⅰ. 建…　Ⅱ.①王…②王…　Ⅲ. 建筑装饰-建筑构造-高等职业教育-教材　Ⅳ.TU767

中国版本图书馆 CIP 数据核字（2012）第 121239 号

责任编辑：王文峡　　　　　　　　　　　文字编辑：刘莉珺
责任校对：周梦华　　　　　　　　　　　装帧设计：尹琳琳

出版发行：化学工业出版社（北京市东城区青年湖南街 13 号　邮政编码 100011）
印　　装：涿州市般润文化传播有限公司
787mm×1092mm　1/16　印张 18　字数 421 千字　2020 年 10 月北京第 2 版第 4 次印刷

购书咨询：010-64518888　　售后服务：010-64518899
网　　址：http://www.cip.com.cn
凡购买本书，如有缺损质量问题，本社销售中心负责调换。

定　　价：49.00 元

前言

"十一五"期间，我国建筑装饰行业年工程产值年平均增长 13%，行业发展具有较强的增长性、持续性、稳定性。"十二五"期间，建筑装饰行业仍面临着持续、快速发展的宏观环境，但又具有新特点，将以科学发展观为指导，以工业化、市场化、专业化、规范化、人性化为原则，以增强创新能力、提高资源整合效率为基本手段，通过调整结构、工业化改造、节能减排改造等，全面提升发展质量，在国家宏观经济政策指导下，实现行业的可持续发展。节能、环保以及更加严格的工艺标准对建筑装饰装修工程的技术要求越来越高。建筑装饰行业从业人员人数和人员素质要求有大幅度提高，预计从业者年平均增加 20 万人，受高等教育的将占到 50%，建筑装饰专业人才的培养将是一项非常艰巨的任务。

《建筑装饰构造》第一版教材出版后，在许多院校教学中应用，受到了学生和老师们的欢迎和好评。但从教材编写至今已历时近 8 年，时代的发展及建筑装饰新理念、新材料和新技术的应用，使原教材已不能满足教学的需求。因此，新版教材的编写工作应运展开。

本教材以原版本为基础，保持原有结构体系和特点，对相关内容进行完善和修改。注重从职业院校教学规律出发，强化实践内容，紧密结合建筑装饰行业的最新发展进行编写，突出反映新技术、新材料、新工艺，增加有关绿色建材、新型环保制品在建筑装饰构造中的应用等方面内容。主要包括建筑装饰构造的基本原则和原理，建筑内外墙面装饰构造、楼地面装饰构造、顶棚装饰构造做法，特殊装饰工程及特殊部位装饰工程的构造原理和构造做法，如隔墙隔断、柱面、门窗、玻璃工程等。每章后补充完善思考题，增加必要的实践训练设计题目，书末编写精选的典型装饰工程实例介绍及主要构造施工图。

本书由王萱、王旭光主编。王萱编写第一章、第二章、第三章；李一凡、李妮编写第四章、第五章；王旭光、陈欣沂编写第六章、第七章、第八章。参加编写工作的还有张冰、孙燕等。王萱负责全书的统稿。

全书由山东农业大学李继业教授主审。

本书在编写过程中，参考和借鉴了有关书籍和图片资料，得到了不少建筑装饰设计与施工单位的大力支持，在此一并致以衷心感谢。

由于编者水平有限，书中难免有欠妥之处，敬请有关专家、同行和广大读者提出宝贵意见。

编 者
2012 年 6 月

第一版前言

　　建筑装饰构造设计是建筑装饰设计的重要组成部分，在设计与施工过程中，应该满足技术先进、经济合理、坚固美观的要求。随着经济建设的迅速发展和人们生活水平的不断提高，人们对建筑装饰造型、质感、风格等都提出了更高的要求。科学合理地选用建筑装饰材料和施工方法，努力提高建筑装饰业的技术水平，对于创造一个舒适、绿色环保型环境，促进建筑装饰业的健康发展，具有非常重要的意义。

　　本书是依据最新国家规范、建筑装饰行业的最新发展编写的。在内容上以装饰构造设计基本原理为主，重点介绍在建筑装饰构造中常用的构造形式和做法，突出反映当前建筑装饰新技术、新材料、新工艺。内容包括：建筑装饰构造的基本原则和原理、建筑物内外墙面、顶棚、楼地面等处的装饰构造做法。此外，还介绍特殊装饰工程及特殊部位装饰工程的构造原理与方法。为方便教学和自学，每章后有复习思考题和习题，书末附有典型装饰工程构造实例。

　　本书编写突出理论与实践相结合，注重对学生技能方面的培养，叙述平实、深入，贴近实际工程需要，具有应用性突出、可操作性强、通俗易懂等特点。本书既适用于高职高专建筑装饰类专业学生的学习，也可以作为建筑装饰施工技术的培训教材，还可以作为建筑装饰技术人员的技术参考书。

　　本书由山东农业大学王萱和王旭光主编，山东省水利厅赵晋升和山东农业大学张耀军副主编，泰安市建筑装饰装修管理处姜丰伦、泰安市泰山区室内装饰管理办公室张文忠、山东农业大学李一凡、博兴县引黄济青工程管理处孙培树等参加了编写。编写的具体分工为：王萱编写第一章、第三章，王萱和李一凡编写第二章，赵晋升编写第四章，张耀军编写第五章，王旭光、姜丰伦编写第六章、第八章，张文忠和孙培树编写第七章，王萱负责全书的统稿。

　　山东农业大学李继业教授担任本书的主审，他提出了许多宝贵意见，在此表示衷心感谢。

　　在编写本书过程中，参考了有关书籍和图片资料，得到了不少建筑装饰设计与施工单位的大力支持，在此一并致以感谢。

　　由于编者水平有限，时间仓促，书中难免有不妥之处，敬请有关专家、同行和广大读者提出宝贵意见。

编　者
2005 年 5 月

目 录

第三章　墙柱装饰构造 　/55

第四章 顶棚装饰构造 /105

第五章 门窗装饰构造 /133

第六章　幕墙装饰构造　　　　/157

第七章　其他装饰工程构造　　　　/191

第八章 建筑装饰构造实例 /245

参考文献 /278

建筑装饰构造概述

本章介绍了建筑装饰构造的概念和建筑装饰构造的设计原则，叙述了建筑装饰构造的组成、作用和分类以及装饰构造设计一般思路。

通过学习，初步了解建筑装饰构造的一些基本理论、基本方法和特点，为学习后续内容打下良好基础。

第一节
建筑装饰构造设计的重要性

随着人民生活水平的提高，人们对建筑空间不仅仅从数量上提出了更高的要求，从质量上也提出了新的要求，要求环境美观、舒适。建筑装饰因此受到了社会的广泛关注。

一、建筑装饰与建筑装饰构造

建筑装饰是在已有的建筑主体上覆盖新的装饰表面，是对已有建筑空间效果的进一步设计，也是对建筑空间不足之处的改进和弥补，是使建筑空间满足使用要求、更具有个性的一种手段。由于有各种使用要求的建筑物经二次装饰后，都被赋予了各自鲜明的性格特征，建筑装饰能够满足人们的视觉、触觉享受，能够改善建筑物理性能，进一步提高建筑空间的质量，因此建筑装饰已成为现代建筑工程不可缺少的重要组成部分。

建筑装饰水平的高低是评价一个建筑物总体乃至其内部质量优劣的重要依据。优秀的建筑装饰设计及施工，能够完善一个建筑设计的总体意图，甚至弥补某些不足；相反，欠佳的建筑装饰设计及施工会改变一个建筑方案的设计意图，甚至会影响使用功能。

建筑装饰构造就是使用建筑材料、建筑制品、建筑装饰性材料对建筑物内外与人接触部分以及看得见的部分进行装潢和修饰的构造做法。建筑装饰构造是一门综合性的工程技术学科，它应该与建筑、艺术、结构、材料、设备、施工、经济等方面密切配合，提供合理的装饰构造方案，作为建筑装饰设计中综合技术方面的依据和实施建筑装饰设计的重要手段，同时它是装饰设计不可缺少的组成部分。

建筑装饰构造一般分为构造原理和构造做法两大部分。构造原理是构造设计的理论和经验，构造做法是结合客观实际确定的一个切合实际的、能实施的构造设计方案。构造原理体现在构造做法中，构造做法是具体了的构造原理。

二、建筑装饰构造设计的重要性

建筑装饰工程涉及的建筑装饰材料品种十分繁多，所采用的构造方法细致而复杂多样，良好的建筑装饰对建筑总体形象及环境气氛的形成起到十分重要的作用，但这种效果往往是在使用过程中才能被人们直接感受到的。

建筑装饰构造设计是建筑装饰设计落到实处的具体细化处理，是构思转化为实物的技术手段。没有良好的、切合实际的建筑装饰构造方案设计，即使有最好的构思、用最佳的装饰材料，也不可能构成完美的空间。理想的建筑装饰构造设计应充分利用各种装饰材料的特性，结合现有的施工技术，用最少的成本、最有效的手法，达到构思所要表达的效果。

认真学习建筑装饰构造原理，掌握建筑装饰构造设计的基本方法和技能，有意识地总结设计经验、改进实践工程中的问题，才能不断提高建筑装饰构造设计的水平。

三、关于建筑装饰构造课程

（一）建筑装饰构造课程的主要特点

建筑装饰构造是一门实践性很强的技术性课程，学习本课程需要一定的施工现场知识和经验，因此，除了学习理论知识外，应有意识地获取施工现场知识，通过完成大量的构造设计作业和练习，进一步理解和掌握有关构造理论，使理论知识与工程实际完美结合。

建筑装饰构造另一个特点是建筑装饰构造的表达方式是绘制建筑装饰工程施工图。建筑装饰工程中的许多内容是用工程施工图来表达的，阅读实际工程图纸也是提高构造设计理论和水平的有效途径，因此，要学会和掌握如何读图和如何用图来表达构造设计思想。

（二）建筑装饰构造课程的学习方法

学好装饰构造课程的最好方法就是多实践。首先，要多进行观察。尽可能多地接触装饰施工工地，多看已完成的建筑空间里各处的构造做法，听取有关人员从不同角度对构造提出的建议和想法；另外，要多阅读课外资料如设计规范、标准图集、工程施工图、工程实例分析等。在观察过程中要琢磨、分析建筑空间各个部位构造的不同处理方式，体会不同材料的不同处理方法，对学过的构造知识进行归纳和总结，从而对构造理论产生较深的体会和理解。

其次，要多动手，通过动手练习提高构造设计实用水平。一是临摹教材或资料上的构造图，加深和感知图中蕴含的信息，掌握正确规范的图面表达方式；二是通过画图的方式多做构造设计练习；三是从施工现场或已完工的建筑装饰工程中了解和总结有关构造处理手法。

第二节
建筑装饰构造的类型

一、建筑装饰的部位

建筑装饰工程涉及建筑室内外各个部位，包括建筑构件在空间所形成的各个界面，如地面、墙面、顶棚以及一些独立构件如柱子、楼梯等。因此建筑装饰构造的部位是由楼地面、内外墙面、顶棚、门窗、楼梯、隔墙隔断、柱面等部分构成，有的工程还包括幕墙、采光屋顶、广告招牌等。图 1.1 为建筑物内外装饰部位内容示意图。

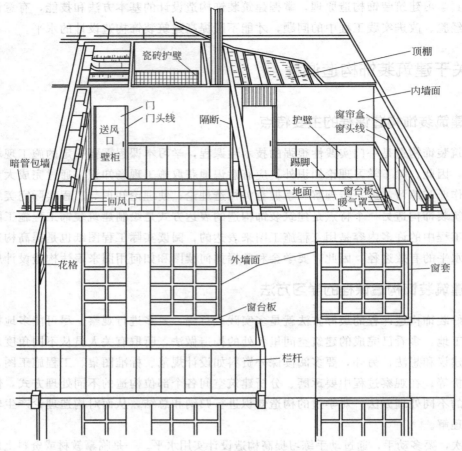

图 1.1　建筑物内外装饰部位示意

二、建筑装饰构造的基本类型

　　建筑装饰构造一般可分为两大类：一类是通过覆盖物在建筑构件的表面起保护和美化构件作用，并能满足建筑物有关使用要求的构造，称为饰面构造或覆盖式构造；另一类是通过各种加工工艺，将建筑装饰材料加工成各种装饰配件（建筑装饰工程中使用的成品或半成品），在施工现场安装就位，以满足使用和装饰要求的构造，称为配件构造或装配式构造。

（一）饰面构造

　　饰面构造主要是处理好饰面层与基层的连接构造问题，解决好面层与基层的连接固定牢固的方法，在装饰构造中占有相当大的比重。例如在墙体表面做木护壁饰面、在钢筋混凝土楼板下做吊顶棚饰面、在建筑物室内楼地面上做的饰面面层均属饰面构造。其中，木护壁饰面与砖墙之间的连接、吊顶棚饰面与楼板结构层之间的连接、楼地面上的饰面面层与楼板结构层之间的连接等均属处理两个界面结合的构造关系问题。

　　1. 饰面构造与饰面位置的关系

　　饰面总是附着于建筑主体结构构件的外表面，饰面构造与位置的关系密切。一方面，由于构件位置不同，外表面的方向不同，使得饰面具有不同的方向性，构造处理措施也就相应不同（顶棚处在楼盖或屋盖的下部，墙的饰面位于墙的内外两侧，因此顶棚和墙面的饰面构造应防止脱落伤人）。各饰面部位的构造要求和特性见表1.1。另一方面，由于饰面所处部位不同，虽然选用相同的材料，构造处理也会不同，如大理石、花岗岩墙面要求采用钩挂式的构造方式，以保证连接可靠；而大理石、花岗岩地面由于处在结构的上层，采用铺贴式构造方式即可。

表 1.1　饰面部位及构造要求

名　称	部　位	主要构造要求	饰面作用
顶棚	下位	防止剥落	顶棚对室内声音有反射或吸收的作用，对室内照明起反射作用，对屋顶有保温隔热及隔声的作用，此外，吊顶棚内可隐藏设备管线等
外墙面（柱面） 内墙面（柱面）	侧位	防止剥落	外墙面有保护主体不受外界因素直接侵害的作用；要求耐气候、耐污染、易清洁等 内墙面对声音有吸收或反射的作用，对光线有反射作用；要求不挂灰、易清洁、有良好的接触感，室内湿度大时应考虑防潮
楼地面	上位	耐磨损	楼地面是直接接触最频繁的面，要求有一定蓄热性能和行走舒适，有良好的消声、隔声性能，且耐冲击、耐磨损，不起尘，易清洁。特殊用途地面还要求具有防水、耐酸、耐碱等性能

2. 饰面构造的基本要求

（1）饰面构造要求附着牢固、可靠，严防开裂。因为饰面层附着于结构层，如果饰面构造处理不当，如出现面层材料与基层材料膨胀系数不一、粘接材料的选择不合理基层处理不到位、面层材料与基层粘接不牢等情况，都会使面层出现剥落。饰面剥落不仅影响美观，而且危及安全。

大面积现场施工抹面，往往会由于材料的干缩或冷缩出现开裂，构造处理时往往要设缝或加分隔条，既便于施工、维修，又避免因收缩开裂剥落。

（2）在设计和适用合理的情况下，饰面层的厚度与材料的耐久性、坚固性成正比。在构造设计时必须保证饰面层具有相应的厚度，但厚度的增加又会带来构造方法与施工技术的复杂化，因此饰面构造通常分为若干个层次，进行分层施工或采取其他构造加固措施。例如在标准较高的抹灰类墙面装饰中，一般按底层、中层和面层抹灰三部分来分层施工，以避免因抹灰层厚度过大或施工措施不当引起抹灰层开裂、起鼓或脱落。

（3）饰面应均匀平整。饰面的质量标准，除了要求附着牢固外还必须做到均匀平整，色泽一致，从选料到施工都要严把质量关，严格遵循现行的施工规范，以保证获得理想的装饰效果。

3. 饰面构造的分类

饰面构造根据材料的加工性能和饰面部位特点可以分为罩面类、贴面类和钩挂类。各种构造类型的特点及要求见表1.2。

表 1.2　饰面构造类型的特点及要求

类型		示意图形		构造特点
		墙面	地面	
涂罩面	涂料			将液态涂料喷涂固着成膜于材料表面。常用涂料有油漆及白灰、大白浆等水性涂料
	抹灰	找平层 饰面层		抹灰砂浆是由胶凝材料、细骨料和水（或其他溶液）拌和而成，常用的材料有石膏、白灰、水泥、镁质胶凝材料等，以及砂、细炉渣、石屑、陶瓷碎料、木屑、蛭石等骨料
贴面	铺面	打底层 找平层 粘接层 饰面层		各种面砖、缸砖、瓷砖等陶土制品，厚度小于12mm，规格尺寸繁多，为了加强黏结力，在背面开槽用水泥砂浆粘贴在墙上。地面可用 20mm×20mm 小瓷砖至 600mm 见方大型石板，用水泥砂浆铺贴
	粘贴	找平层 粘接层 饰面层		饰面材料呈薄片或卷材状，厚度在 5mm 以下，如粘贴于墙面的各种壁纸、玻璃布
	钉嵌	防潮层 不锈钢卡子 木螺钉 企口木墙板 木龙骨 射钉		饰面材料自重轻或厚度小、面积大，如木制品、石棉板、金属板、石膏、矿棉、玻璃等制品，可直接钉固于基层，或借助压条、嵌条、钉头等固定，也可用涂料粘贴
钩挂	扎结	Φ6竖钢筋 绑扎铜丝或不锈钢丝 石材开槽孔 预埋Φ6横钢筋		用于饰面厚度为 20～30mm、面积约 1m² 的石料或人造石等，可在板材上方两侧钻小孔，用铜丝或镀锌铁丝将板材与结构层上的预埋铁件连接，板与结构间灌砂浆固定
	钩结	不锈钢钩 石材开槽 石材板		饰面材料厚 40～150mm，常在结构层包砌。饰面块材上口可留槽口，用与结构固定的铁钩在槽内搭住。用于花岗石、空心砖等饰面

（二）配件构造

根据材料的加工性能和配件的成型方式，配件构造分为三种类型。

1. 塑造与铸造类

塑造是指对在常温常压下呈可塑状态的液态材料（如水泥、石灰、石膏等），经过一定的物理和化学变化过程的处理，使其失去流动性和可塑性而凝结成具有一定强度和形状的固体（如水泥花格、石膏花饰等）。

铸造是指将生铁、铜、铝等可熔金属材料，经熔化后铸造成各种花饰和零件，然后在现场进行安装。

2. 加工与拼装类

对木材与木制品进行锯、刨、削、凿等加工处理，并通过粘、钉、开榫等方法拼装成各种装饰构件。一些人造材料如石膏板、碳化板、珍珠岩板等具有与木材相类似的加工性能与拼装性能。金属薄板如镀锌钢板等各种钢板具有剪、切、割的加工性能和焊、钉、卷、铆的拼装性能。此外，铝合金门窗和塑钢门窗也属于加工拼装的构件。

加工与拼装的构造在装饰工程中应用广泛，常见的拼装构造方法见表1.3。

表 1.3　配件拼装构造方法

类别	名　称	图　　　形	说　　明
粘接	高分子胶	常用高分子胶有环氧树脂、聚氨酯、聚乙烯醇缩甲醛、聚乙酸乙烯等	水泥、白灰等胶凝材料价格便宜，做成砂浆应用最广。各种黏土、水泥制品多采用砂浆结合。有防水要求时，可用沥青、水玻璃等结合
	动物胶	如皮胶、骨胶、血胶	
	植物胶	如橡胶、淀粉、叶胶	
	其他	如沥青、水玻璃、水泥、白灰、石膏等	
钉接	钉	半圆头　半沉头　方头 圆钉　销钉　骑马钉　油毡钉　石棉板钉　木螺钉	钉结合多用于木制品、金属薄板等，以及石棉制品、石膏，白灰或塑料制品
	螺栓	螺栓　调节螺栓　没头螺母　铆钉	螺栓常用于结构及建筑构造，可用来固定、调节距离、松紧，其形式、规格、品种繁多
	膨胀螺栓	塑料或尼龙膨胀管　　钢制胀管	膨胀螺栓可用来代替预埋件，构件上先打孔，放入膨胀螺栓，旋紧时膨胀固定
榫接	平对接	凹凸榫　对搭榫　销榫　鸽尾榫	榫接多用于木制品，但装修材料如塑料、碳化板、石膏板等也具有木材的可凿、可削、可锯、可钉的性能，也可适当采用
	转角顶接		
其他	焊接	V缝　单边　塞焊　单边V缝角接	用于金属、塑料等可熔材料的结合
	卷口	卧式　　立式	用于薄钢板、铝皮、铜皮等的结合

3. 搁置与砌筑类

搁置、砌筑是将分散的块材通过一些黏结材料，相互叠置垒砌成各种图案。如水泥制品、陶土制品和玻璃制品等。在建筑装饰上常用搁置与砌筑构造的配件主要有花格、隔断、隔板、窗套等。

三、标准做法与标准图

对在长期实践中充分验证的、具有普遍意义的装饰构造做法进行提炼，从而形成装饰构造的标准做法。使用标准做法可以减少设计工作量、规范施工工艺、方便预算结算、利于管理。

标准做法汇集成册，通过专家论证，政府有关部门审批，正式出版的就是标准图。标准图上的构造做法一般是经验证的、成熟的，主要适合于大量性民用建筑。对于大型性建筑为了更具个性，一些细部构造多应单独设计。

标准化是工业化的前提，实现建筑装饰标准化，就能使建筑装饰制品、构配件和组合件实现工业化大规模生产，提高装饰施工质量和效率，降低建筑装饰工程造价。因此使用标准图和标准做法，强调标准化有着十分现实的意义。

第三节
建筑装饰构造的设计原则

建筑装饰构造设计必须综合考虑各种因素，通过分析比较选择适合特定装饰工程的最佳构造方案，一般应遵循以下几项原则。

一、满足使用功能要求

建筑物是供人们使用的室内外空间场所，因此建筑装饰构造要最大限度地满足人们对建筑物使用功能的要求。

1. 保护建筑主体结构构件

建筑物主体结构构件是装饰构件的基础和依托，是建筑物的支撑骨架，这些建筑构件直接暴露在大气中，会受到大气中各种介质的侵蚀而破坏（如铜铁构件会由于氧化作用而锈蚀；水泥构件表面会因大气侵蚀而使表面疏松；竹木等有机纤维构件会因微生物的侵蚀而腐朽等）。建筑装饰工程中，通常采用涂刷涂料、抹灰等覆盖性的装饰构造措施进行处理。这样，一方面能提高建筑构件的防火、防水、防锈、防酸碱的抵抗能力，另一方面可以保护建筑构件免受机械外力的碰撞和磨损。一些重点部位的装饰面，如内墙面的踢脚、墙裙、窗台、门窗套等是为防止磕碰损坏、便于清洁而做出的特殊处理，当覆盖层受到破坏时可不更换结构构件而直接重做装饰饰面，使建筑物焕然一新。

2. 保证建筑空间的使用要求

建筑构造设计的目标就是创造出一个既舒适又能满足人们各种生理要求，还能给人以美感的空间环境。对建筑物室内室外进行装饰，不仅可使建筑物不易污染，容易清洗，改善室内清洁卫生条件，保持建筑物整洁清新的外观；而且还可改善建筑物的热工、声学、光学等物理状况，从而为人们创造舒适良好的生活、生产工作环境。对特殊要求的建筑，应根据其特点进行装饰，不同的部位需采用不同的装饰材料及相应的构造措施。如影剧院观众厅的内墙壁和顶棚的装饰通常由其声学要求来决定的，应具有吸声功能；对于建筑物外墙和门窗的装饰是由其热工性能来决定的，应满足建筑物对节能功能的要求；为了管线布置，通常将电子计算机房地面装饰成可拆装的活动夹层地板，并对地板进行防静电处理，等等。

在建筑装饰中，在不影响原有建筑及结构正常工作性能的情况下，充分利用厚墙挖洞，布置各种壁柜、搁板等，或在上部空间设置阁楼、吊柜等，可提高建筑有效面积，给使用者带来很大的方便。

3. 协调各工种之间的关系

现代化设备的建筑，尤其是一些特殊要求的或大型的公共建筑，其结构空间大、设备数量多、功能要求复杂、各种设备错综布置，常利用装饰的各种构造方法将各种设施进行有机组织，如将通风口、窗帘盒、灯具、消防管道设施等与顶棚或墙面有机结合，不仅可减少设备占用空间、节省材料，而且可起到美化建筑物的作用。

装饰工程是建筑施工的最后一道工序，它具有将各工种之间协调统一的作用。

二、满足精神生活的需要

建筑装饰构造设计从色彩、质感等美学角度合理选择装饰材料，通过准确的造型设计和细部处理，可以使建筑空间形成某种气氛，体现某种意境与风格，这种艺术表现力称为"建筑的精神功能"。

建筑装饰构造通过对局部造型及尺度的把握、纹线和线脚的处理、色彩与质地的选用等构造的方法，将工程技术与艺术加以融合，改变建筑物室内外的空间感。通过建筑装饰处理，原本平凡的空间可以被赋予某种特定的格调。

不同性质和功能的建筑，通过不同的构造处理措施，能形成不同的环境和气氛，并以其强烈的艺术感染力影响着人们的精神生活。

三、确保坚固耐久、安全可靠

建筑装饰构造设计如果没有安全保障，任何建筑功能都会荡然无存。因此，一定要注意以下几方面。

1. 结构安全方面

首先是装饰构件自身的强度、刚度和稳定性。它们的强度、刚度、稳定性一旦出现问题，不仅直接影响装饰效果，而且还可能造成人身伤害和财产损失，如玻璃幕墙的覆面玻璃和铝合金骨架在正常荷载情况下应满足强度、刚度等要求。

其次是主体结构、构件的安全性。由于装饰所用的材料大多依附在主体结构或构件上，主体结构或构件必须承受由此传来的附加荷载，如楼地面饰面构造和吊顶饰面构造将增加楼盖结构的荷载。当重新布置室内空间会导致荷载变化及结构受力性能变化等。尤其是当需要拆改某些主体结构或构件时，主体结构或构件的验算就非常重要。

另外，装饰构件与主体结构的连接也必须保证安全可靠。连接点承担外界各种荷载，并传递给主体结构，如果连接点强度不足，会导致装饰构件坠落，后果十分危险。

建筑装饰工程中，切忌破坏性装饰装修。不经计算校核和批准，不得随意拆除墙体，损坏原有建筑结构。

2. 消防、疏散方面

建筑装饰设计必须与建筑设计协调一致，满足建筑设计规范要求。不得在建筑装饰设计中对原有建筑设计中的交通疏散、消防处理进行随意改变，要考虑装饰处理后对建筑消防和交通的影响。例如装饰构造会使疏散通道或楼梯宽度变窄，增加隔墙会减少疏散口或延长疏散通道等。

现代建筑装饰工程中经常采用木材、织物、不锈钢等易燃或易导热的材料，这些材料在室内空间发生火灾时，将引起或者加速火灾的蔓延，会给人们造成很大的生命和财产损失，使建筑物受到火灾隐患的威胁。因此，应根据消防规范要求采取有效措施。国家《建筑内部装饰设计防火规范》（GB 50222—2001）中对建筑装饰工程材料的选用及防火措施做了详细的规定，建筑装饰构造必须符合规范要求。

建筑装饰工程材料按燃烧性能划分四个等级，见表1.4。选择材料时应尽量选用难燃或不燃材料，如选用易燃或可燃材料，应按照规范进行防火阻燃处理，例如在室内装饰中，选用木材和木材制品应涂刷防火涂料，选用装饰织物等可喷涂防火液，选用钢材或钢制品应涂刷防火漆，等等。此外，选用易燃或可燃材料在燃烧过程中不得释放大量烟雾和有害气体，以免火灾时造成更大的损失。

表 1.4　建筑装饰装修材料燃烧等级

等　　级	装饰装修材料燃烧性能	等　　级	装饰装修材料燃烧性能
A	不燃	B_2	可燃
B_1	难燃	B_3	易燃

3. 环保节能方面

建筑物室内空间各有关界面是通过各种各样的装饰装修材料制作修饰而成的，这些装饰装修材料大部分或多或少含有一些有害气体和成分，室内空间装饰装修后将会受到一定程度的污染。国家《民用建筑工程室内环境污染控制规范》（GB 50325—2010）对建筑装饰材料的选用和施工做出规定，建筑装饰构造必须符合相关要求，应避免选择含有毒性物质和放射性物质的建筑装饰材料。例如，在选择室内用天然花岗岩板材时，应控制其放射性元素的含量是否超标；在选择室内用的各种木质人造板材时，应控制其甲醛的含量是否超标；在选择室内用的各种油漆涂料时，应控制其苯、甲苯、二甲苯的含量是否超标，等等。

此外，在建筑装饰应始终贯彻绿色原则，节约使用不可再生的自然材料资源，提倡使用环保型、可重复使用、可循环使用的材料；充分利用自然光、自然风，选用高效节能的光源及照明新技术，推广节水器具，提高外墙的保温隔热，改进外门窗的气密性等，实现装饰工程的节能和环保。

四、材料选择合理

建筑装饰材料是装饰工程的物质基础，在很大程度上决定着装饰工程的质量、造价和装饰效果，轻质高强、性能优良、易于加工、价格适中是理想装饰材料所具备的特点。

在材料选择时，首先应正确认识材料的物理性能和化学性能，如耐磨、防腐、保温、隔热、防潮、防火、隔声以及强度、硬度、耐久性、加工性能等，还应考虑装饰材料的纹理、色泽、形状、质感等外观特征；其次，应了解材料的价格、产地及运输情况，一般来说中低档价格的装饰材料普及率高、应用广泛，高档价格的装饰材料常用于局部空间的点缀，在满足装饰效果和使用功能的前提下，就地取材是创造具有地方装饰特色和节省投资的好方法。

五、施工方便可行

建筑装饰工程施工是整个建筑工程的最后一道主要工序，通过一系列施工，使装饰构造设计变为现实。一般装饰工程的施工工期约占整个工程施工工期的30%～40%，高级建筑装饰工程的施工工期可达50%，甚至更长。因此，构造方法应便于施工操作，便于各工种之间的协调配合，便于施工机械化程度的提高。构造设计还应考虑维修方便和检修方便，例如：吊顶内如有设备，应考虑布置在装饰面内部的所需空间、预留进出口位置、行走通道等。

六、满足经济合理要求

建筑装饰工程费用在整个工程造价中占有很高比例，一般民用建筑装饰工程费用占工程总造价的30%～40%及以上，因此，根据建筑性质和用途确定装饰标准、装饰材料和构造方案，控制工程造价，对于实现经济上的合理性有着非常重要的意义。

装饰并不意味着多花钱和多用贵重材料，节约也不是单纯地降低标准，重要的是在相同的经济和装饰材料条件下，通过不同的构造处理手法，创造出令人满意的空间环境。表1.5、表1.6分别为建筑装饰等级和建筑装饰标准，可供参考。

表1.5　建筑装饰等级

建筑装饰等级	建 筑 物 类 型
一	高级宾馆，别墅，纪念性建筑，大型博览、观演、交通和体育建筑，一级行政机关办公楼，市级商场等
二	科研、高校建筑，普通博览、观演、交通和体育建筑，广播通信、医疗、商业、旅馆建筑，局级以上行政办公楼等
三	中学、小学和托儿所建筑，生活服务性建筑，普通行政办公楼，普通居住建筑

11

表 1.6　建筑装饰标准

装饰类别	房间名称	部位	内装饰标准及材料	外装饰标准及材料	备注
一	全部房间	墙面	塑料壁纸（布）、织物墙面大理石、装饰板、水墙裙、各种面砖及内墙涂料	大理石、花岗岩、面砖、无涂料、金属板及玻璃幕墙	
		楼面地面	软木橡胶地板、各种塑料地板、大理石、彩色水磨石、地毯及木地板		
		顶棚	金属装饰板、塑料装饰板、金属壁纸、塑料壁纸、装饰吸声板、玻璃顶棚及灯具	室外雨篷下和悬挑部分的楼板下，可参照内装饰顶棚	
		门窗	夹板门、推拉门、带木镶边板或大理石镶边板，设窗帘盒	各种颜色玻璃、铝合金门窗、塑钢门窗、特制木门窗、钢窗及玻璃栏板	
		其他设施	各种金属花格、竹木花格、自动扶梯、有机玻璃栏板、各种花饰、灯具、空调、防火设备、暖气设备及高档卫生设备	局部屋檐、屋顶可用各种瓦件和金属装饰物（可少用）	
二	门厅楼梯走道普通房间	墙面	各种内墙涂料和装饰抹灰，有窗帘盒和暖气罩	主要立面可用面砖、局部大理石及无机涂料	功能有特殊者除外
		楼面地面	彩色水磨石、各种塑料地板、地毯、卷材地毯及碎拼大理石地面		
		顶棚	混合砂浆、石灰罩面、板材顶棚（钙塑板、胶合板、吸声板）		
		门窗		普通钢木门窗、塑钢门窗、铝合金门	
	厕所盥洗	墙面	水泥砂浆		
		楼面地面	普通水磨石、马赛克，1.4～1.7m 高白瓷砖墙裙		
		顶棚	混合砂浆、石灰膏罩面		
		门窗		普通钢木门窗、塑钢门窗、铝合金门	
三	一般房间	墙面	混合砂浆、色浆粉刷，可赛银乳胶漆，局部油漆墙裙柱子不做特殊装饰	局部可用面砖，而大部分用水刷石、干黏石、无机涂料、色浆粉刷及清水砖	
		楼面地面	局部水磨石、水泥砂浆地		
		顶棚	混合砂浆、石灰膏罩面		
		其他	文体用房、托幼小班可用本地板、窗饰棍，除托幼外不设暖气罩、不准做钢饰件。不用白水泥、大理石及铝合金门窗，不贴墙纸	禁用大理石、金属外墙板	
	门厅楼梯走道		除门厅局部吊顶外，其他同一般房间，楼梯用金属栏杆木扶手或抹灰栏板		
	厕所盥洗		水泥砂浆地面、水泥砂浆墙裙		

第四节
建筑装饰构造设计的一般思路

建筑装饰构造设计的任务就是完成可供指导施工过程的装饰施工图，施工图应有明确的细部尺寸、材料种类要求、做法说明、正确的连接关系等。构造设计一般是在整个装饰设计要求已经确定、装饰设计方案基本确定的前提下开始的，是一个从整体统筹设计到局部细部处理再到整体构造设计，不断修改完善的设计过程，主要设计思路如下。

一、确定设计基调

确定设计基调就是确定建筑空间环境整体的构造设计风格，做到统一、和谐。例如有的环境需要沉稳厚重，有的环境中需要轻飘灵透；有的环境需要粗拙古朴的厚重，有的环境需要精巧典雅的厚重等。设计基调不仅应与建筑空间的使用功能和特色一致，而且还应与城市规划和地方特色相协调，基调环境的确定是构造设计的前提和关键。

二、选定装饰材料，并确定装饰材料的构造尺寸和规格

在绘制构造图时，需要对装饰效果设计中已初步选择的材料，做进一步的斟酌考虑。

① 进一步确定材料的档次和材质加工方案。不同档次的材料通过处理可以达到相似的效果，例如在装饰效果图中看到的清水木纹，可以采用不同树种的木材来实现；对一些价格低廉的材料进行精工仿造或对一些材料表面进行改性加工，在外观或实用上均能取得良好效果。各种不同的方案其造价显然不同。

② 确定装饰材料的类型和规格。有的材料供货尺寸就是它的构造尺寸，可直接拼贴；有的材料则需要裁割。确定材料的尺寸规格主要应考虑整体效果对分块的尺度要求，避免用边角料拼接，尽可能充分利用材料；考虑龙骨间距与面板规格尺寸的协调，减少面板下料损耗；考虑要为设备管线的隐蔽和后期检修留出足够尺寸。

③ 进一步考虑材料的供货、施工机具、技术力量等因素，如季节因素、地域因素、一次性投资和日常维护等。

综合考虑，确定选用的装饰材料的品种、类型和规格。

三、确定细部构造处理方案

细部构造处理是否合理直接影响到整个空间的装饰效果。装饰设计的失败，不少是由于细部处理及其构造方法不妥所致，应从安全、美观、经济及方案个性等方面进一步校核

推敲各个部位的细部构造方案，预计完工后的装饰效果。主要考虑以下几方面。

① 配件连接固定的方法、装饰面层的边缘和边角处理、不同材质和不同界面的衔接构造。

② 构造上要求的设缝分块的处理方案，以及设缝分块后对建筑物尺度比例的影响。

③ 用料质地和纹理感受、主要色彩与配件的配色、构配件对整体造型影响等。

四、确定构造设计方案，绘制装饰构造施工图

装饰构造设计内容繁杂，要求细致、准确、完整，构造设计是一个反复修改、不断完善的过程。

应先绘制构造方案设计草图；然后，从建筑空间的整体角度来审视构造设计方案，进一步考虑是否符合装饰设计的要求，各个节点的设计处理是否协调、合理，并进行必要的局部调整；最后，按照规范有关要求，绘制装饰构造施工图。

思　考　题

1. 简述建筑装饰构造设计的重要性。
2. 建筑装饰构造设计应遵循哪些原则？
3. 建筑装饰构造如何分类？
4. 简述建筑装饰构造设计的思路。

第二章

楼地面装饰构造

本章简要介绍了楼地面的功能、组成及使用要求；重点讲述了常见各种类型楼地面如整体式楼地面、块材式楼地面、木质楼地面和软制品楼地面等的构造特点，并对一些特殊类型的楼地面构造做了叙述。学习本章内容，要掌握各类楼地面装饰构造的原理及典型构造做法。

楼地面是建筑物底层地面（简称地面）和楼层地面（简称楼面）的总称，是建筑物中使用最频繁的部位。楼地面装饰通常是指在普通的水泥地面、混凝土地面以及灰土垫层等各种地坪的表面上所加的修饰层，楼地面装饰设计在室内整体设计中起着十分重要的作用。

由于楼面与地面的使用要求基本相同，因此在基本构造上有很多共同之处，但楼面与地面支撑结构的性质不同，它们又各有特点。楼面由楼板承重，楼板结构刚度较大，弹性变形较小，对面层不易损坏；而地面的承重层刚度较差，使用时弹性变形较大且易出现下沉。此外地面比较潮湿，这对地面的面层都易造成损坏或者破坏。所以应针对楼地面的不同情况分别予以处理，合理选择楼地面的面层材料。

第一节
概　述

一、楼地面饰面的功能

（一）保护支撑结构物、提高建筑物的安全性和耐久性

保护楼板或地坪是楼地面饰面应满足的最基本要求。楼地面的饰面层可以起到耐磨、防碰撞破坏以及防止水渗漏而引起的楼板内钢筋锈蚀等作用，保护结构构件，从而提高结构的耐久性和安全性。

（二）保证正常使用功能要求

因房屋的使用性质不同，对房屋楼地面的要求也不同。一般要求坚固、耐磨、平整、不易起灰和易于清洁等。对于居住和人们长时间停留的房间，要求面层有较好的蓄热性和弹性；对于厨房、卫生间等房间，则要求耐水和耐火等；对一些标准要求较高的建筑物及特殊用途的房间还会考虑其他更为严格的要求。

1. 隔声要求

隔声包括隔绝空气传声和固体传声两个方面。

空气传声的隔绝方法，首先是避免地面裂缝、孔洞，其次可增加楼板层的容重或采用层叠结构。

固体传声的隔绝方法，首先是防止在楼板产生太多的冲击能量，可利用富有弹性的材料做面层（即弹性地面），如橡皮、地毯、软木砖等，使其吸收一定冲击能量；其次在结构或构造上采用间断的方式来隔绝固体传声，如浮筑层或夹心地面。一般来说由上层房间传至下层房间的噪声主要是楼层构件的固体传声。

2. 吸声要求

一般来说，表面致密光滑、刚性较大的地面如大理石地面，对声波的反射能力较强，吸声能力较小；而各种软质地面如化纤地毯，有较大的吸声作用。因此对于标准较高、室内音质控制要求严格的建筑，应选择和布置具有吸声作用的地面材料。

3. 防水防潮要求

对于一些特别潮湿的房间，如卫生间、浴室、厨房等要处理好防潮防水问题，通常是先对楼地面基层进行防水处理或者进行防潮处理，而后铺设具有防水或者防潮性能的各种饰面面层，如大理石、花岗岩、玻化砖、水磨石、锦砖等饰面面层。这样做一方面是为了避免楼地面发生渗漏，从而影响空间的正常使用。另一方面是为了防止易受潮的面层材料因受潮而影响其耐久性和外观装饰性。

4. 热工要求

从材料特性的角度考虑，大理石、花岗岩、玻化砖、水磨石、锦砖等楼地面饰面面层的热传导性能较高，其蓄热性和保温性能较差；而竹木地板、橡胶地板、塑料地板和地毯等楼地面饰面面层的热传导性能低。从满足人们卫生和舒适度角度出发，对于居住空间和人们长时间停留的空间，如住宅中的卧室等空间，其楼地面面层应选用蓄热性和保温性能较好的饰面材料，这样在寒冷的季节可提高人们的脚感舒适度，使人感觉很舒服。

在采暖或空调建筑中，当上下两层的空间温度不同时，应在楼面垫层中放置保温材料，增加楼地面的保温性能，以减少供暖或有空调空间的热量损失。

5. 弹性要求

弹性材料的变形具有吸收冲击能量的性能，冲力很大的物体接触到弹性材料后，其所受到的反冲力会比原来的冲力小很多。因此人在具有一定弹性的地面上行走，感觉比较舒适。对于一些装饰标准要求较高的建筑室内地面，如篮球比赛场地、演出舞台等，应尽可能采用具有一定弹性的材料（如木地面、地毯等）作为地面的装饰面层。

（三）满足美观要求

楼地面装饰是人们最常使用和接触的部位，楼地面装饰是建筑装饰中的一个重要部位。

楼地面装饰应从整体上与顶棚及墙面的装饰呼应，巧妙处理界面，以便产生优美的空间序列感；楼地面装饰应与空间的实用技能紧密联系，如室内走道线的标志具有视觉诱导功能；楼地面饰面材料的质感可与环境共同构成统一对比的关系；楼地面的图案和色彩的设计运用，能够起到烘托室内环境气氛与风格的作用。图2.1为几个富有装饰作用的楼地面装饰图案。

因此楼地面装饰设计要结合空间的形态、家具饰品布置、人的活动状况及心理感受、色彩环境、图案要求、质感效果、使用功能等诸多因素综合考虑。

二、室内楼地面饰面的组成及作用

室内楼地面饰面的构造基本上可以分为基层和面层两个主要部分。有时为了满足找平、结合、防水、防潮、弹性、保温隔热及管线敷设等功能上的要求，在基层和面层之间还要增加相应的附加构造层，又称为中间层。图2.2为楼地面的主要构造层示意。

图 2.1　楼地面装饰图案

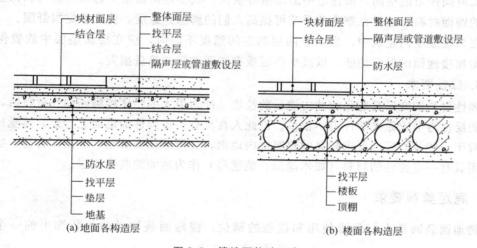

(a) 地面各构造层　　　　　　　(b) 楼面各构造层

图 2.2　楼地面构造示意

（一）基层

底层地面的基层是指素土夯实层。对于土质较差的，可加入碎砖、石灰等骨料夯实。夯填要分层进行，厚度一般为 300mm。楼地面的基层为楼板。

基层的作用是承受其上的全部荷载，因此要求基层坚固稳定、保证安全和正常使用。

（二）中间层

中间层主要有垫层、找平层、隔离层（防水防潮层）、填充层、结合层等，应根据实际需要设置。各类附加层的作用不同，但都必须承受并传递由面层传来的荷载，因此要有较好的强度和刚度。

1. 垫层

承受面层传来荷载并传给基层的构造层，分为刚性垫层和柔性垫层两类。

刚性垫层的整体刚度好，受力后不产生塑性变形，常采用低强度混凝土，厚度一般为

50～100mm。

柔性垫层整体刚度较小，受力后易产生塑性变形。常用砂、碎石、炉渣、矿渣、灰土等松散材料，厚度一般为 50～150mm。

2. 找平层

在粗糙基层表面起弥补、找平作用的构造层，一般用 1：3 水泥砂浆厚度为 15～20mm 抹成，以利于铺设防水层或较薄的面层材料。

3. 隔离层

用于卫生间、厨房、浴室等地面的构造层，起防渗漏和防潮作用。一般可用沥青胶结材料、防水砂浆或防水混凝土、高聚物改性沥青防水卷材、合成高分子卷材以及防水类涂料等。

4. 填充层

起隔声、保温、找坡或敷设暗线管道等作用的构造层，可用松散材料、整体材料或板块材料，如水泥石灰炉渣、加气混凝土块等。

5. 结合层

使上下两层结合牢固的媒介层，如在混凝土找坡层上抹水泥砂浆找平层，其结合层材料为素水泥；在水泥砂浆找平层上涂热沥青防水层，其结合层材料为冷底子油。

（三）面层

面层是楼地面的饰面面层，是供人们生活、生产或工作直接接触的结构层次，也是地面承受各种物理化学作用的表面层。根据不同的使用要求，面层的构造各不相同，但都应具有一定的强度、耐久性、舒适性及装饰性。

三、楼地面的类型

楼地面种类很多，一般是根据面层材料和施工方法进行分类。

① 根据饰面层所采用材料不同，可分为水泥砂浆楼地面、水磨石楼地面、大理石楼地面、木地板楼地面、地毯楼地面等。

② 根据施工方法的不同，可分为整体式楼地面、块材式楼地面、木地板楼地面和人造软制品铺贴式楼地面等。

楼地面的名称一般是根据楼面层材料命名的。

第二节
整体式楼地面构造

整体式楼地面的面层无接缝，包括水泥砂浆楼地面、细石混凝土楼地面、现浇水磨石楼地面、整体涂布楼地面等。整体式楼地面一般造价较低，施工方便，但通过加工处理，可以得到丰富的装饰效果。

水泥砂浆地面与细石混凝土地面的装饰档次低、效果单调、构造简单。水泥砂浆地面是以水泥砂浆为面层材料，其构造做法是抹一层 15～25mm 厚的 1∶2.5 水泥砂浆或先抹一层 10～12mm 厚的 1∶3 水泥砂浆找平层，再抹一层 5～7mm 厚的 1∶(1.5～2) 水泥砂浆抹面层。细石混凝土地面强度高，干缩性小，与水泥砂浆地面相比，耐久性和防水性更好，其构造做法可以直接铺在夯实的素土上或钢筋混凝土楼板上。一般是由 1∶2∶4 的水泥、砂、小石子配置而成的 C20 混凝土，厚度 35mm。

本书重点介绍现浇水磨石地面和整体涂布地面的基本构造。

一、现浇水磨石楼地面

现浇水磨石楼地面是按设计分格，将水泥石渣浆铺设在镶嵌分格条的水泥找平层上，硬结后用磨石机磨光，并经补浆、细磨、打蜡而成。

1. 饰面特点

现浇水磨石楼地面具有平整光滑、整体性好、坚固耐久、厚度小、自重轻、分块自由、耐污染、不起尘、易清洁、防水好、造价低等优点，但现场施工期长、劳动量大。

水磨石地面石粒密实，显露均匀，具有天然石料的质感；黑白石渣水磨石素雅朴实，彩色石渣水磨石色泽鲜艳，如果配以美术图案形成美术水磨石楼地面，装饰效果更好。

现浇水磨石地面主要适用于卫生间、厨房及公共建筑的门厅、过道、楼梯间等处。

2. 材料选用

（1）水泥　宜采用强度等级不低于 32.5 级的硅酸盐水泥、普通硅酸盐水泥和矿渣硅酸盐水泥，白色或浅色水磨石面层则应选用白水泥。

（2）石渣　应采用坚硬可磨的白云石、大理石和花岗岩等岩石加工而成。石渣的色彩、粒径、形状、级配直接影响现浇水磨石楼地面的装饰效果。石渣应洁净、无泥砂杂物、色泽一致、粗细均匀。常用石渣规格、粒径及品种见表 2.1。石渣最大粒径应比面层厚度小 1～2mm，水磨石面层与石渣粒径关系见表 2.2，最常用的石渣粒径为 8mm。

表 2.1　常用石渣规格、粒径及品种

规格与粒径的关系		常用品种
规　　格	粒径/mm	
大二分	约20	东北红、东北绿、丹东绿、盖平红、中华红、荥径红、秦岭红、华山青、玉泉灰、米玉绿、旺青、晚霞、白云石、云彩绿、奶油白、苏州黑、南京红、墨玉、汉白玉、曲阳红、湖北黄
一分半	约15	
大八厘	8	
中八厘	6	
小八厘	4	
米厘石	2～6	

（3）分格条　常用的分格条有铜条、铝条和玻璃条，其中铜条装饰效果和耐久性最好，一般用于美术水磨石楼地面；铝合金分格条耐久性较好，但不耐酸碱；玻璃分格条一般用于普通水磨石楼地面。分格条厚度一般 1～3mm，宽度根据面层厚度而定，常用规格见表 2.3。分格条应平直牢固、厚度均匀、接头严密。

表 2.2　水磨石面层与石渣粒径关系 单位：mm			
面层厚度	石子最大粒径	面层厚度	石子最大粒径
10	9	20	18
15	14	25	23
30	28		

表 2.3　分格条规格和种类	
种　类	规　格
铜条	1000×12×1.5
	1000×14×1.5
	1000×12×2.0
	1000×12×2.5
铝条	1200×10×(1.0～2.0)
玻璃条	1200×10×3.0

（4）颜料　掺入水泥拌和物中的颜料应为矿物颜料，并应具有良好的耐碱性、耐光性、着色力强，不宜被氧化还原，相对密度与水泥接近，pH 值 6～7 为宜，常用颜料有氧化铁红、银汞、氧化铁黄、铬绿、氧化铁黑、炭黑等，其掺入量为水泥质量的 3％～6％或由试验确定。

3. 基本构造

现浇水磨石地面的构造一般分为底层找平和面层两部分：先在基层上用 10～15mm 厚 1:3 水泥砂浆找平，当有预埋管道和受力构造要求时，应采用不小于 30mm 厚细石混凝土找平；为实现装饰图案，并防止面层开裂，在找平层上镶嵌分格条；用 (1:1.5)～(1:3) 的水泥石渣抹面，厚度随石子粒径大小而变化。

现浇水磨石楼地面的构造做法如图 2.3 所示。

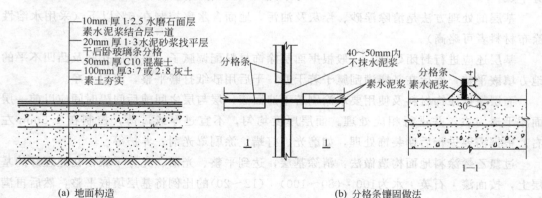

- 10mm 厚 1:2.5 水磨石面层
- 素水泥浆结合层一道
- 20mm 厚 1:3 水泥砂浆找平层 干后卧玻璃条分格
- 50mm 厚 C10 混凝土
- 100mm 厚 3:7 或 2:8 灰土
- 素土夯实

分格条　40～50mm 内不抹水泥
素水泥浆　素水泥浆
30°～45°

1—1

(a) 地面构造　　　　　　(b) 分格条镶固做法

图 2.3　现浇水磨石楼地面的构造

二、整体涂布楼地面

整体涂布楼地面就是为改善水泥地面在使用和装饰质量方面的某些不足，在水泥楼地面面层之上加做的各种涂层饰面。

1. 饰面特点

整体涂布楼地面可保护地面，丰富装饰效果，具有施工简便、造价较低、维修方便、整体性好、自重轻等优点，故应用较广泛。

2. 材料选用

涂布楼地面所用材料主要有两大类：酚醛树脂地板漆等地面涂料和合成树脂及其复合材料等无缝地面涂布材料。

（1）地面涂料　地面涂料的种类很多，如地板漆、过氯乙烯地面涂料、苯乙烯地面涂

料等。地板漆应用较早，较为广泛，但耐磨性差，与水泥地面的黏结性较差，成本较高；过氯乙烯地面涂料具有一定的抗冲击强度、硬度、耐磨性、附着力和抗水性，施工方便，涂膜干燥快；苯乙烯地面涂料黏结力强，涂膜干燥快，有一定的耐磨性、抗水性和抗酸碱性能，施工方便、经济，但因含有苯类溶剂，施工中应采取一定的保护措施，加强室内通风。

地面涂料应选用耐磨性好、施工方便、价格较低的过氯乙烯地面涂料和苯乙烯地面涂料。

（2）无缝地面涂布材料　根据胶凝材料不同可以分为两大类。

一类是单纯以合成树脂为胶凝材料的溶剂型合成树脂涂布材料，如环氧树脂、不饱和聚酯、聚氨酯漆等。这类涂布材料地面具有优越的耐磨性、耐腐性、抗渗性、弹韧性、整体性，但造价太高，施工较复杂。适用于耐腐蚀性要求较高的地方，如实验室、医院手术室、食品加工厂等。

另一类是以水溶性树脂或乳液，与水泥复合组成胶凝材料的聚合物水泥涂布材料，如聚醋酸乙烯乳液、聚乙烯醇甲醛胶等。这类涂布材料地面的耐水性较强，黏结性和抗冲击性优于水泥涂料，价格便宜，施工方便。适用于一般要求的地面，如办公室、教室等。

3. 基本构造

整体涂布楼地面一般采用涂刮方式施工，故对基层要求较高，基层必须平整光洁且充分干燥。

基层的处理方法是清除浮砂、浮灰及油污，地面含水率控制在 6% 以下（采用水溶性涂布材料者可略高）。

基层还应进行封闭处理，一般根据面层涂饰材料配调腻子，将基层孔洞及凸凹不平的地方填嵌平整，而后在基层满刮腻子若干遍，干后用砂纸打磨平整，清扫干净。

面层根据涂饰材料及使用要求涂刷若干遍面漆，层与层之间前后间隔时间应以前一层面漆干透为主，并进行相应处理。面层厚度均匀，不宜过厚或过薄，控制在 1.5mm 左右。根据需要进行后期装饰处理，如磨光、打蜡、涂刷罩光剂、养护等。

过氯乙烯涂料地面构造做法：清除基层，达到平整、光洁、充分干燥；在处理好的基层上，按面漆：石英：水为100∶（80～100）∶（12～20）的比例将基层填嵌平整，然后再满刮石膏腻子［面漆：石膏粉＝（100～80）∶100］，腻子干透后，打磨平整，清扫干净；涂刷过氯乙烯地面涂料 2～3 遍，每度间隔时间不小于 24h，养护 1 周，打蜡后即可使用。

第三节

块材式楼地面构造

块材式楼地面是指用胶结材料将预制加工好的块状地面材料（如预制水磨石板、大理石板、花岗岩板、陶瓷锦砖、水泥砖等）通过铺砌或粘贴的方式与基层连接固定所形成的楼地面饰面。

块材式地面属于中、高档装饰，具有花色品种多样，可供拼图方案丰富；强度高、刚性大、经久耐用、易于保持清洁；施工速度快、湿作业量少等优点，但这类地面属刚性地面，不具有弹性、保温、消声等性能，又有造价偏高、工效偏低等缺点。

目前块材式地面在我国应用十分广泛。一般适用于人流活动较大，在耐磨损、保持清洁等方面要求高的地面或经常比较潮湿的场所；不宜用于寒冷地区的居室、宾馆客房，也不宜用于人们长时间逗留或需要保持高度安静的地方。

块材式地面要求铺砌和粘贴平整，可先做找平层再做胶结层。一般胶结材料既起胶结作用又起找平作用。

一、预制水磨石地面

1. 饰面特点

预制水磨石石板是以水泥、大理石和花岗岩石渣为主要原料，经成型、养护、研磨及抛光等工序在工厂内制成的一种建筑装饰用板材。具有美观、强度高及施工方便等特点，花色品种多，并可在使用时拼铺成各种图案，与现浇水磨石相比能够提高施工机械化水平、减轻劳动强度、提高质量、缩短现场工期，但其厚度较大、自重大、价格也较高。

2. 材料选用

按表面加工细度分为粗磨制品、细磨制品和抛光制品，按材料配制分为普通和彩色两种。水磨石地面板常用的规格见表 2.4。

表 2.4　水磨石地面板常用规格　　　　　　　单位：mm

长 度	宽 度	厚 度	长 度	宽 度	厚 度
203	203	19	400	400	20、21、25
300	300	18、19、20、25	500	500	20、30
305	305	19、20、25	458	305	19
333	333	18、20	452	229	19

3. 基本构造

预制水磨石面层是在结合层上铺设的。一般是在刚性平整的垫层或楼板基层上铺30mm 厚 1：4 水泥砂浆，刷素水泥浆结合层；然后采用 12～20mm 厚 1：3 水泥砂浆铺砌，随刷随铺，铺好后用 1：1 水泥砂浆嵌缝。预制水磨石楼地面构造如图 2.4 所示。图 2.5 为预制水磨石板构造。

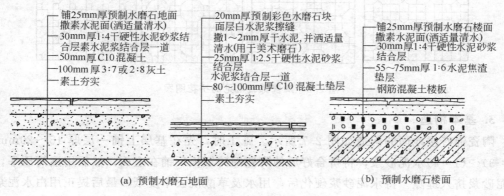

(a) 预制水磨石地面　　　　　　　　　　　　(b) 预制水磨石楼面

图 2.4　预制水磨石楼地面构造

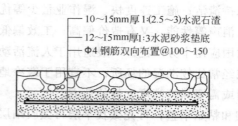

图 2.5　预制水磨石板构造

二、陶瓷锦砖地面

1. 饰面特点

陶瓷锦砖（又称马赛克）是以优质瓷土烧制而成的小块瓷块。陶瓷锦砖地面具有表面致密光滑、色泽多样、坚硬耐磨、耐酸耐碱、经久耐用、不易变色等优点，主要用于厨房、卫生间、盥洗室等处的地面。

2. 材料选用

陶瓷锦砖有多种规格颜色，主要有正方形、长方形、多边形等，正方形一般为 15～39mm 见方，厚度为 4.5mm 或 5mm。在工厂内预先按设计的图案拼好，然后将其正面贴在牛皮纸上，成为 300mm×300mm 或 600mm×600mm 的大张，块与块之间留 1mm 的缝隙。根据其花色品种可拼成各种花纹图案，常见的拼花图案如图 2.6 所示。

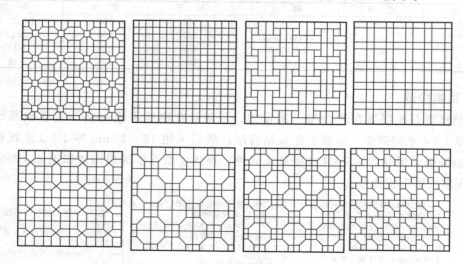

图 2.6　陶瓷锦砖常见的拼花图案

3. 基本构造

陶瓷锦砖楼地面的构造如图 2.7 所示。施工时，先在基层上铺一层厚 15～20mm 的（1∶3）～（1∶4）水泥砂浆，将拼合好后的陶瓷锦砖纸板反铺在上面，然后用滚筒压平，使水泥砂浆挤入缝隙。待水泥砂浆硬化后，用水及草酸洗去牛皮纸，最后提正用白水泥浆嵌缝即成。

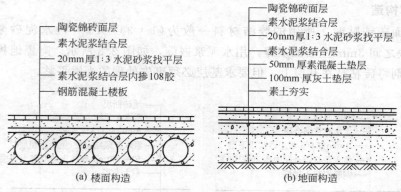

图 2.7　陶瓷锦砖楼地面的构造

左图标注（楼面构造）：
- 陶瓷锦砖面层
- 素水泥浆结合层
- 20mm厚1:3 水泥砂浆找平层
- 素水泥浆结合层内掺108胶
- 钢筋混凝土楼板

右图标注（地面构造）：
- 陶瓷锦砖面层
- 素水泥浆结合层
- 20mm厚1:3 水泥砂浆找平层
- 素水泥浆结合层
- 50mm 厚素混凝土垫层
- 100mm 厚灰土垫层
- 素土夯实

(a) 楼面构造　　　　(b) 地面构造

三、陶瓷地面砖地面

1. 饰面特点

陶瓷地面砖是用瓷土加上添加剂经制模成型后烧结而成的，具有表面平整细致、质地坚硬、耐磨、耐压、耐酸碱，可擦洗、不脱色、不变形，色彩丰富，色调均匀，可拼出各种图案等优点。广泛应用于各类公共场所和家庭地面装修中。

2. 材料选用

陶瓷地面砖品种多样，花色繁多，一般可分为普通陶瓷地面砖、全瓷地面砖及玻化地砖三大类，而每一类中又有许多种类，如压光、彩釉、渗花、抛光、抛光镜面、耐磨、防滑等。仿花岗石抛光系列，表面光亮如镜，质感逼真，具有华丽高雅的装饰效果，适用于中、高档室内地面装饰。陶瓷地面砖的性能及适用场合见表 2.5。

表 2.5　陶瓷地面砖的性能及适用场合

品　种	性　　　　能	适　用　场　合
彩釉砖	吸水率不大于 10%，炻器材质，强度高，化学稳定性、热稳定性好，抗折强度不小于 20MPa	室内地面铺贴，以及室内外墙面装饰
釉面砖	吸水率不大于 22%，精陶材质，釉面光滑，化学稳定性良好，抗折强度不小于 17MPa	多用于厨房、卫生间
仿石砖	吸水率不大于 5%，质地酷似天然花岗岩，外观似花岗岩粗磨板或剁斧板，具有吸声、防滑和特别装饰功能，抗折强度不低于 25MPa	室内地面及外墙装饰，庭院小径地面铺贴及广场地面
仿花岗岩抛光地砖	吸水率不大于 1%，质地酷似天然花岗岩，外观似花岗岩抛光板，抗折强度不低于 27MPa	适用于宾馆、饭店、剧院、商业大厦、娱乐场所等室内大厅走廊的地面、墙面
瓷质砖	吸水率不大于 2%，烧结程度高，耐酸耐碱，耐磨程度高，抗折强度不小于 25MPa	特别适用人流量大的地面、楼梯踏步的铺贴
劈开砖	吸水率不大于 8%，表面不挂釉的，其风格粗犷，耐磨性好；挂釉的则花色丰富，抗折强度大于 18MPa	室内外地面、墙面铺贴，釉面劈开砖不宜用于室外地面
红地砖	吸水率不大于 8%，具有一定吸湿防潮性	适宜地面铺贴

陶瓷地砖规格繁多，一般厚度 8~10mm，正方形每块大小一般为（300mm×300mm）~（600mm×600mm），砖背面有凹槽，便于砖块与基层黏结牢固。

3. 基本构造

陶瓷地面砖铺贴时，所用的胶结材料一般为（1∶3）～（1∶4）水泥砂浆，厚 15～20mm，砖块之间 3mm 左右的灰缝，用水泥浆嵌缝，如图 2.8 所示。陶瓷地板砖粘贴时，直接用胶黏剂将砖粘贴在基层上，但要求基层必须事先处理的光滑平整。

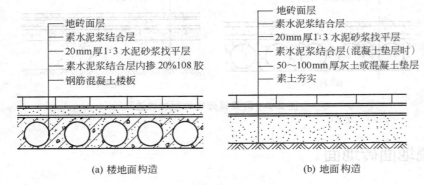

(a) 楼地面构造　　　　　　　(b) 地面构造

图 2.8　陶瓷地面砖的构造

四、花岗岩、大理石楼地面

1. 饰面特点

花岗岩和大理石都属于天然石材，是从天然岩体中开采出来，经过加工成块材或板材，再经过精磨、细磨、抛光及打蜡等工序加工而成的各种不同质感的高级装饰材料。天然石材一般具有抗拉性能差、容量大、传热快、易产生冲击噪声、开采加工困难、运输不便、价格昂贵等缺点，但它们具有良好的抗压性能和硬度、耐磨耐久、外观大方稳重等优点。花岗岩石的密度大，强度高，耐磨性、耐腐蚀性及装饰性均高于大理石。花岗岩地面和大理石地面适用于公共建筑物的门厅、营业厅等人流较多的公共建筑出入口等处。大理石一般不宜用于室外装饰，否则要对表面加涂层处理；而天然大理石石材中不含有放射性元素，属于环保的饰面材料，可用作室内饰面。在使用天然石材用作室内饰面时，应当注意按照《民用建筑工程室内环境污染控制规范》（GB 50325—2010）中的有关要求和标准检测并控制其放射性元素的含量。

人造花岗岩或大理石石材是用人工的方法制造的具有天然石材的花纹和质感的合成石，它的花纹图案可以人为地控制，重量轻、强度高、不含放射性元素、耐污染、耐腐蚀、施工方便，是较理想的一种高级饰面材料，可分别用于室内外饰面，但其市场价格较高，将大大增加工程的造价成本。

2. 材料选用

花岗岩板和大理石板根据加工方法不同分为剁斧板材、机刨板材、粗磨板材和磨光板材四种类型，其中磨光板材是经细加工和抛光的，表面光亮如镜、晶体裸露、色泽鲜明。每块大小一般为（300mm×300mm）～（600mm×600mm），厚 20～30mm。

3. 基本构造

花岗岩板和大理石板楼地面面层是在结合层上铺设而成的。一般先在刚性平整的垫层或楼板基层上铺 30mm 厚 1：4 干硬性水泥砂浆结合层，找平压实；然后铺贴大理石板或花岗岩板（可采用不离缝或者密缝的方法），并用白水泥浆嵌缝，铺砌后表面应加保护；待结合层的水泥砂浆强度达到要求，且做完踢脚板后，清理表面并打蜡即可，其构造做法如图 2.9 所示。

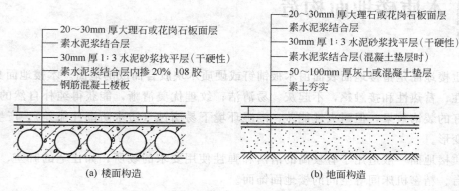

(a) 楼面构造   (b) 地面构造

图 2.9 花岗岩、大理石楼地面构造

利用大理石的边角料，做成碎拼大理石地面，色泽鲜艳和品种繁多的大理石碎块无规则地拼接起来点缀地面，别具一格，其铺贴形式如图 2.10 所示。板的接缝有干接缝和拉缝两种形式，干接缝宽 1～2mm，用水泥浆擦缝；拉缝又分为平缝和凹缝，平缝宽 15～30mm，用水磨石面层石渣浆灌缝。凹缝宽 10～15mm，凹进表面 3～4mm，水泥砂浆勾缝。碎拼大理石楼地面构造做法如图 2.11 所示。

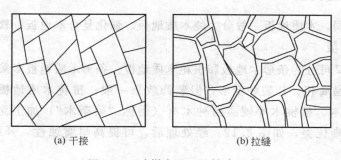

(a) 干接   (b) 拉缝

图 2.10 碎拼大理石的铺贴形式

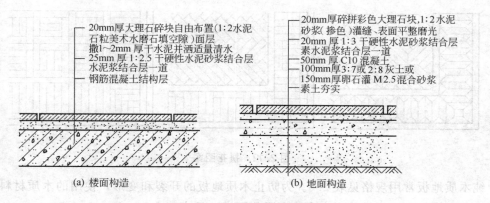

(a) 楼面构造   (b) 地面构造

图 2.11 碎拼大理石楼地面构造

第四节
木质楼地面构造

木质楼地面是指楼地面表面由木板铺钉或硬质木块胶合而成的地面。木楼地面具有良好的弹性、蓄热性和接触感，不起灰、易清洁；纹理优美清晰，能获得纯朴自然的美感，具有良好的装饰效果，但耐火性能差，潮湿环境下易腐蚀（防水防潮性能差）、产生裂缝和翘曲变形。

木质楼地面一般适用于有较高的清洁和弹性使用要求的场所，如住宅的卧室、宾馆、剧院舞台、精密机床间等空间的楼地面饰面。

一、木质楼地面的类型

木质楼地面基本构造是由面层和基层两大部分组成，基层的作用主要是承托和固定面层，通过钉或粘的办法，达到固定毛板与面板的目的。

（一）木质地板的类型

根据材质不同，木质地板一般分为纯木质地板、强化复合木地板、软木地板。

1. 纯木质地板

纯木质地板又可分为条形木地板和拼花木质地板。条形木质地板多采用优质松木和杉木加工而成，不易腐朽、开裂和变形，但装饰效果一般；拼花木质地板多采用水曲柳、柞木、柚木、榆木、核桃木等硬质树种木材（俗称"硬杂木"）加工而成，耐磨性好、有光泽、纹理清晰优美，如图 2.12。经处理后，可提高耐腐蚀性，开裂及变形也可得到一定控制。

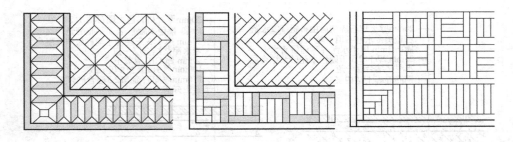

图 2.12　拼花图案

纯木质地板常用规格见表 2.6。为防止木质地板的开裂和变形，使用的木质材料均应通过自然干燥和人工干燥使含水率达到限值要求，见表 2.7。

表 2.6 木质地板材料常用规格

固定方式	名　称	厚　度/mm	宽　度/mm	长　度/mm
钉接式	松、杉木条形地板	23	75～125	>800
	硬木条形地板	18～23	50	>800
	硬木拼花地板	23～28	30、40、50	320、200、150、250
粘贴式	松、杉木	15～18	≤50	≤400
	硬木	10、15、18	≤50	≤400
	薄木地板	5、8、10	40、25	320、200、150

注：木质地板除底面外，其他五个面均应平直刨光。

表 2.7 木质地板面层木材含水率

地区类别	包　括　地　区	含水率/%
Ⅰ	包头、兰州以西的西北地区和西藏自治区	10
Ⅱ	徐州、郑州、西安及其以北的华北地区和东北地区	12
Ⅲ	徐州、郑州、西安以南的中南、华南和西南地区	15

2. 强化复合木地板

强化复合木地板主要有两类：一类是由三层及以上实木复合而成的实木企口复合地板，如图 2.13 所示；另一类是以中密度纤维板、高密度纤维板或刨花板为基料的浸渍纸胶膜（胶膜纸在三聚氰胺溶液中浸泡）贴面层压复合地板，如图 2.14 所示。

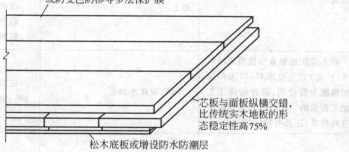

天然红榉、白榉、枫木、橡木、柚木、桦木、铁木及樱桃木等实木板，由生产厂已做打蜡抛光处理或表面增设三聚氰胺耐磨层，或防变色防渗等多层保护膜

芯板与面板纵横交错，比传统实木地板的形态稳定性高75%

松木底板或增设防水防潮层

图 2.13 实木企口复合地板

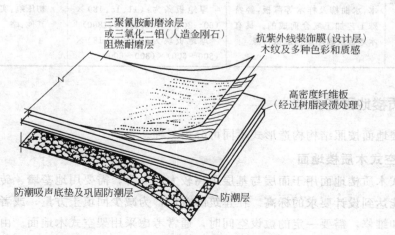

三聚氰胺耐磨涂层或三氧化二铝（人造金刚石）阻燃耐磨层

抗紫外线装饰膜（设计层）木纹及多种色彩和质感

高密度纤维板（经过树脂浸渍处理）

防潮吸声底垫及巩固防潮层　　防潮层

图 2.14 高密度纤维板复合地板

强化复合地板有树脂加强保护，又是热压成型，其表面有一层三聚氰胺耐磨层，而其底面是一层高分子树脂防潮层，因此质轻高强，收缩性小，并克服了普通纯木地板易腐朽、开裂和变形的缺点，耐磨性能好，还保持了木地板的其他特性，装饰效果多样，纹理优美清晰。同时复合地板取材广泛，各种软硬木材的下脚料均可利用，成本低。但强化复合地板的加工成型方法对其质量有很大影响，选择时应注意。

3. 软木地板

软木地板具有自然本色，纹理效果多样，美观大方，质量轻，弹性好，耐磨耐用，防滑阻燃，隔热保温，无毒无味，吸声隔声，防霉防腐、防静电、绝缘、耐酸、耐油，施工方便等优点，但价格较高，产量也不高，是高档楼地面装修之一。

软木地板可分为树脂软木地板、软木橡胶地板、软木复合弹性地板三种，见表2.8。

表2.8 软木地板产品规格

产品名称	说　明	规　格/mm	技术指标
树脂软木地板	树脂软木地板又称树脂软木地板片，简称软木地板，系以天然软木(栓皮)为主要原料，以树脂为胶合剂，通过特殊工艺加工而成	(3.2、4、5、6)×300×300 (3.2、4、5、6)×305×305 11块/m² 表面处理:涂装和不涂装 特殊规格可根据订货要求加工	纯软木地板(片) 表现密度:400 ～ 500kg/cm² 抗拉强度:大于0.8kPa 初压痕:小于10% 残留压痕:小于2% 耐沸盐酸:1h不散块 抗冲击声:大于16dB 阻声系数:大于18dB 耐磨性:厚度损失小于0.66
软木橡胶地板	软木橡胶地板系以优质天然软木(栓皮)为主要原料，以无污染型橡胶为胶合剂，通过特殊工艺加工而成的。除具有软木地板所有特性外，还具有特好的弹性	同树脂软木地板	主要技术指标达到 ISO 3813 国际标准
软木复合弹性木地板	该产品基层为软木，表层为我国红豆木或红桦、毛榉、橡木、枫木、水曲柳及柞木等薄板，经特殊工艺加工复合而成的。具有木地板及软木地板双重特点	薄地板条为:(4～6)×(100～360)×900 一般用来粘铺于毛地板上 厚地板条为:(11、15、18)×(60～200)×(600,1200,1800) 厚地板块为:(12、15、18)×(300～600)×(300～600)	抗拉强度:实测9.3MPa 初压痕:实测小于6.5% 其他:略

（二）木质楼地面的类型

木质楼地面按照结构构造形式不同可分为三种。

1. 架空式木质楼地面

架空式木质楼地面用于面层与基层距离较大的场合，需要用地垄墙、砖墩或钢木支架的支撑才能达到设计要求的标高。在建筑的首层，为减少回填土方量，或者为便于管道设备的架设和维修，需要一定的敷设空间时，通常考虑采用架空式木地面。由于支撑木地面的格栅架空搁置，使其能够保持干燥，防止腐烂损坏。

2. 实铺式木质楼地面

实铺式木质楼地面是将木格栅直接固定在结构基层上，不再需要用地垄墙等架空支撑，构造比较简单，适合于地面标高已经达到设计要求的场合。在实际工程中应用较多。

3. 粘贴式木质楼地面

粘贴式木质楼地面是在结构层（钢筋混凝土楼板或底层素混凝土）上做好找平层，再用黏结材料将各种木板直接粘贴而成，具有构造简单、占空间高度小、经济等优点，但弹性较差，若选用软木地板，可取得较好的弹性。

二、架空式木质楼地面

架空式木质楼地面构造如图 2.15 所示。

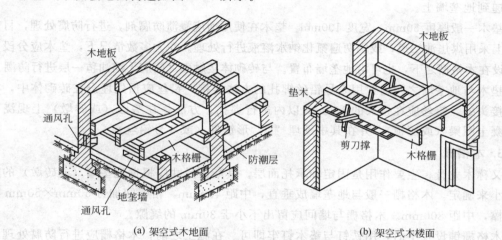

(a) 架空式木地面　　　　　　　　　　　(b) 架空式木楼面

图 2.15　架空式木质楼地面构造

（一）基层

架空式木楼地面基层包括地垄墙（或砖墩）、垫木、木格栅、剪刀撑及毛地板等部分组成。

当房间尺寸不大时，木格栅两端可直接搁置在砖墙上；当房间尺寸较大时，常在房间地面下增设地垄墙或柱墩支撑木格栅。

1. 地垄墙（或砖墩）

地垄墙一般采用普通黏土砖砌筑而成，其厚度是根据地面架空的高度及使用条件而确定的。垄墙与垄墙之间的间距，一般不宜大于 2m，地垄墙的标高应符合设计标高，地垄墙上要预留通风洞，使每道地垄墙之间的架空层及整个木基层架空空间与外部之间均有较好的通风条件。一般垄墙上留孔洞 120mm×120mm，外墙应每隔 3～5m 开设 180mm×180mm 的孔洞，洞孔加封铁丝网罩，如图 2.16 所示。若该架空层内敷设了管道设备，需要检修空间时，则还要考虑预留过人孔。地垄墙的做法在大城市中已很少用，多用钢木结构支架取而代之。

2. 垫木

地垄墙（或砖墩）与木格栅之间一般垫木连接，垫木的主要作用是将木格栅传来的荷

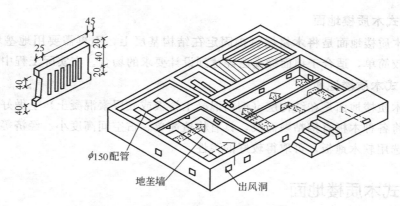

図 2.16 架空式木地面通风孔洞设置

载传递到地垄墙上。

垫木一般厚度 50mm，宽度 100mm。垫木在使用前应浸渍防腐剂，进行防腐处理，目前工程上采用煤焦油二道，或刷两遍氟化钠水溶液进行处理。在大多数情况下，垫木应分段直接铺设在木格栅之下，也可沿地垄墙布置。与砖砌体接触面之间应干铺油毡一层进行防潮。

垫木与地垄墙之间通常用 8 号铅丝绑扎的方法连接，铅丝应预先埋设在砖砌体中，在垫木接头处，铅丝应在接头的 150mm 以内进行绑扎。方法是在垄墙（或砖墩）上现浇一道混凝土圈梁（或压顶），并在其中预埋"Ω"形铁件（或 8 号铅丝）。

3. 木格栅

又称木龙骨，主要作用是固定和承托面层。其断面尺寸应根据地垄墙（或砖墩）的间距大小来确定。木格栅一般与地垄墙成垂直，中距 400mm，格栅间加钉 50mm×50mm 松木横撑，中距 800mm。木格栅与墙间应留出不小于 30mm 的缝隙。

木格栅铺设找平后，用铁钉与垫木钉牢即可。在施工之前，木格栅应进行防腐处理。

4. 剪刀撑

剪刀撑是用来加固木格栅，增强整个地面的刚度，保证地面质量的构造措施。当地垄墙间距大于 2m 时，在木格栅之间应设剪刀撑，剪刀撑断面一般 50mm×50mm，剪刀撑布置在木格栅两侧面，用铁钉固定在木格栅上。木质剪刀撑事先也应进行防腐处理。

5. 毛地板

即毛板，是在木格栅上铺钉的一层窄木板条，属硬木板的衬板，便于钉接面层板，增加硬木地板的弹性。一般用松、杉木板条，厚 20～25mm，其宽度不宜大于 120mm，表面要平整。板条与板条之间缝隙不宜大于 3mm，板条与周边墙之间留出 10～20mm 的缝隙，相邻板的接缝要错开。

毛板亦可采用中密度板或者细木工板，由于细木工板的含水率不易控制，其内部的板条间有缝隙，使用时易相互摩擦而发出噪声，将影响木质楼地面的正常使用。

为防止首层地下土中生长杂草和潮气入侵，应在地基面层上夯填 100mm 厚的灰土，灰土的上皮应高于室外地面。

（二）面层

架空式木地板面层可以做成单层或双层，面层下设有毛地板的木地板称为双层木地板，不设毛地板的木地板称为单层木地板。木地板面层的固定方式以钉结固定为主。

单层木地板是将长条形面板直接固定在木格栅上，有明钉和暗钉两种钉法，一般多采用暗钉法钉结，如图 2.17 所示，面板与周边墙之间留出 10～20mm 的缝隙，最后由踢脚板封盖。板面拼缝形式如图 2.18 所示。

图 2.17　单层木地板钉结方式

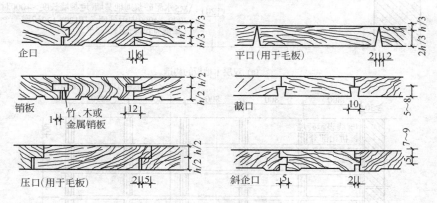

图 2.18　板面拼缝形式

双层木地板是将面板直接固定在基层毛板上，铺钉前先在毛地板上铺一层油毡或油纸，防止使用中发出响声或受潮气侵蚀，如图 2.19 所示。双层木地板的固定方法除上述钉结方法外还有粘贴式和浮铺式，粘贴式是直接将面板粘贴在基层毛板上；浮铺式是将带有严密企口缝的面板（如强化木地板）按企口拼装铺于毛板上，四周镶边顶紧即可。图2.20 为架空式双层木地板构造。

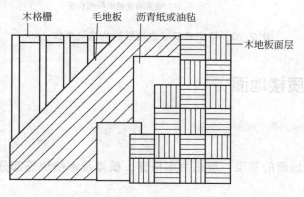

图 2.19　双层木地板构造层次

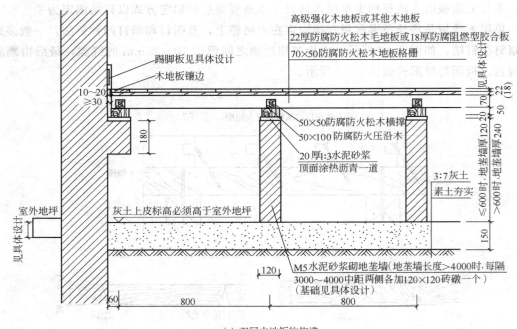

(a) 双层木地板的构造

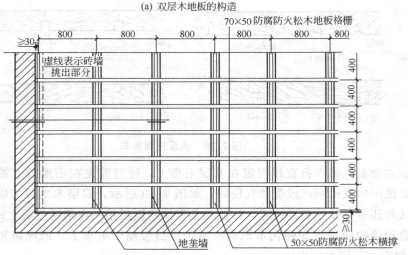

(b) 地垄墙及地板格栅构造

图 2.20　架空式双层木地板的构造（单位：mm）

三、实铺式木质楼地面

（一）基层

实铺式木质楼地面的基层一般是由木格栅、横撑及木垫块等部分组成。

1. 木格栅

由于直接放在结构层上，其断面尺寸较小，一般 50mm×（50～70）mm，中距

400mm。木格栅是通过预埋在结构层中的"Ω"形铁件或金属膨胀螺栓等固定。

2. 横撑

在木格栅之间通常设横撑，为了提高整体性，中距大于 800～1200mm，断面一般 50mm×50mm，用铁钉固定在木格栅上。

3. 木垫块

为了使木地面达到设计高度，必要时可在格栅下设置木垫块，中距大于 400mm，断面一般 20mm×40mm×50mm，与木格栅钉牢。

4. 防潮层

为了防止潮气入侵地面层，底层地面木格栅下的结构层应做防潮层。一般构造做法是，素土夯实后，铺 100mm 厚 3：7 灰土，40mm 厚 C15 细石混凝土随打随抹，铺设一毡二油或水乳化沥青一布二涂防潮层，在防潮层上用 50mm 厚 C15 混凝土随打随抹，并预埋铁件。

为了满足减震和弹性要求，往往还要加设弹性橡胶垫层。为了减少行人在地板行走产生的空鼓声，改善保温隔热效果，通常可在格栅之间填充一些轻质材料如干焦渣、蛭石、矿棉毡等。

需注意的是在施工之前木格栅、横撑应进行防腐处理，防火要求高的应进行防火处理。

（二）面层

实铺式木楼地面面层同架空式木楼地面面层相同。木地板面板与周边墙交接处由踢脚板及压封条封盖。为使潮气散发，可在踢脚板上开设通风口。

图 2.21 为实铺式木质楼地面构造。

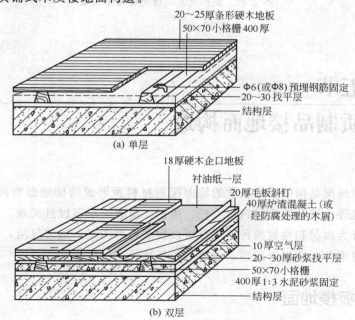

图 2.21 实铺式木质楼地面构造（单位：mm）

四、粘贴式木质楼地面

粘贴式木质楼地面的基层一般是水泥砂浆或混凝土，为便于粘贴木地板，要求基层具有足够的强度和适宜的平整度，表面无浮尘、浮渣。

面层板一般是长条硬木企口板、拼花小木块板或硬质纤维板，粘贴前应进行防腐处理。

胶结材料可采用胶黏剂或沥青胶黏材料，目前应用较多的胶黏剂有：合成橡胶溶剂型、氯丁橡胶型、环氧树脂型、聚氨酯及聚醋酸乙烯乳液等。

粘贴式木质地面通常做法是：在结构层上用 15mm 厚 1：3 水泥砂浆找平，而后直接抹一层防潮砂浆或者铺贴防水布作为防潮层，最后粘贴木地板，随涂随粘。粘贴式木楼地面构造组成如图 2.22 所示。

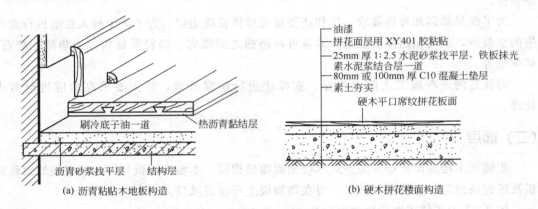

(a) 沥青粘贴木地板构造　　　　(b) 硬木拼花楼面构造

图 2.22　粘贴式木质楼地面构造组成

第五节
软质制品楼地面构造

软质制品楼地面是指以质地较软的地面覆盖材料所形成的楼地面饰面，如塑料制品、橡胶制品及地毯等，这种地面材料自重轻、柔韧、耐磨、耐腐蚀且美观。按制品成型的不同，地面材料分为块材和卷材两种，块材可以拼成各种图案，施工灵活，修补简单；卷材施工繁重，修理不便，适用于跑道、过道等长场地。

一、塑料地板楼地面

塑料地板楼地面是指用聚氯乙烯树脂塑料地板作为饰面材料铺贴的楼地面。

1. 饰面特点

塑料地面具有脚感舒适、易于清洁、美观、吸水性较小、绝缘性好、耐磨等优点。产品有高、中、低不同档次，为不同装饰标准提供了选择余地。塑料地面适用于办公室、住宅及有抗腐蚀、抗静电要求的楼地面。

2. 塑料地板的种类

塑料地板的种类、花色众多：按厚度可分为厚地板和薄地板；按结构可分为单层地板、双层复合地板和多层复合地板；按颜色可分为单色地板和复色地板；按质地可分为软质地板、半硬质地板和硬质地板；按底层所用材料分为有底层地板和无底层地板；按表面装饰效果分为印花地板、压花地板、发泡地板、仿水磨石地板等；按树脂性质分为聚乙烯塑料（PVC）地板、氯乙烯-醋酸乙烯共聚物（EVA）地板和丙乙烯地板。

国际上多生产弹性塑料地板，一般厚度3～4mm，表面压成凹凸花纹，立体感强，弹性垫层一般采用塑料泡沫、玻璃棉、合成纤维毡等。塑料地板的发展方向是不污染环境、不影响人体健康、无毒无味、耐磨阻燃、防滑防腐、弹性好、美观耐用、施工方便等。

我国主要生产单层、半硬质塑料地板，半硬质塑料地板厚度2mm左右，可用胶黏剂粘贴在基层上，也可直接粘贴于水泥地面、木地面上。

3. 基本构造

（1）基层处理　塑料地板的基层一般是混凝土及水泥砂浆类，基层应平整、干燥，有足够的强度，各个阴阳角方正，无油脂尘垢。当表面有麻面、起砂和裂缝等缺陷时，应用水泥腻子修补平整。

（2）铺贴　塑料地板的铺贴有两种方式。

一种方式是直接铺贴（干铺），主要用于人流量小及潮湿房间的地面。铺设大面积塑料卷材要求定位截切，足尺铺贴，同时应注意在铺设前3～6天进行裁边，并留有0.5%的余量。对不同的基层还应采用一些相应的构造措施，如在首层地坪上，应加做防潮层；在金属基层上，应加橡胶垫层。

另一种方式是胶黏铺贴，适用于半硬质塑料地板。胶黏铺贴采用胶黏剂与基层固定，胶黏剂多与地板配套供应。塑料地板专用胶黏剂品种较多，一般常见的有氯丁胶、聚醋酸乙烯胶、6101环氧胶、立时得万能胶、202胶、405胶等。在选择胶黏剂时要注意其特性和使用方法。

塑料块材楼地面的构造如图2.23所示。

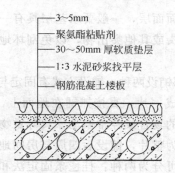

- 3～5mm
- 聚氨酯粘贴剂
- 30～50mm厚软质垫层
- 1:3 水泥砂浆找平层
- 钢筋混凝土楼板

踢脚板

塑料地板

图2.23　塑料块材楼地面的构造

二、橡胶地毡楼地面

橡胶地毡是以天然橡胶或合成橡胶为主要原料，加入适量的填充料加工而成的。

1. 饰面特点

橡胶地毡地面具有良好的弹性、保温、耐磨、消声性能，具有防滑、不导电等特性，适用于展览馆、疗养院、实验室、游泳馆、运动场地等地面。

2. 基本构造

橡胶地毡表面有光滑和带肋两类，带肋的橡胶地毡一般用在防滑走道上。其厚度为4～6mm。橡胶地毡地板可制成单层或双层，也可根据设计制成各类颜色和花纹。

橡胶地毡与基层的固定一般用胶结材料粘贴的方法，粘贴在水泥砂浆或混凝土基层上。

三、地毯楼地面

1. 饰面特点

地毯是一种高级地面装饰材料，地毯楼地面具有吸声、隔声、弹性好、保温性能好、脚感舒适等特点，地毯色彩图案丰富，本身就是工艺品，能给人以华丽、高雅的感觉。一般地毯具有较好的装饰和实用效果，而且施工、更换简单方便，适用于展览馆、疗养院、实验室、游泳馆、运动场地以及其他重要建筑空间的地面装饰。

2. 地毯种类

地毯按材质可分为真丝地毯、羊毛地毯、混纺地毯、化纤地毯、麻绒地毯、塑料地毯、橡胶绒地毯；按编织结构可分为手工编制地毯、机织地毯、无纺黏合地毯、簇绒地毯、橡胶地毯等。

簇绒地毯品种丰富、质感良好而且价格适中。按其生产加工工艺不同可分为圈绒地毯、割绒地毯和平圈割绒地毯三类。圈绒地毯耐磨性能较好，但弹性不好，脚感略硬，多用于厅堂、走廊、通道等人流较大的场所；割绒地毯绒毛长，弹性好，但耐磨性不好，适用于人流不多的场所；平圈割绒地毯介于二者之间，适用场所比较广泛。

3. 基本构造

（1）基层处理　铺设地毯的基层即楼地面面层，一般要求基层具有一定强度、表面平整并保持洁净；木地板上铺设地毯应注意钉头或其他突出物，以免刮坏地毯；底层地面的基层应做防潮处理。

（2）铺设　地毯的铺设可分为满铺和局部铺设两种，铺设方式有固定与不固定式之分。

不固定式铺设是将地毯裁边，黏结拼缝成一片，直接摊铺在地面上，不与基层固定，四周沿墙角修齐即可。适合于经常卷起地毯的场合或经常搬动家具等重物的场合。

固定铺设是指将地毯裁边，黏结拼缝成为整片，铺设后四周与房间地面加以固定。固定式铺设地毯不易移动或隆起。固定的方法可分为两种：挂毯条固定法和粘贴固定法。

① 挂毯条固定法　采用挂毯条（又称"倒刺板或木卡条"）固定法通常在地毯下面加

设垫层，垫层有波纹状的海绵垫和杂毛毡垫，厚度 10mm 左右。加设垫层增加地面的柔软、弹性和防潮性，并易于铺设，也可以直接铺设面层，不加设垫层，此种铺设方法为单层铺设。地毯楼地面构造如图 2.24 所示。

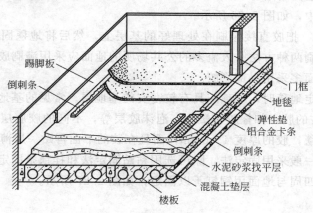

图 2.24　地毯楼地面构造

　　常用的铝合金挂毯条兼具挂毯收口双重作用，既可用于固定地毯，也可用于两种不同材质的地面相接的部位。还可采用自行制作简易倒刺板，即在 4～6mm 厚 24～25mm 宽的木板条上平行钉两行钉子，一般应使钉子按同一方向与板成 60°和 75°角。挂毯条构造如图 2.25 所示。

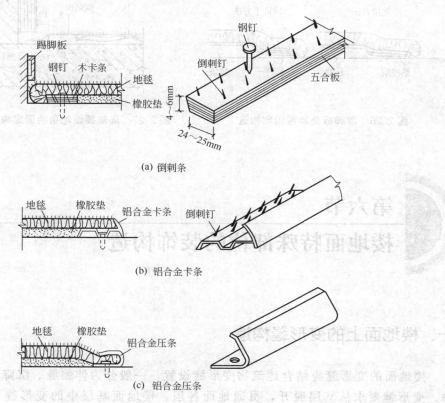

(a) 倒刺条

(b) 铝合金卡条

(c) 铝合金压条

图 2.25　挂毯条构造

挂毯条通常沿墙四周边缘顺长布置，固定在距墙面踢脚板外 8～10mm 处，以作地毯掩边之用。另外在地毯接缝及地面高低转折处沿长布置挂毯条。一般用合金钉将挂毯条固定在基层上。当地毯完全铺好后，用剪刀裁去墙边多出部分，再用扁铲将地毯边缘塞入踢脚板下预留的空隙中，如图 2.26 所示。

② 粘贴固定法 把胶直接涂刷在处理好的基层上，然后将地毯固定在基层上面，刷胶采用满刷和局部刷两种方法。人流多的公共场所的地面应采用满刷胶液；人流少而搁置器物较多的房间地面多采用局部刷胶。

当采用粘贴固定地毯时，地毯应具有较密实的基地层。常见的基地层是在绒毛的底部粘上一层 2mm 左右的胶，如橡胶、塑胶、泡沫胶层等，不同的胶底层耐磨性能不同。有些重度级的专业地毯，胶的厚度 4～6mm，而且在胶的下面再贴一层薄毯片。

局部铺设地毯一般采用固定法，除可选用粘贴固定法和挂毯条固定法外，还可选用铜钉法，即将地毯的四周与地面用铜钉予以固定，如图 2.27 所示。

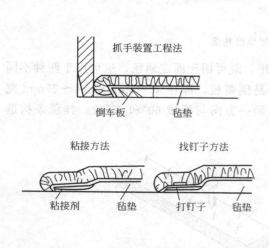

图 2.26 踢脚板处地毯固定构造

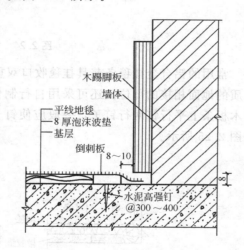

图 2.27 局部铺设地毯的固定构造（单位：mm）

第六节
楼地面特殊部位的装饰构造

一、楼地面上的变形缝构造

楼地面的变形缝应结合建筑物变形缝设置，一般分为伸缩缝、沉降缝和抗震缝三种。变形缝要求从基层脱开，贯通地面各层。楼地面基层中的变形缝可采用沥青木丝板、金属调节片等材料做封缝处理；面层处覆以盖缝板，在构造上应以允许构件之间能自由伸缩、沉降为原则。为了确保室内的防火安全，盖缝板应采用钢板或者混凝土板，严禁采用木板。图 2.28 为几种楼地面抗震缝构造。图 2.29 为几种楼地面变形缝构造。

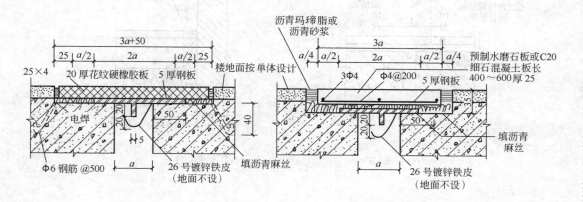

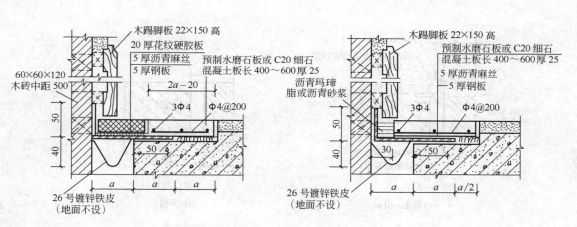

图 2.28　楼地面抗震缝构造（单位：mm）

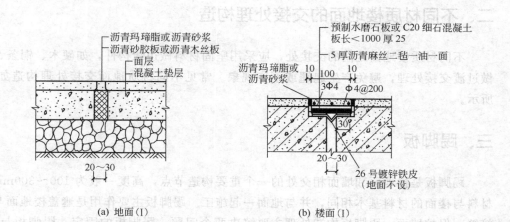

(a) 地面（Ⅰ）　　　　　　(b) 楼面（Ⅰ）

图 2.29

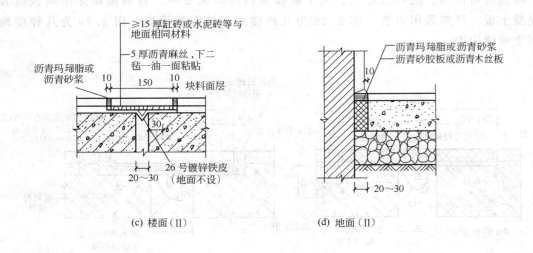

(c) 楼面（Ⅱ）　　　　　　　(d) 地面（Ⅱ）

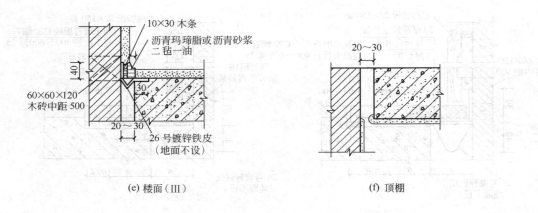

(e) 楼面（Ⅲ）　　　　　　　(f) 顶棚

图 2.29　楼地面变形缝构造（单位：mm）

二、不同材质楼地面的交接处理构造

不同材质楼地面之间的交接处，应采用坚固材料做边缘构件，如硬木、铜条、铝条等做过渡交接处理，避免产生起翘或不齐现象。常见不同材质地面交接处理构造如图 2.30 所示。

三、踢脚板

踢脚板是楼地面和墙面相交处的一个重要构造节点，高度一般为 100～300mm，它的材料与楼面的材料基本相同，并与地面一起施工。踢脚板主要作用是遮盖楼地面与墙面的接缝，保护墙面。踢脚板构造处理主要解决两个问题：踢脚板的固定；踢脚板与楼地面、墙面相交处的处理。常见的踢脚板构造处理如图 2.31 所示。

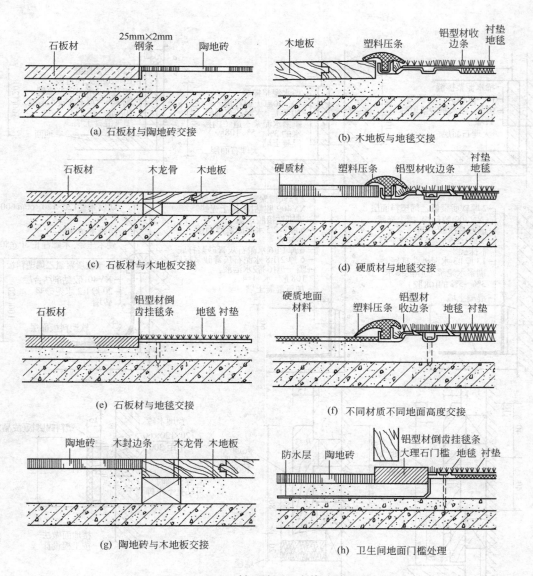

(a) 石板材与陶地砖交接

(b) 木地板与地毯交接

(c) 石板材与木地板交接

(d) 硬质材与地毯交接

(e) 石板材与地毯交接

(f) 不同材质不同地面高度交接

(g) 陶地砖与木地板交接

(h) 卫生间地面门槛处理

图 2.30 不同材质地面的交接处理构造

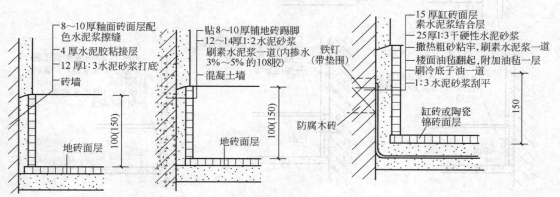

图 2.31

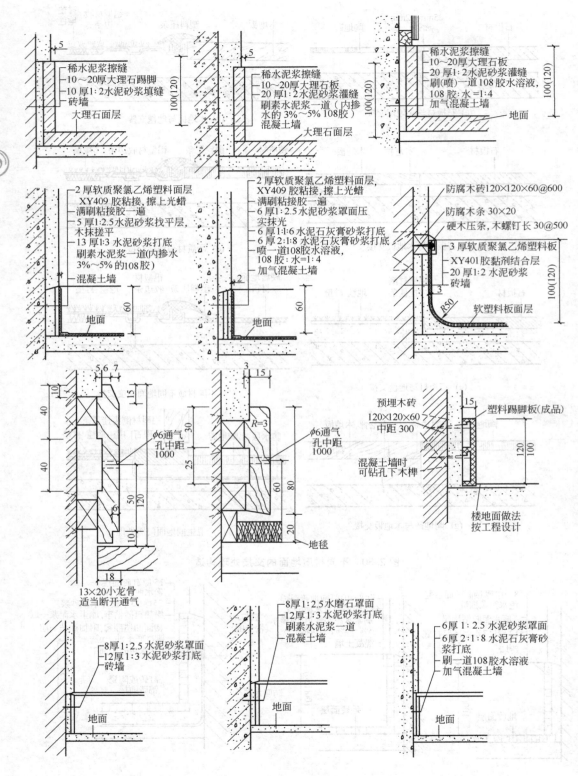

稀水泥浆擦缝
10～20厚大理石踢脚
10厚1:2水泥砂浆填缝
砖墙
大理石面层
100(120)

稀水泥浆擦缝
10～20厚大理石板
20厚1:2水泥砂浆灌缝
刷素水泥浆一道（内掺水的3%～5% 108胶）
混凝土墙
大理石面层
100(120)

稀水泥浆擦缝
10～20厚大理石板
20厚1:2水泥砂浆灌缝
刷（喷）一道108胶水溶液，108胶：水＝1:4
加气混凝土墙
地面
100(120)

2厚软质聚氯乙烯塑料面层
XY409胶粘接，擦上光蜡
满刷粘接胶一遍
5厚1:2.5水泥砂浆找平层，木抹搓平
13厚1:3水泥砂浆打底
刷素水泥浆一道(内掺水3%～5%的108胶)
混凝土墙
地面
60

2厚软质聚氯乙烯塑料面层，XY409胶粘接，擦上光蜡
满刷粘接胶一遍
6厚1:2.5水泥砂浆罩面压实抹光
6厚1:1.6水泥石灰膏砂浆打底
6厚2:1:8水泥石灰膏砂浆打底
喷一道108胶水溶液，108胶：水=1:4
加气混凝土墙
地面
60

防腐木砖120×120×60@600
防腐木条30×20
硬木压条，木螺钉长30@500
3厚软质聚氯乙烯塑料板
XY401胶黏剂结合层
20厚1:2水泥砂浆
砖墙
R50
软塑料板面层
100(120)

φ6通气孔中距1000
13×20小龙骨适当断开通气

φ6通气孔中距1000
地毯
R=3

预埋木砖120×120×60中距300
混凝土墙时可钻孔下木楔
塑料踢脚板(成品)
楼地面做法按工程设计

8厚1:2.5水泥砂浆罩面
12厚1:3水泥砂浆打底
砖墙
地面

8厚1:2.5水磨石罩面
12厚1:3水泥砂浆打底
刷素水泥浆一道
混凝土墙
地面

6厚1:2.5水泥砂浆罩面
6厚2:1:8水泥石灰膏砂浆打底
刷一道108胶水溶液
加气混凝土墙
地面

图2.31 几种常见的踢脚板构造（单位：mm）

第七节
特种楼地面构造

特种楼地面是为了满足各种不同使用要求的房间而设的楼地面，其种类很多，以下仅介绍防水楼地面、活动夹层楼地板、隔声楼地面、发光楼地面、弹性木地面和弹簧木地面的构造。

一、防水楼地面构造

建筑物中的地下室、盥洗室、卫生间、浴室等房间，要求地面必须做防水处理。

对有水体作用的房间，楼地面应低于其他房间 20～50mm，并做成 0.5%～1.5% 坡度，设置地漏。

楼地面防水构造一般是在结构层上做找平层，然后做防水层，再做楼地面面层。防水层要均匀密实，在与墙面交接处应沿墙四周卷起 150mm（泛水处理），防止水沿墙体渗漏。防水层的做法有铺设防水卷材防水层或者涂刷防水涂料做防水层。楼地面防水构造处理见表 2.9。

表 2.9 楼地面防水构造处理

防水层类型	图 示	防 水 做 法
防水砂浆		① 刚性整体或块料面层及结合层 ② 1:2 防水水泥砂浆沿墙翻起 150mm ③ 混凝土垫层或楼板
油毡		① 刚性整体或块料面层及结合层 ② 二毡三油上热嵌粗砂一层，沿墙 150mm ③ 水泥砂浆找平层上刷冷底子油一道 ④ 混凝土垫层或楼板
防水涂料		① 刚性整体或块料面层及结合层 ② C20 细石混凝土 ③ 防水涂料一层，管道外沿及沿墙贴玻璃布一层，翻起 150mm ④ 混凝土垫层或楼板上做水泥砂浆找平层
玻璃布及防水涂料		① 刚性整体或块料面层及结合层 ② C20 细石混凝土 ③ 玻璃布一层，防水涂料二层，沿墙翻起 150mm ④ 水泥砂浆找平层 ⑤ 混凝土垫层或楼板

注：常用防水涂料为聚氨酯、沥青橡胶、851 等。

二、活动夹层楼地板（活动地板）构造

活动夹层楼地板是以特制刨花板为基材、表面覆以高压三聚氰胺优质装饰板、底层用镀锌钢板，经高分子合成胶黏剂胶合而成的活动地板，配以龙骨、橡胶垫、橡胶条和可供调节的金属支架等组成，架空地板铺设在水泥类楼地面上，如图 2.32 所示。由于活动地板具有安装、调试、维修方便，夹层空间可敷设管道和导线并可按需要随时开启检查、维修和迁移等优点，广泛应用在有防尘、静电要求和管线敷设较集中的专业用房，如电子计算机房、通信枢纽、电化教室、变电所控制室、舞台等建筑地面工程。活动夹层楼地板铺装构造主要应注意以下几方面。

① 基层地面要平整、干燥、不起灰，夹层应与外界或通风道连接，以便通风散热。

② 根据功能要求选择合适的面板和支架。活动面板块标准板常用规格有 500mm×500mm 和 600mm×600mm 两种。支架有联网式支架和全钢式支架两种，如图 2.33 所示。支撑结构有高架（1000mm）和低架（200mm、300mm、350mm）两种。

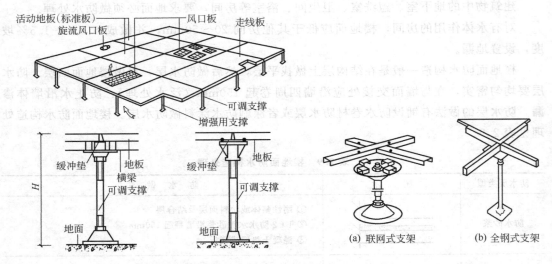

图 2.32　活动夹层楼地板组成　　　　图 2.33　支架形式

③ 支座与基层之间应灌注环氧树脂并连接牢固，或用膨胀螺栓连接。

④ 活动地板应尽量与走廊地面保持高度一致，以利于大型设备及人员进出。

⑤ 地板上有重物时，地板下部应加设支架。金属活动地板应有接地线，以防静电积聚和触电。活动夹层楼地板的铺装构造如图 2.34 所示。

三、隔声楼地面构造

隔声楼地面主要是为了阻止地面撞击声通过楼层传递到下一层，一般用于在声学功能上隔声要求特别高的建筑楼地面。常见构造处理方法有以下几种。

① 在楼地面上铺设弹性面层材料。弹性面层材料一般有地毯、橡皮、塑料等，这种方法简单，隔声效果好，应用广泛。

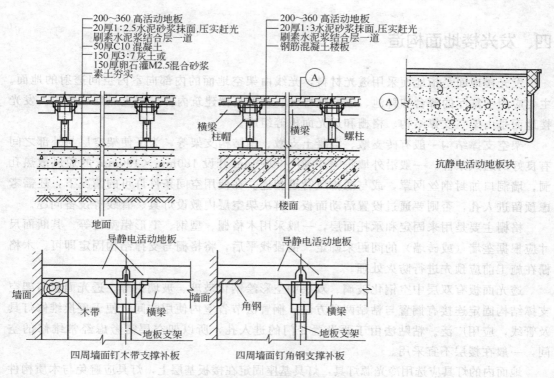

- 200～360 高活动地板
- 20厚1:2.5水泥砂浆抹面,压实赶光
- 刷素水泥浆结合层一道
- 50厚C10 混凝土
- 150 厚3:7灰土或
- 150厚卵石灌M2.5混合砂浆
- 素土夯实

- 200～360 高活动地板
- 20厚1:3水泥砂浆抹面,压实赶光
- 刷素水泥浆结合层一道
- 钢筋混凝土楼板

横梁
柱帽
横梁
螺柱
楼面

抗静电活动地板块

地面

导静电活动地板
墙面
木带
横梁
地板支架
四周墙面钉木带支撑补板

导静电活动地板
墙面
角钢
横梁
地板支架
四周墙面钉角钢支撑补板

图 2.34 活动夹层楼地板构造 (单位: mm)

② 设置块状、条状等弹性垫层,其上做成浮筑式楼板。这种方法是通过设置弹性垫层,减弱由面层传来的固体声能,达到隔声的目的,但施工比较麻烦。

③ 设置隔声吊顶构造。通常在吊顶棚上铺设吸声材料,加强隔声效果,这种方法隔声效果较好,应用也很广泛。楼地面隔声构造如图 2.35 所示。

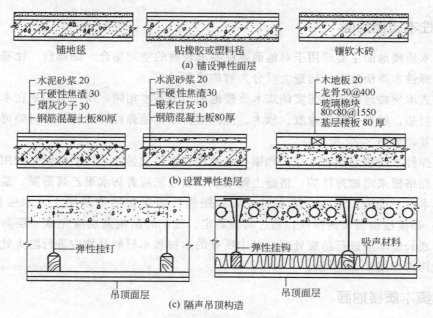

铺地毯
贴橡胶或塑料毡
镶软木砖
(a) 铺设弹性面层

- 水泥砂浆 20
- 干硬性焦渣 30
- 烟灰沙子 30
- 钢筋混凝土板80厚

- 水泥砂浆 20
- 干硬性焦渣 30
- 锯末白灰 30
- 钢筋混凝土板80厚

- 木地板 20
- 龙骨50@400
- 玻璃棉块80×80@1550
- 基层楼板 80 厚

(b) 设置弹性垫层

弹性挂钉
吊顶面层

弹性挂钩
吸声材料
吊顶面层

(c) 隔声吊顶构造

图 2.35 楼地面隔声构造 (单位: mm)

四、发光楼地面构造

　　发光楼地面是指地面采用透光材料,光线由架空地面的内部向室内空间透射的地面。主要应用于舞厅的舞台和舞池、歌剧院舞台、大型高档建筑内部局部重点处理地面。发光楼地面是由架空支撑结构、格栅和透光面板等组成。

　　架空支撑结构一般有砖支墩、混凝土支墩、钢结构支架等,为了使架空层与外部之间有良好的通风条件,一般沿外墙每隔 3000～5000mm 开设 180mm×180mm 的通风散热孔洞,墙洞口加封钢丝网罩,或与通排风管道相连。在使用空间条件许可的情况下,还需考虑预留进人孔,否则要通过设置活动面板来解决架空层内敷设灯具、管线等设备问题。

　　格栅主要是用来固定和承托面层,一般采用木格栅、型钢、T形铝型材等。其断面尺寸应根据垄墙(或砖墙)的间距来确定。铺设找平后,将格栅与支撑结构固定即可。木格栅在施工前应预先进行防火处理。

　　透光面板有双层中空钢化玻璃、双层中空彩绘钢化玻璃、玻璃钢等。透光面板与架空支撑结构固定连接有搁置与粘贴两种方法。搁置法节省室内使用空间,便于更换维修灯具及管线,应用广泛。粘贴法由于要设置专门的进人孔,所以架空层需考虑经常维修的空间,一般在楼层不宜采用。

　　地面内的灯具应选用冷光源灯具,灯具基座固定在楼板基层上,灯具应避免与木质构件直接接触,并采取相应隔绝措施,以免引发火灾事故。光珠灯带可直接敷设或嵌入地面。

　　发光楼地面构造如图 2.36 所示。

五、弹性木质楼地面和弹簧木质楼地面构造

(一)弹性木质楼地面

　　弹性木质楼地面主要应用于对地面弹性要求较高的空间场合,如舞台、比赛场地、练功房等。弹性木质楼地面从构造上可分为衬垫式和弓式。

　　衬垫式木质楼地面构造与实铺式木质楼地面构造基本相同,所不同的是在木格栅下增设了弹性衬垫,衬垫一般是橡胶、软木、泡沫塑料或其他弹性好的材料。衬垫可以按条状或块状布置,如图 2.37 所示。

　　弓式弹性木质楼地面有木弓式和钢弓式两种。木弓式弹性木质楼地面是利用木弓(扁担木)支托格栅来增加弹性的,格栅上铺毛板、油毛毡或者防水聚乙烯薄膜,最后铺钉硬木地板。木弓下设通长垫木,垫木用金属膨胀螺栓固定在结构基层上,木弓长 1000～1300mm,高度根据需要的弹性,通过实验而定。施工时结构基层应先做一层防潮层,接触基层的通长垫木应进行防腐处理,其中所有的木材和木材制品均应进行防火处理。弓式弹性地面构造如图 2.38 所示。

(二)弹簧木质楼地面

　　弹簧木质楼地面是由许多弹簧支撑的整体式骨架地面,比弹性木楼地面的弹性更佳。

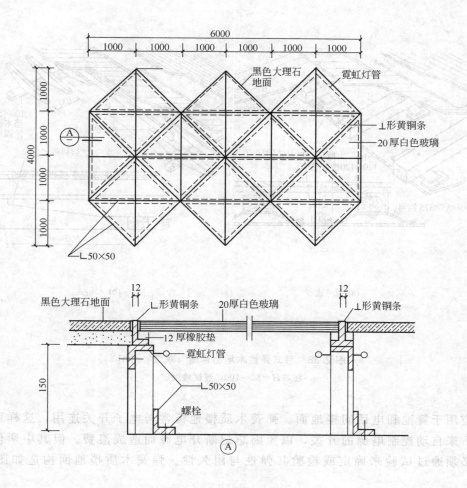

图 2.36 发光楼地面构造（单位：mm）

主要应用于墙面和地面。黑色大理石地面、
例为下来有的虹灯和虹。以大理石和色和白色。但其色。地
地面感明虹和虹和虹和虹。。如受大理石地面构成如图 2.39
所示。

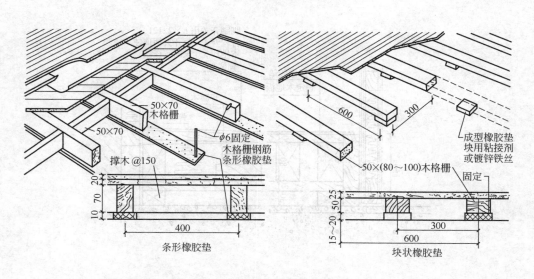

图 2.37 衬垫式弹性木地面构造（单位：mm）

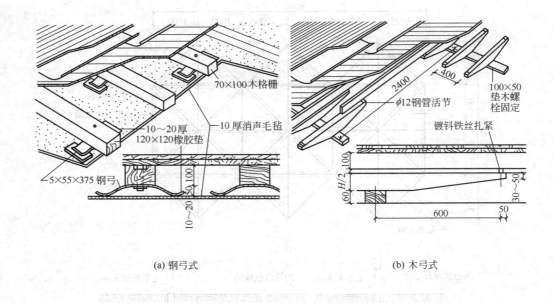

(a) 钢弓式　　　　　　　　　　　(b) 木弓式

图 2.38　弓式弹性木地面构造（单位：mm）

注：$H=80\sim100$，经试验决定

主要应用于舞池和电话间楼地面。弹簧木质楼地板常与电子开关连用，这样可由人的上下来自动控制电源的开关，以免因忘记断开电源而造成浪费。但其中所使用的弹簧必须通过试验来确定或检验其弹性与耐久性。弹簧木质楼地面构造如图 2.39 所示。

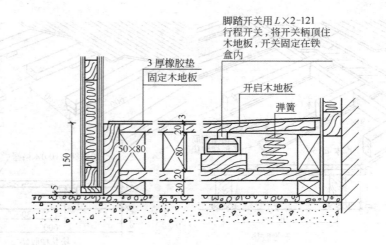

图 2.39　弹簧木地面构造（单位：mm）

第八节
庭院地面装饰构造

庭院地面是指建筑以外部分如建筑出入口、建筑四周与建筑物关系紧密的门前广场、停车场、庭院及与建筑相连的地面。

一、庭院地面装饰构造的功能

1. 引导交通

建筑与城市道路的连接、车流人流的组织引导等都需要通过建筑室外地面内的通路来完成。因此，庭院地面要考虑使用要求，做到宽敞、平整及防滑。

2. 组织限定室外空间

通过饰面材料的图案、质感、色彩等变化，赋予室外空间不同的使用功能，如行走、停留及休憩等，也在视觉上造成丰富的变幻效果。

3. 美化环境

选用适当饰面材料，庭院地面可与建筑主体内外装修相得益彰，强化视觉效果，也可使外部空间的界面易于清洗、不易污染，又可改善建筑外部的热工、声响等物理性能。

二、庭院地面装饰的类型

根据地面的铺装材料可分为整体式地面、块材地面和碎石地面等。整体地面常见的有混凝土地面、水泥砂浆地面、水磨石地面、沥青地面等，其承载力强、造价较低，主要用于车流、人流集中的道路面层。块材地面主要包括天然石材（如花岗岩石板）和人造块材（如各种地面砖）地面。因其可形成多种图案，外形美观，易清洁，耐久性好，主要应用于室外停留区、休息区域、人行路面等，其中花岗岩质地坚硬，通常用于通行量大的建筑入口及广场地面。碎石地面包括卵石、毛石、砖块、碎拼花岗岩等铺成的地面，可形成不规则的花色图案，但其平整度较差，一般用于步行小路面层。图 2.40 为室外地面花色图案举例。

在庭院地面装饰中，为了防止不规则的龟裂、调整装修材料的伸缩，达到美观的效果，要考虑设置装修接缝线。整体式地面接缝线间距一般 2～6m，可用勾缝做法或嵌装金属制的缝条（水磨石地面）。铺贴类地面要结合面层材料的尺寸制作铺贴分配图（缝宽应计入尺寸），对于规则的石材缝宽为 0～6mm、不规则方形石板的缝宽为 12～15mm、地砖的缝宽为 6～9mm，装修接缝为凹缝式缝槽，如图 2.41 所示。

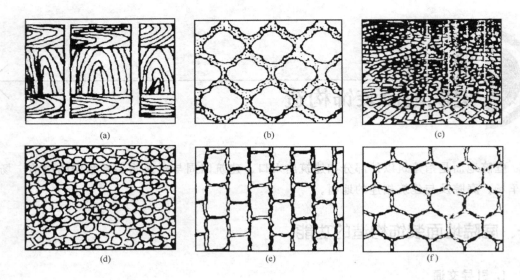

图 2.40　室外地面花色图案

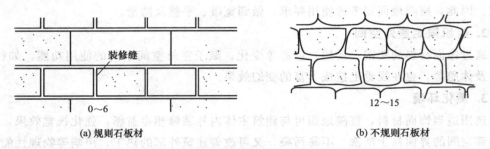

图 2.41　地面铺贴接缝（单位：mm）

三、庭院地面装饰构造

1. 基本构造做法

室外地面构造层次自下而上可分为地基土层、基层和面层，根据使用功能和结构上需要，基层中通常包含垫层、结构层和结合层等构造层次。

（1）面层　室外地面最上面的一层即为面层，要求坚固、平稳、耐磨损、不滑、反光小，具有一定的粗糙度并便于清扫。

（2）结合层　当采用块料铺筑面层时，在面层与基层之间为了粘接和找平而设置的一层即为结合层。结合层材料一般采用 30～50mm 厚的粗砂、水泥石灰混合砂浆或石灰砂浆。

（3）结构层　位于结合层之下，垫层或地基土层之上，是庭院地面结构中的主要承重部分。通常采用碎石、混凝土、灰土或各种工业废渣等材料。

（4）垫层　垫层是在路基排水不良或有冻胀的路段上，为了满足排水、防冻等要求常用道渣、石灰土等材料。

2. 混凝土等整体式地面装饰构造

混凝土整体地面的基本构造做法：可将地基土夯实，上铺垫150mm厚卵石灌混合砂浆或150mm厚3：7灰土层，然后铺60mm厚C20混凝土，表面提浆抹灰，如图2.42所示。混凝土面层应分格浇灌，每格边长不超过6m，缝宽10～20mm。

另外，还可将混凝土作为垫层，表面做水泥砂浆面层或现浇水磨石面层，按设计要求划分出网格，制成水泥砂浆整体地面（图2.43）或现浇水磨石整体地面。

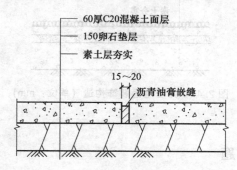

图 2.42 混凝土地面构造（单位：mm）

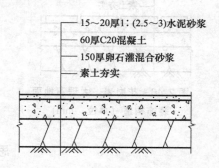

图 2.43 水泥砂浆地面构造（单位：mm）

3. 石板等块材地面装饰构造

石板厚25～30mm，规格尺寸可根据地面图案设计尺度确定，但角块不宜小于200～300mm，可以选用规则的，也可用不规则的，石缝中可以种植草皮或水泥勾缝。

石板地面的基本构造做法是先将地基土夯实，上铺垫层（150mm厚碎石或3：7灰土层，加50mm厚C15混凝土刚性垫层），然后抹30～30mm厚水泥砂浆找平层和结合层，粘贴饰面板材，如图2.44所示。

块（条）石地面的基本构造做法是先将地基土夯实，上铺50～60mm厚（压实厚度，条石可减为30mm）砂垫层，然后再铺石块面层，如图2.45所示。

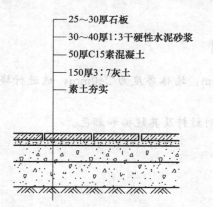

图 2.44 石板地面装饰构造（单位：mm）

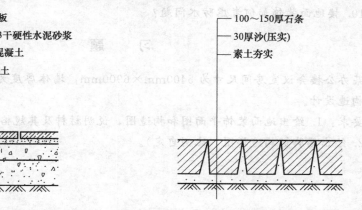

图 2.45 石块地面装饰构造（单位：mm）

4. 碎拼花岗岩等碎石地面装饰构造

碎拼花岗岩和大理石面层，是采用加工标准石后所剩的不规则下脚料，经筛选后，随形、随色不规则地铺设在水泥砂浆结合层上，并用水泥砂浆或水泥石粒浆填补块料间隙而成的一种板块地面。其基本构造做法为：先将地基土夯实，上铺垫层（150mm厚碎石灌混合砂浆或 3∶7 灰土层，加 50mm 厚 C15 混凝土刚性垫层），然后抹 25mm 厚水泥砂浆稀铺 20mm 厚花岗岩或大理石碎块，并用 1∶2 水泥砂浆灌缝、找平，如图 2.46 所示。

图 2.47 为卵石、碎石地面装饰构造。

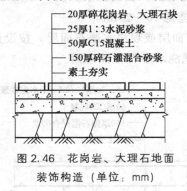

— 20厚碎花岗岩、大理石块
— 25厚1∶3水泥砂浆
— 50厚C15混凝土
— 150厚碎石灌混合砂浆
— 素土夯实

图 2.46 花岗岩、大理石地面
装饰构造（单位：mm）

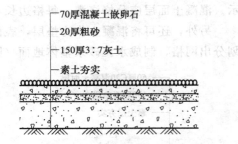

— 70厚混凝土嵌卵石
— 20厚粗砂
— 150厚3∶7灰土
— 素土夯实

图 2.47 卵石地面装饰构造（单位：mm）

思 考 题

1. 简述楼地面饰面的功能作用。
2. 楼地面的构造层次有哪些？
3. 块材式地面有何构造特点？叙述大理石地面的构造做法并绘制构造图。
4. 比较现浇水磨石楼地面与预制水磨石楼地面在构造上的不同点。
5. 木楼地面按构造不同有哪些类型？
6. 架空式木楼地面与实铺式木楼地面在构造上有何不同？
7. 地毯采用固定式铺贴方式时，有哪些固定方式？各有何特点和要求？
8. 活动夹层地板在构造上应注意哪些问题？
9. 隔声楼地面的构造方法有哪些？
10. 楼地面装饰如何考虑防水问题？

习 题

某办公楼会议室房间尺寸为 5400mm×6900mm，墙体厚度为 240mm，试进行楼地面装饰构造设计。

要求：1. 绘出地面装饰平面图和构造图，说明材料及其规格和颜色。

2. 绘出踢脚板构造详图（比例自定）。

第三章

墙面装饰构造

　　本章从墙面装饰的基本功能及分类入手，重点讲述了抹灰类墙体饰面、贴面类墙体饰面、涂刷类墙体饰面、镶板（材）类墙体饰面、卷材类墙体饰面的构造特点、类型和构造层次。通过学习本章内容，熟练掌握典型墙体饰面的构造要点，能够根据墙体使用要求，选择相应的墙体饰面材料、工艺和构造方法。

墙面是室内外空间的侧界面，墙面装饰对空间环境效果影响很大。墙面装饰分外墙面装饰和内墙面装饰两部分，不同的墙面有不同的使用和装饰要求。

第一节
概述

一、外墙面装饰的基本功能

外墙面是构成建筑物外观的主要因素，直接影响到城市面貌和街景，因此，外墙面的装饰一般应根据建筑物本身的使用要求和周围环境等因素来选择饰面，通常选用具有抗老化、耐光照、耐风化、耐水、耐腐蚀和耐大气污染的外墙面饰面材料。外墙面装饰的基本功能有以下几方面。

1. 保护室外墙体

外墙除有时作为承重墙承担结构荷载外，还是建筑物的主要外围护构件之一，起遮风挡雨、保温隔热、防止噪声以及保证安全等作用。

外墙面装饰在一定程度上保护墙体不受外界的侵蚀和影响，提高墙体防潮、抗腐蚀、抗老化的能力，提高墙体的耐久性和坚固性。对一些重点部位如勒脚、踢脚、窗台等应采用相应的装饰构造措施。

2. 改善墙体的物理性能

通过对墙面装饰处理，可以弥补和改善墙体材料在功能方面的某些不足。墙体经过装饰而厚度加大，或者使用一些有特殊性能的材料，能够提高墙体保温、隔热、隔声等功能。如现代建筑中大量采用的吸热和热反射玻璃，能吸收或反射太阳辐射热能的 $50\% \sim 70\%$，从而可以节约能源，满足建筑节能对外墙的要求。

3. 美化建筑立面

由于建筑物的立面是人们在正常视野内所能观赏到的一个主要面，外墙面的装饰处理即立面装饰所体现的质感、色彩、线形等，对构成建筑总体艺术效果具有十分重要的作用。采用不同的墙面装饰材料就有不同的构造，会产生不同的装饰效果。

二、内墙面装饰的基本功能

1. 保护室内墙体

建筑物的内墙饰面与外墙饰面一样，也具有保护墙体的作用。例如浴室、厨房等处，室内湿度相对比较高，墙面会被溅湿或需水洗刷，若墙面贴瓷砖或进行防水、隔水处理，墙体就不会受潮湿的影响；人流较多的门厅、走廊等处，在适当高度上做墙裙、内墙阳角处做护角线处理，将起到保护墙体的作用。

2. 保证室内空间相应的功能要求

室内墙面经过装饰变得平整、光滑不仅便于清扫和保持卫生，并且可以增加光线和反射，提高室内照度。但这又容易产生眩光，给人的眼睛将造成伤害，从而影响室内的采光效果，所以在进行室内墙面装饰设计时应注意针对不同的空间采取不同的处理方法。对人们长时间逗留的空间如住宅中的卧室和宾馆中的客房等空间，要求墙面处理后不得产生眩光现象，应使墙面对光线产生漫反射，以确保室内光线柔和舒适。

当墙体本身热工性能不能满足使用要求时，可以在墙体内侧结合饰面做保温隔热处理。一些有特殊要求的空间，通过选用不同材料的饰面，能达到防尘、防腐蚀、防辐射等目的。

内墙饰面的另一个重要功能是辅助墙体的声学功能。例如，反射声波、吸声、隔热等。在影剧院、音乐厅、播音室等公共建筑就是通过墙体、顶棚和地面上不同饰面材料所具有的反射声波及吸声的性能，达到控制混响时间、改善音质和改善使用环境的目的。在人群集中的公共场所，也是通过饰面层吸声来控制和减轻噪声程度的。

3. 美化室内环境

内墙装饰在不同程度上起到装饰和美化室内环境的作用，这种装饰美化应与地面、顶棚等的装饰效果相协调，同家具、灯具及其他陈设相结合。由于内墙饰面属近距离观赏范畴，甚至有可能和人的身体发生直接的接触。因此，内墙饰面要特别注意考虑装饰因素对人的生理状况、心理情绪的影响作用。

三、墙面装饰的分类

按饰面常用装饰材料、构造方式和装饰效果不同，墙面装饰可分为以下几类。

① 抹灰类墙体饰面，包括一般抹灰和装饰抹灰饰面装饰。
② 贴面类墙体饰面，包括石材、陶瓷制品和预制板材等饰面装饰。
③ 涂刷类墙体饰面，包括涂料和刷浆等饰面装饰。
④ 镶板（材）类墙体饰面，包括木制品板材、金属类板材和玻璃类板材等饰面装饰。
⑤ 卷材类内墙饰面，包括壁制布和壁纸饰面装饰。
⑥ 其他材料类，如玻璃幕墙等。
本章主要介绍前五种墙体饰面的有关构造问题，幕墙类饰面将在第六章中介绍。

第二节
抹灰类墙体饰面的构造

一、抹灰类饰面概述

抹灰类饰面是用各种加色的、不加色的水泥砂浆，或者石灰砂浆、混合砂浆等做成的各种饰面抹灰层。根据使用要求不同分为一般抹灰和装饰面抹灰。

（一）墙面抹灰的构造组成及作用

墙面抹灰一般是由底层抹灰、中间抹灰和面层抹灰三部分组成，如图3.1所示。

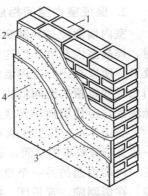

1. 底层抹灰

底层抹灰主要是对墙体基层的表面处理，起到与基层黏结和初步找平的作用。抹灰施工时应先清理基层，除去浮尘，保证底层与基层黏结牢固。底层砂浆根据基层材料的不同和受水浸湿情况而不同，可分别选用石灰砂浆、水泥石灰混合砂浆和水泥砂浆，厚度一般5～10mm。

图3.1 抹灰的构造组成
1—基层；2—底层；3—中间层；
4—面层

普通砖墙由于吸水性较大，在抹灰前须将墙面浇湿，以免抹灰后过多吸收砂浆中水分而影响黏结。室内砖墙多采用1:3石灰砂浆，或掺入一些纸筋、麻刀以增强黏结力并防止开裂，需要做涂料墙面时可采用水泥或1:1:6水泥石灰混合砂浆刮糙处理。室外或室内有防水防潮要求时，应采用1:3水泥砂浆。

轻质砌块墙体因砌块表面的空隙大，吸水性极强，应避免抹灰砂浆中的水分被墙体吸收，而导致墙体与底层抹灰间的黏结力较低，常见处理方法是：采用108胶（配合比是108胶:水为1:4），满涂墙面，以封闭砌块表面空隙，再做底层抹灰。在装饰要求较高的饰面中，还应在墙面满钉0.7mm细径镀锌钢丝网（网格尺寸32mm×32mm），再做抹灰。内墙可用石灰砂浆或混合砂浆，外墙宜用混合砂浆或水泥砂浆。

混凝土墙体表面比较光滑，甚至还有脱模油剂，影响了墙体与底层抹灰间的黏结，需特殊处理。常见处理方法有除油垢、凿毛、甩浆、划纹等。一般采用水泥砂浆或混合砂浆。

外墙门窗洞口的外侧壁、窗套、勒脚及腰线等应用水泥砂浆。

2. 中间抹灰

中间抹灰主要作用是找平与黏结，还可以弥补底层砂浆的干缩裂缝。一般用料与底层相同，厚度5～10mm，根据墙体平整度与饰面质量要求，可一次抹成，也可分多次抹成。

3. 面层抹灰

面层抹灰又称"罩面"，主要是满足装饰和其他使用功能要求。根据所选装饰材料和施工方法不同可分为各种不同性质和外观的抹灰。例如，用水泥砂浆罩面的水泥砂浆抹灰，采用蛭石粉或珍珠岩粉做骨料的罩面的保温抹灰，采用木屑骨料的罩面的吸声抹灰等。

（二）抹灰类饰面主要特点

墙面抹灰的优点是材料来源丰富，便于就地取材，施工简单，价格便宜；通过适当工艺，可获得多种装饰效果，如拉毛、喷毛、仿面砖等；具有保护墙体、改善墙体物理性能的功能，如保温隔热等。缺点是抹灰构造多为手工操作，现场湿作业量大；砂浆强度较差，年久易龟裂脱落，颜料选用不当，会导致掉色、褪色等现象；表面粗糙，易挂灰，吸水率高，易形成不均匀污染。

抹灰类饰面应用于外墙面时，要慎选材料，并采取相应改进措施，如掺加疏水剂，可降低吸水性；掺加聚合物，可提高黏结性等。

外墙面抹面一般面积较大，为操作方便、保证质量、利于日后维修、满足立面要求，通常将抹灰层进行分块，分块缝宽一般 20mm，有凸线、凹线和嵌线三种方式。凹线是最常见的一种形式，嵌木条分格构造如图 3.2 所示。

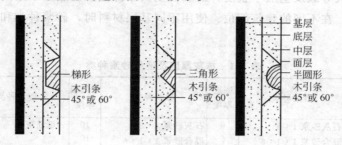

图 3.2　抹灰嵌木条分格构造

另外，由于抹灰类墙面阳角处很容易碰坏，通常在抹灰前应先在内墙阳角、门洞转角、柱子四角等处，用强度较高的 1∶2 水泥砂浆抹制护角或预埋角钢护角，护角高度应高出楼地面 1.5～2m 左右，每侧宽度不小于 50mm，如图 3.3 所示。

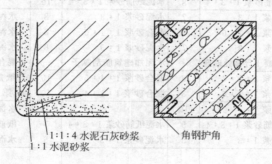

图 3.3　墙和柱的护角

二、一般抹灰饰面构造

一般抹灰饰面是指采用石灰砂浆、混合砂浆、聚合物水泥砂浆、麻刀灰、纸筋灰等对建筑物的面层抹灰。

（一）一般抹灰的等级划分

根据房屋使用标准和设计要求，一般抹灰可分为普通、中级和高级三个等级。

普通抹灰是由底层和面层构成，一般内墙厚度 18mm，外墙厚度 20mm。适用于简易住宅、大型临时设施、仓库及高标准建筑物的附属工程等。

中级抹灰是由底层、中间层和面层构成，一般内墙厚度 20mm，外墙厚度 20mm。适用于一般住宅和公共建筑、工业建筑以及高标准建筑物的附属工程等。

高级抹灰是由底层、多层中间层和面层构成，一般内墙厚度 20mm，外墙厚度 25mm。适用于大型公共建筑、纪念性建筑以及有特殊功能要求的高级建筑物。

勒脚及突出墙面部分抹灰厚 25mm，石墙抹灰厚 35mm。

（二）一般抹灰的基本构造

根据装饰抹灰等级及基层平整度，需要控制其涂抹遍数和厚度，中间抹灰层所用材料一般与底层相同。在不同的建筑部位、使用不同基层材料时，砂浆种类和厚度的选择可参考表 3.1。

表 3.1　抹灰厚度及适用砂浆种类　　　　　　　　　单位：mm

项目		砂浆种类	底层厚度	砂浆种类	中间层厚度	砂浆种类	面层厚度	总厚度
内砖墙	砖墙	石灰砂浆 1:3	6	石灰砂浆 1:3	10	纸筋灰浆	2.5	18.5
		混合砂浆 1:1:6	6	混合砂浆 1:1:6	10		2.5	18.5
	砖墙（高级）	水泥砂浆 1:3	6	水泥砂浆 1:3	10	普通级做法一遍	2.5	18.5
	砖墙（防水）	混合砂浆 1:1:6	6	混合砂浆 1:1:6	10	中级做法二遍	2.5	18.5
	加气混凝土	水泥砂浆 1:3	6	水泥砂浆 1:3	10	高级做法三遍，最后	2.5	18.5
		混合砂浆 1:1:6	6	混合砂浆 1:1:6	10	一遍用滤浆灰	2.5	18.5
	钢丝网板条	石灰砂浆 1:3	6	石灰砂浆 1:3	10	高级做法厚度为 3.5	2.5	18.5
		水泥纸筋砂浆 1:3:4	8	水泥纸筋砂浆 1:3:4	10		2.5	20.5
外砖墙	砖墙	水泥砂浆 1:3	7	水泥砂浆 1:3	8	水泥砂浆 1:2.5	10	25
	混凝土	混合砂浆 1:1:6	7	混合砂浆 1:1:6	8	水泥砂浆 1:2.5	10	25
		水泥砂浆 1:3	7	水泥砂浆 1:3	8	水泥砂浆 1:2.5	10	25
	加气混凝土	加气混凝土界面处理剂	—	水泥加建筑胶刮腻子	—	混合砂浆 1:1:6	8~10	8~10
梁柱	混凝土梁柱	混合砂浆 1:1:4	6	混合砂浆 1:1:6	10	纸筋灰浆，三次罩面，第三次滤浆灰	3.5	19.5
	砖柱	混合砂浆 1:1:6	8	混合砂浆 1:1:4	10		3.5	21.5
阳台雨篷	平面	水泥砂浆 1:3	10			水泥砂浆 1:2	10	20
	顶面	水泥纸筋砂浆 1:3:4	5	水泥纸筋砂浆 1:3:4	5	纸筋灰浆	2.5	12.5
	侧面	水泥砂浆 1:3	5	水泥砂浆 1:3	6	水泥砂浆 1:2	2.5	13.5
其他	挑檐、腰线、遮阳板、窗套、窗台	水泥砂浆 1:3	5	水泥砂浆 1:2.5	8	水泥砂浆 1:2	10	23

三、装饰抹灰饰面构造

装饰抹灰是指利用材料特点和工艺处理使抹灰面具有不同质感、纹理和色泽效果的抹灰类型。装饰抹灰除了具有与一般抹灰相同的功能外，还具有强烈的装饰效果。

1. 拉条抹灰饰面构造

拉条抹灰饰面是用杉木板制作的刻有凹凸形状的模具，沿贴在墙面上的木导轨，在抹灰面层上通过上下拉动而形成规则的细条、粗条、波形条等图案效果。

拉条抹灰的基层处理与一般抹灰类同，面层砂浆根据所拉条形的粗细有不同的配比。细条形拉条抹灰面层用水泥：细纸筋石灰：细黄砂为 1:2:0.5 的混合砂浆，粗条形拉条抹灰分两层，黏结层用水泥：细纸筋石灰：中粗砂为 1:2.5:0.5 的混合砂浆，面层用水泥：细纸筋石灰为 1:0.5 的混合砂浆。

拉条抹灰饰面立体感强，线条清晰，可改善空间墙面的竖向立体效果。

2. 拉毛、甩毛、扫毛及搓毛饰面构造

（1）拉毛饰面　是用抹子或硬毛棕刷等工具将砂浆拉出波纹或突起的毛头而做成的装饰面层，有小拉毛和大拉毛两种做法。在外墙还有先拉出大拉毛再用铁抹子压平毛尖的做法。拉毛是手工操作，工效较低，容易污染，但有较好的装饰效果。

拉毛面层一般采用普通水泥掺适量石灰膏的素浆或掺入适量砂子的砂浆。小拉毛掺入水泥量为 5%～20% 的石灰膏。大拉毛掺入水泥量为 20%～30% 的石灰膏，为避免龟裂，再掺入适量砂子和少量的纸筋。打底子可用 1∶0.5∶4 的水泥石灰砂浆，分两遍完成，再刮一道素水泥浆，随即用 1∶0.5∶1 水泥石灰砂浆拉毛。

（2）甩毛饰面　是将面层灰浆用工具甩在抹灰中层上，形成大小不一但又有规律的毛面的饰面做法。

甩毛墙面的构造做法是用 1∶3 水泥砂浆打底，厚度在 13～15mm；五六成干时，刷一道水泥浆或水泥色浆，以衬托甩毛墙面；最后用 1∶1 水泥砂浆或混合砂浆甩毛。

（3）扫毛饰面　是进行水泥砂浆抹灰后，在其面层砂浆凝固前，按设计图案，用毛柴帚扫出条纹。其基层处理和底层刮糙与一般抹灰饰面相同，面层粉刷是用水泥∶石灰膏∶黄砂为 1∶0.3∶4 的混合砂浆，其厚度一般为 10mm。扫毛抹灰装饰墙面清新自然，操作简便。

（4）搓毛饰面　是用 1∶1∶6 水泥石灰砂浆打底，罩面也用 1∶1∶6 水泥石灰砂浆，最后进行搓毛。搓毛的工艺简单，省工省料，但装饰效果不及甩毛和拉毛。

3. 扒拉灰饰面和扒拉石饰面构造

扒拉灰饰面是用 1∶0.5∶3.5 混合砂浆打底，待底层干燥到六七成时，用 1∶1 水泥砂浆罩面，面层抹灰厚度 10mm，然后用露钉尖的木块（钉耙子）作工具，挠去水泥浆皮而形成的饰面。

扒拉石饰面的做法基本同扒拉灰饰面，只是把 1∶1 水泥砂浆改成 1∶1 水泥细石渣浆。由于能露出细石渣的颜色，质感明显。

扒拉灰饰面和扒拉石饰面一般用于公共建筑外墙面。

4. 假面砖饰面构造

假面砖饰面是用掺氧化铁黄、氧化铁红等颜料的彩色水泥砂浆做面层，通过手工操作达到模拟面砖装饰效果的饰面做法。常用的配合比是水泥∶石灰膏∶氧化铁黄∶氧化铁红∶砂子为 100∶20∶（6～8）∶2∶150（质量比）。其构造做法是，在底灰上抹厚为 3mm 的 1∶1 水泥砂浆垫层，再抹 3～4mm 厚彩色水泥砂浆面层，待抹灰收水后进行饰面处理。有两种做法：一种是用铁梳子拉假面砖，将铁梳子顺着靠尺板由上向下划纹，深度不超过 1mm，然后按面砖宽度用铁钩子沿靠尺板横向划沟，其深度 3～4mm，露出中层砂浆即可；另一种是用铁辊滚压刻纹。假面砖沟纹清晰，表面平整，色泽均匀，可以假乱真。

5. 聚合物水泥砂浆的喷涂、弹涂、滚涂饰面构造

聚合物水泥砂浆是在普通水泥砂浆中掺入适量有机聚合物（如聚乙烯醇缩甲醛胶 108 胶、聚醋酸乙烯乳液），一般为水泥质量的 10%～15%，从而改善原来材料的性能。

（1）喷涂饰面　用挤压式砂浆泵或喷斗，将聚合物水泥砂浆连续均匀地喷涂在墙体外表形成饰面层。从质感上分为表面灰浆饱满呈波纹状的波面喷涂和表面布满点状颗粒的粒状喷涂两种。

（2）弹涂饰面　先在墙体表面刷一道聚合混合物水泥色浆，用弹涂器分几遍将不同色彩的聚合物水泥浆弹在已涂刷的涂层上，形成 3～5mm 的扁圆形花点，再喷罩甲基硅树脂或聚乙烯醇缩丁醛溶液，从而形成装饰层。

（3）滚涂饰面　先将聚合混合物水泥砂浆抹在墙面上，用滚子滚出花纹，再喷罩甲基硅醇钠疏水剂，从而形成装饰层。滚涂操作分为干滚和湿滚两种方法，干滚时，滚子不蘸水，滚出的花纹较大；湿滚时，滚子反复蘸水，滚出的花纹较小，花纹不匀能及时修补，但工效低。

四、石渣类饰面构造

石渣类饰面是用以水泥为胶结材料、石渣为骨料的水泥石渣浆抹于墙体的表面，然后用水洗、斧剁、水磨等工艺除去表面水泥皮，露出以石渣的颜色和质感为主的饰面做法。传统的石渣类墙体饰面做法有水刷石、干黏石、斩假石、拉假石等。

石渣类饰面的装饰效果主要依靠石渣的颜色和颗粒形状来实现的，色泽比较光亮，质感较丰富，耐久性和耐污染性较好。

1. 假石饰面构造

（1）斩假石饰面　是以水泥石子浆或水泥石屑浆涂抹在水泥砂浆基层上，待凝结硬化具有一定强度后，用斧子及各种凿子等工具，在面层上剁斩出类似石材经雕琢的纹理效果的一种装饰方法。斩假石饰面质朴素雅、美观大方、耐久性好，但因是手工操作，工效低。

斩假石饰面的构造做法是：先用 15mm 厚 1：3 水泥浆打底，刮抹一遍素水泥浆（内掺 108 胶），随即抹 10mm 厚水泥：石渣为 1：1.25 的水泥石渣浆，石渣一般采用粒径为 2mm 的白色粒石，内掺 30％ 的粒径 0.3mm 的石屑。在面层配料中加入各种配色骨料及颜料，可以模仿不同的天然石材的装饰效果。在分格式、设缝处理上应符合石材砌筑的一般习惯。

（2）拉假石饰面　是将斩假石用的剁斧工艺改为用锯齿形工具，在水泥石渣浆终凝时，挠刮去表面水泥浆露出石渣的构造做法。它具有类似斩假石的质感，但石渣外露程度较小，水泥颜色对整个饰面色彩影响较大，所以往往在水泥中加颜料，以增强其色彩效果。

拉假石的基本构造底层处理与斩假石相同，面层常用的是水泥：石英砂为 1：1.25 的水泥石渣浆，厚度为 8～10mm。待面层收水后用靠尺检查平整度，用木抹子搓平、顺直，并用钢皮抹子压一遍。水泥终凝后，用拉耙依着靠尺按同一方向挠刮，除去表面水泥浆，露出石渣。一般拉纹的深度 1～2mm，宽度 3～3.5mm。

2. 水刷石饰面构造

水刷石是用水泥和石子等加水搅拌，抹在建筑物的表面，半凝固后，用喷枪、水壶喷水，或者用硬毛刷蘸水，刷去表面的水泥浆，使石子半露的一种装饰方法。水刷石饰面朴实淡雅、经久耐用、装饰效果好。

水刷石的底灰处理与斩假石相同，面层水泥石渣浆的配合比依石渣粒径大小而定，一般为1∶1（粒径为8mm）、1∶1.25（粒径为6mm）、1∶1.5（粒径为4mm），水泥用量要恰能填满石渣之间的空隙。面层厚度通常为石渣粒径的2.5倍。常在面层中加入不同颜色的石屑、玻璃屑，可获得特殊肌理的装饰效果。

3. 黏石饰面构造

黏石饰面一般有干黏石、喷黏石、喷石屑、干黏喷洗石、彩瓷粒等几种饰面。

（1）干黏石饰面　是用拍子将彩色石渣直接黏结在砂浆层上的一种饰面方法，其效果与水刷石饰面相似，但比水刷石饰面节约水泥30%～40%，节约石渣50%，提高工效50%。但其黏结力较低，一般与人直接接触的部位不宜采用。

干黏石饰面的构造做法一般是用12mm厚1∶3水泥砂浆打底，中间层用6mm厚1∶3水泥砂浆，面层用黏结砂浆，其常用配合比为水泥∶砂∶108胶＝1∶1.5∶0.15或水泥∶石灰膏∶砂∶108胶＝1∶1∶2∶0.15。

（2）喷黏石饰面　是利用压缩空气带动喷斗将石渣喷洒在尚未硬化的素水泥浆黏结层上形成的装饰饰面。相对于干黏石工艺，机械化程度高，工艺先进、操作简单、效率高，石渣黏结牢固。

（3）喷石屑饰面　是喷黏石工艺与干黏石做法的发展，喷石屑所用的石屑粒径小，先喷上的石屑之间所留空隙易于被其后的石屑所填充，喷成的表面显得更加密实。由于石屑粒径小，黏结层砂浆厚度可以减薄，只需相当于石屑粒径的2/3～1，即2～3mm。

（4）干黏喷洗石饰面　干黏喷洗石的装饰效果与干黏石不同的是小石子甩在黏结层上，压实拍平，半凝固后，用喷枪法去除表面的水泥浆，使石子半露，形成人造石料装饰面。这种饰面既有水刷石饰面的优点，又有干黏石饰面的特点，省工、省料、自重轻。

第三节
贴面类墙体饰面构造

一、贴面类饰面概述

贴面类饰面是将大小不同的块材通过构造连接或镶贴于墙体表面形成的墙体饰面。

常用的贴面材料可分为三类：一是陶瓷制品，如瓷砖、面砖、陶瓷棉砖、玻璃马赛克等；二是天然石材，如大理石、花岗岩等；三是预制块材，如水磨石饰面板、人造石材等。由于块料的形状、重量、适用部位不同，其构造方法也有一定差异。轻而小的块面可以直接镶贴，构造比较简单，由底层砂浆、黏结层砂浆和块状贴面材料面层组成；大而厚重的块材则必须采用一定的构造连接措施，用贴挂等方式加强与主体结构连接。

贴面类饰面具有装饰效果丰富、色泽稳定、易清洗、耐腐防水、坚固耐用、价格适中等优点，是目前高中级建筑装饰中经常用到的墙面饰面。贴面类饰面的缺点是质量较差的釉面砖釉层易脱，有的品种存在块材质色差和尺寸误差大，铺贴技术要求高等问题。

二、面砖饰面构造

面砖多数是以陶土为原料，压制成型后经 1100℃ 左右的温度烧制而成的。面砖类型很多，按其特征有上釉的和不上釉的，釉面砖又分为有光釉和无光釉的两种。砖的表面有平滑的和带一定纹理质感的，面砖背部质地粗糙且带有凹槽，以增强面砖和砂浆之间的黏结力，如图 3.4（a）所示。

面砖饰面的构造做法是：先在基层上抹 15mm 厚 1:3 的水泥砂浆作底灰，分两层抹平即可；粘贴砂浆用 1:2.5 水泥砂浆或 1:0.2:2.5 水泥石灰混合砂浆，其厚度不小于 10mm，若采用掺 108 胶的 1:2.5 水泥砂浆粘贴效果更好；然后在其上贴面砖，并用 1:1 白色水泥砂浆填缝，并清理面砖表面，构造如图 3.4（b）所示。

釉面砖的吸水率较高，其抗冻性差，受冻后其表面的釉层极易开裂或者脱落，所以釉面砖只能用于室内墙面饰面。釉面砖的主要规格为：108mm×108mm、152mm×152mm、152mm×200mm、200mm×300mm、300mm×450mm、330mm×600mm 等，厚度为 5mm 及 6mm，另有阳角条、阴角条、压条或带有圆边的配件可供选用。

（a）黏结状况　　　　　　　　　　（b）构造图

图 3.4　面砖饰面构造

三、瓷砖饰面构造

瓷砖又称"釉面瓷砖"，它是用瓷土或优质陶土经高温烧制而成的饰面材料。其底胎均为白色，表面上釉有白色和彩色。彩色釉面砖又分有光和无光两种。此外还有装饰釉面砖、图案釉面砖、瓷画砖等。装饰釉面砖有花釉砖、结晶釉砖、斑纹釉砖、理石釉砖等。图案砖能做成各种色彩和图案、浮雕，别具风格。瓷砖画则是将画稿按我国传统陶瓷彩绘技术分块烧成釉面砖，然后再拼成整幅画面。釉面砖颜色稳定，不易褪色，美观，吸水率低，表面细腻光滑，不易积垢，清洁方便。墙地砖的规格可根据具体要求进行选择。另有阳角条、阴角条、压条或带有圆边的配件可供选用。

瓷砖饰面构造做法是：先在基层用 1∶3 水泥砂浆打底，厚度为 10～15mm；黏结砂浆用 1∶0.1∶2.5 水泥石灰膏混合砂浆，厚度为 5～8mm；黏结砂浆也可用掺 5%～7% 的 108 胶的水泥素浆，厚度为 2～3mm；釉面砖贴好后，要用清水将表面擦洗干净，然后用白水泥擦缝，随即将瓷砖擦干净。

外墙面饰面中，砖的粘贴形式、缝的宽度、缝隙的布置等应满足设计要求，并应考虑外墙立面的线条划分和外观效果的要求。

四、陶瓷锦砖与玻璃锦砖饰面构造

1. 陶瓷锦砖饰面构造

又称"马赛克"，是以优质瓷土烧制而成的小块瓷砖。分为挂釉和不挂釉两种。陶瓷锦砖规格较小，常用的有：18.5mm × 18.5mm、39mm × 39mm、39mm × 18.5mm、25mm 六角形等，厚度为 5mm。陶瓷锦砖是不透明的饰面材料，具有质地坚实，经久耐用，花色繁多、耐酸、耐碱、耐火、耐磨，不渗水，易清洁等优点。应用于卫生间、走廊、厨房、化验室等处的地面和墙面装饰。与面砖相比，有造价略低、面层薄、自重较轻的优点。

陶瓷锦砖饰面构造做法是：在清理好基层的基础上，用 15mm 厚 1∶3 的水泥砂浆打底；黏结层用 3mm 厚，配合比为纸筋∶石灰膏∶水泥=1∶1∶8 的水泥浆，或采用掺加水泥量 5%～10% 的 108 胶或聚乙酸乙烯乳胶的水泥浆。

2. 玻璃锦砖饰面构造

又称"玻璃马赛克"，是由各种颜色玻璃掺入其他原料经高温熔炼发泡后，压制而成。玻璃马赛克是乳浊状半透明的玻璃质饰面材料，色彩更为鲜明，并具有透明光亮的特征，且表面光滑、不易污染，装饰效果的耐久性好。所以玻璃马赛克应用更广泛，陶瓷锦砖作为外墙饰面材料已基本被玻璃马赛克取代。

玻璃马赛克常见的规格有 20mm × 20mm × 4.2mm、25mm × 25mm × 4.2mm、40mm×40mm×4.2mm 等，其形状与陶瓷马赛克颇有不同，其背面略呈锅底形，并有沟槽，断面呈梯形。玻璃马赛克这种梯形断面，既增大了单块背后的黏结面积，也加大了块与块之间的黏结面。背面的沟槽使接触面成为粗糙的表面，能够提高黏结性能。

玻璃马赛克饰面的构造做法是：在清理好基层的基础上，用 15mm 厚 1∶3 的水泥砂浆做底层并刮糙，分层抹平，两遍即可，若为混凝土墙板基层，在抹水泥砂浆前，应先刷一道素水泥浆（掺水泥重 5% 的 108 胶）；抹 3mm 厚 1∶（1～1.5）水泥砂浆黏结层，在黏结层水泥砂浆凝固前，适时粘贴玻璃马赛克。粘贴玻璃马赛克时，在其麻面上抹一层 2mm 左右厚的白水泥浆，纸面朝外，把玻璃马赛克镶贴在黏结层上。为了使面层黏结牢固，应在白水泥素浆中掺水泥重 4%～5% 的白胶及掺适量的与面层颜色相同的矿物颜料，然后用同种水泥色浆擦缝。玻璃马赛克饰面构造如图 3.5 所示。

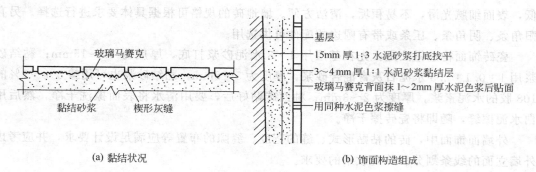

玻璃马赛克

基层

15mm 厚 1:3 水泥砂浆打底找平

3～4mm 厚 1:1 水泥砂浆黏结层

玻璃马赛克背面抹 1～2mm 厚水泥色浆后贴面

用同种水泥色浆擦缝

黏结砂浆　　楔形灰缝

(a) 黏结状况　　　　　　　　　　(b) 饰面构造组成

图 3.5　玻璃马赛克饰面构造

五、人造石材饰面构造

预制人造石材饰面板亦称预制饰面板，大多都在工厂预制，然后现场进行安装。其主要类型有人造大理石材饰面板、预制水磨石饰面板、预制斩假石饰面板、预制水刷石饰面板以及预制陶瓷砖饰面板。根据材料的厚度不同，又分为厚型和薄型两种，厚度为 30～40mm 以下的称为板材，厚度在 40～130mm 称为块材。人造石材饰面具有以下优点。

① 工艺可以更合理，并能充分利用机械加工。

② 能够保证质量。现制水刷石、斩假石等墙面在耐久性方面的一个最大的弱点是饰面层比较厚，刚性大，墙体基层与面层在大气温度、湿度变化影响下胀缩不一致易开裂。即便面层做了分割处理，因底灰一般不分格，仍不能避免日久开裂。预制板面积为 1m² 左右，板本身有配筋，与墙体连接的灌浆处也有配件网与挂钩，可防止饰面脱落与本身开裂。

③ 方便施工。现场安装预制板要比现制饰面速度快，有利于改善劳动条件。

（一）人造大理石饰面板饰面构造

人造大理石饰面板是仿天然大理石的纹理预制生产的一种墙面装饰材料。根据所用材料和生产工艺的不同可分为聚酯型人造大理石、无机胶结型人造大理石、复合型人造大理石和烧结型人造大理石四类，这四类人造大理石板在物理学性能、与水有关的性能、黏附性能等方面各不相同，对它们采用的构造固定方式也不同，有水泥砂浆粘贴法、聚酯砂浆粘贴法、有机胶黏剂粘贴法、挂贴法和干挂法五种方法。

对于聚酯型人造大理石产品，可以采用水泥砂浆和聚酯砂浆粘贴，最理想的胶黏剂是有机胶黏剂，如环氧树脂，但成本较高。为了降低成本并保证装饰效果，也可采用与人造大理石成分相同的不饱和聚酯树脂作为胶黏剂，并在树脂中掺用一定量的中砂。一般树脂与中砂的比例为 1:(4.5～5)，并掺入适量的引发剂和促进剂。

烧结型人造大理石是在 1000℃ 左右的高温下焙烧而成的，在各个方面基本接近陶瓷制品，其黏结构造为：用 12～15mm 厚的 1:3 水泥砂浆打底；黏结层采用 2～3mm 厚的 1:2 细水泥砂浆。为了提高黏结强度，可在水泥砂浆中掺入水泥重 5% 的 108 胶。

无机胶结型人造大理石饰面和复合型人造大理石饰面的构造，主要应根据其板厚来确定。目前，国内生产这两种人造饰面板的厚度主要有两种：一种板厚在 8～12mm 左右，板重约为 $17～25kg/m^2$；另一种厚度通常在 4～6mm，板材重约 $8.5～12.5kg/m^2$。

对于厚板，其铺贴宜采用聚酯砂浆粘贴的方法。聚酯砂浆的胶砂比一般为 1：（4.5～5.0），固化剂的掺用量视使用要求而定。但一般 $1m^2$ 铺贴面积的聚酯砂浆耗用量为 4～6kg，费用相对太高。目前多采用聚酯砂浆固定与水泥胶砂浆粘贴相结合的方法，以达到粘贴牢固、成本较低的目的。其构造方法是先用胶砂比 1：（4.5～5）的聚酯砂浆固定板材四角和填满板材之间的缝隙，待聚酯砂浆固化并能起到固定拉紧作用以后，再进行灌浆操作，构造如图 3.6 所示。

对于薄板，其构造方法比较简单：用 1：3 水泥砂浆打底；黏结层以 1：0.3：2 的水泥石灰混合砂浆或水泥：108 胶：水＝10：0.5：2.6 的 108 胶水泥浆，然后镶贴板材。

（二）预制水磨石饰面板饰面构造

预制水磨石板的色泽品种较多、表面光滑、美观耐用，可分为普通水磨石板和彩色水磨石板两类。普通水磨石板是采用普通硅酸盐水泥，加白色石子后，经成型磨光制成。彩色水磨石板是用白水泥或彩色水泥，加入彩色石料后，经成型磨光制成。

预制水磨石板饰面构造方法是：先在墙体内预埋铁件或甩出钢筋，绑扎 6mm 间距为 400mm 的钢筋骨架后，通过预埋在预制板上的铁件与钢筋网固定牢，然后分层灌注 1：2.5 水泥砂浆，每次灌浆高度为 20～30mm，灌浆接缝应留在预制板的水平接缝以下 5～10cm 处。第一次灌完浆，将上口临时固定石膏剔掉，清洗干净再安装第二行预制饰面板。

无论是哪种类型的人造石材饰面板，当板材厚度较大、尺寸规格较大、铺贴高度较高时，应考虑采用挂贴相结合的方法，以保证粘贴更为可靠。人造石材饰面构造如图 3.7 所示。

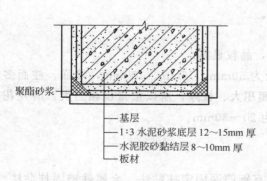

图 3.6　聚酯砂浆粘贴构造

聚酯砂浆

基层
1:3 水泥砂浆底层 12～15mm 厚
水泥胶砂黏结层 8～10mm 厚
板材

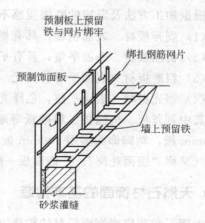

图 3.7　人造石材饰面板安装构造

预制板上预留铁与网片绑牢
绑扎钢筋网片
预制饰面板
墙上预留铁
砂浆灌缝

六、天然石材饰面构造

天然石料如花岗岩、大理石等可以加工成板材、块材和面砖用作饰面材料。天然石材饰面板不仅具有各种颜色、花纹、斑点等天然材料的自然美感，装饰效果强，而且质地密实坚硬，故耐久性、耐磨性等均较好。但是由于材料的品种、来源比较局限，造价比较高，常用于高级建筑的墙柱饰面。

天然石材按其表面的装饰效果及加工方法，分为磨光和剁斧两种主要处理形式。磨光的产品又有粗磨板、精磨板、镜面板等。剁斧的产品可分为磨面、条纹面等类型。根据设计的需要，也可加工成剔凿表面、蘑菇状表面等其他表面。

(一) 大理石板材饰面特点

大理石是一种变质岩，属于中硬石材。主要由方解石和白云石组成，其成分以碳酸钙为主，约占50%以上，其他还有碳酸镁、氧化钙、氧化锰及二氧化硅等。天然大理石的结晶常是层状结构，其纹理有斑或条纹，是一种富有装饰性的天然石材。大理石的颜色有纯黑、纯白、纯灰等色泽，还有各种混杂花纹色彩。

当大理石用于室外时，由于其中的碳酸钙在大气中受二氧化碳、硫化物、水气的作用转化为石膏，会使表面很快失去光泽，变得疏松多孔。因此，除汉白玉、艾叶青等少数几种质纯的品种外，大理石一般不宜用于室外。

大理石可锯成薄板，经过磨光打蜡，加工成表面光滑的装饰板材，一般厚度为20～30mm。

(二) 花岗岩板材饰面特点

花岗岩为火成岩中分布最广的岩石，属于硬石材。它的主要矿物成分为长石、石英和云母。花岗岩常呈整体的均粒状结构，其构造密实、抗压强度较高，孔隙率及吸水率较小，抗冻性和耐磨性能均好，并具有良好的抵抗风化性能。

花岗岩有不同的色彩，如黑、白、灰、粉红色等，纹理多呈斑点状。花岗石不易风化变质，其外观色泽可以保持百年以上，因而多用于重要建筑的外墙饰面。

根据加工方法及形成的装饰质感不同，可将花岗石饰面板分为以下四种。

（1）剁斧板材　表面粗糙，具有规则的条状斧纹。

（2）机刨板材　表面平整，具有平行刨纹。

（3）粗磨板材　表面平滑、无光。

（4）磨光板材　表面平整，色泽光亮如镜，晶粒显露。

其中剁斧板、机刨板、粗磨板等厚度一般为50mm、76mm、100mm，墙面、柱面多用50mm板，勒脚饰面多用100mm板。由于面积大、板厚，所以重量也相当大。磨光花岗石（又称"镜面花岗石"）饰面板一般厚度为20～30mm。

(三) 天然石材饰面的基本构造

大理石和花岗岩饰面板材的构造方法一般有钢筋网固定挂贴法、金属件锚固挂贴法、干挂法、聚酯砂浆固定法、树脂胶黏结法等几种。

钢筋网固定挂贴法和金属件锚固挂贴法的基本构造层次分为基层、浇注层、饰面层，在饰面层和基层之间用挂件连接固定。这种"双保险"构造法，能够保证当饰面板（块）材尺寸大、质量大、铺贴高度高时饰面材料与基层连接牢固。

1. 钢筋网固定挂贴法

首先提凿出在结构中预留的钢筋头或预埋铁环钩，绑扎或焊接与板材相应尺寸的一个直径 6mm 或 8mm 的钢筋网，如果无预留的钢筋头或预埋铁环钩，也可用后置的金属膨胀螺栓连接固定钢筋网。钢筋网中横筋必须与饰面板材的连接孔位置一致，钢筋网必须与基层预埋件或者后置的金属膨胀螺栓焊牢如图 3.8 所示，按施工要求在板材侧面打孔洞，以便不锈钢挂钩或穿绑铜丝与墙面预埋钢筋骨架固定；然后，将加工成型的石材绑扎在钢筋网上，或用不锈钢挂钩与基层的钢筋网套紧，石材与墙面之间的距离一般为 30～50mm，墙面与石材之间灌注 1：2.5 水泥砂浆，每次不宜超过 200mm 及板材高度的 1/3，待初凝后再灌第二层至板材高度 1/2，第三层灌浆至板材上口 80～100mm，所留余量为上排板材灌浆的结合层，以使上下排连成整体。钢筋网固定挂贴法构造如图 3.9 所示。

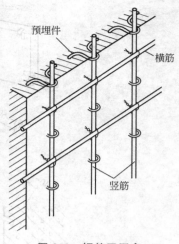

图 3.8　钢筋网固定

2. 金属件锚固挂贴法

金属件锚固挂贴法又称木楔固定法，与钢筋网挂贴法的区别是墙面上不安钢筋网，将金属件一端楔固入墙身，另一端勾住石材。其主要构造做法：首先对石板钻孔和提槽，对应板块上孔的位置对基体进行钻孔；板材安装定位后将 U 形钉端勾进石板直孔，并随即用硬木楔楔紧，U 形钉另一端勾入基体上的斜孔内，调整定位后用木楔塞紧基体斜孔内的 U 形钉部分，接着用大木楔塞紧于石板与基体之间；最后分层浇注水泥砂浆，其做法与钢筋网挂贴法相同。木楔固定法构造如图 3.10 所示。

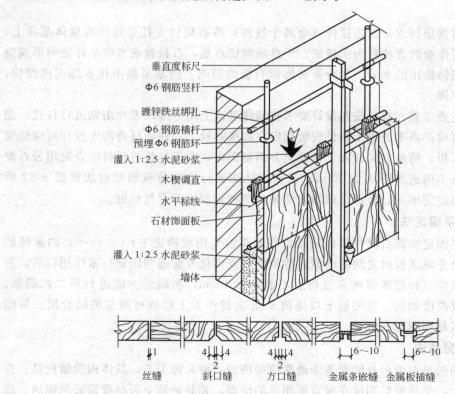

图 3.9　石材墙面钢筋网固定挂贴法构造（单位：mm）

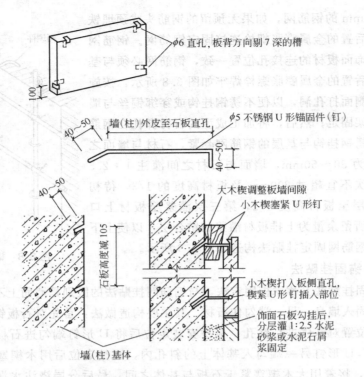

图 3.10 木楔固定法构造（单位：mm）

3. 干挂法

直接用不锈钢型材或金属连接件（金属干挂件）将石板材支托并锚固在墙体基面上，而不采用灌浆湿作业的方法称为干挂法。干挂法的优点是，石板背面与墙基体之间形成空气层，可避免墙体析出的水分、盐分等对饰面石板的影响。但是虽然干作业施工速度快，但不如灌浆法牢固。

干挂法构造要点是，首先按照设计要求在墙体基面上用电锤或者冲击钻进行打孔，固定不锈钢膨胀螺栓；将不锈钢干挂件安装固定在膨胀螺栓上；在板材背面干挂件对应位置上剔槽；安装石板，将板材钩挂在干挂件上并调整固定，在干挂件与板材结合处用云石胶进行固定。其基本构造如图 3.11 所示。目前干挂法流行构造是板销式做法如图 3.12 所示。石材板材固定完毕后，板材正面间的缝隙应用密封胶进行密封处理。

4. 聚酯砂浆固定法

用聚酯砂浆固定饰面石材具体做法是：在灌浆前先用胶砂比 1：（4.5～5）的聚酯砂浆固定板材四角并填满板材之间的缝隙，待聚酯砂浆固化并能起到固定拉紧作用以后，再进行分层灌浆操作。分层灌浆的高度每层不能超过 15cm，初凝后方能进行第二次灌浆。不论灌浆次数及高度如何，每层板上口应留 5cm 余量作为上层板材灌浆的结合层。聚酯砂浆固定贴面石材如图 3.6 所示。

5. 树脂胶黏结法

树脂胶黏结法是石面板材墙面装饰最简捷经济的一种装饰工艺，具体构造做法是：在清理好的基层上，先将胶黏剂涂在板背面相应的位置，尤其是悬空板材胶量必须饱满，然后将带胶黏剂的板材就位，挤紧找平、校正、扶直后，立刻进行预、卡固定。挤出缝外的

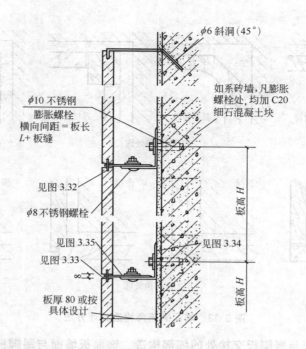

图 3.11　石材板干挂基本构造（单位：mm）

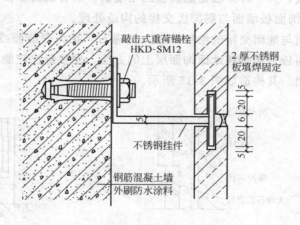

图 3.12　石材板干挂法板销式构造（单位：mm）

胶黏剂，随即清除干净。待胶黏剂固化至与饰面石材完全牢固贴于基层后，方可拆除固定支架。

七、细部构造

　　板材类饰面构造，除了应解决饰面板与墙体之间的固定技术外，还应处理好窗台、窗过梁底、门窗侧边、出檐、勒脚以及各种凹凸面的交接和拐角等处的细部构造。

1. 转折交接处的细部构造

（1）墙面阴阳角的细部构造处理方法　如图 3.13 所示。

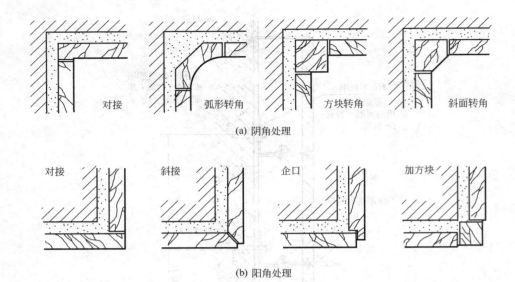

対接   弧形転角   方块転角   斜面転角

(a) 阴角处理

対接   斜接   企口   加方块

(b) 阳角处理

图 3.13 墙面阴阳角构造处理方法

  （2）饰面板墙面与踢脚板交接处的细部构造 饰面板墙面与踢脚板交接处理方法：一种是墙面凸出踢脚板，另一种方法是踢脚板凸出墙面。后者踢脚板顶部需要磨光，且容易积灰尘。图 3.14 为饰面板墙面与踢脚板交接的构造处理。

  （3）饰面板墙面与地面交接的细部构造 大理石、花岗岩墙面或柱面与地面的交接，易采用踢脚板或饰面板直接落在地面饰面层上的方法，使接缝比较隐蔽，略有间隙可用相同色彩的水泥浆封闭。其构造如图 3.15 所示。

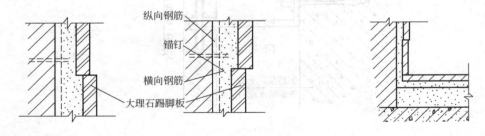

纵向钢筋

锚钉

横向钢筋

大理石踢脚板

图 3.14 饰面板墙面与踢脚板交接构造   图 3.15 饰面板墙面与地面交接构造

  （4）饰面板墙面与顶棚交接的细部构造 饰面板墙面与顶棚交接时，常因墙面的最上部一块饰面板与顶棚直接碰上而无法绑扎铜丝或灌浆（如果有吊顶空间，则不存在这种现象）。对于单块面积小的板材在侧面绑扎，并在石板背面抹水泥浆将其粘到基层上；对于单块面积大的板材，为防止产生下坠、空鼓、脱落等问题，在板材墙面与顶棚之间留出一段距离，改用其他饰面材料的方法来做过渡处理。但这段尺寸不宜太大，在做法上应加强处理。例如，采用多线角曲线抹灰的方式（也可做成装饰抹灰），将顶棚与墙面衔接；或者采用凹嵌的手法，将顶部最后一块板改用薄板（或贴面砖），并采用聚合物水泥砂进行粘贴，在保证黏结力的条件下使灌浆砂缝的厚度减薄，从而使顶部最后一块板凹陷进去一段距离。这两种方法的具体做法如图 3.16 所示。

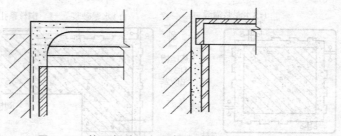

图 3.16　饰面板墙面与顶棚交接构造

2. 不同基层和材料的构造处理

根据墙体基层材料、饰面板的厚度及种类的不同,饰面板材的安装构造有所不同。

在砖墙等预制块材墙体的基层上安装天然石块时,在墙体内预埋 U 形铁件,然后铺设钢筋网,如图 3.17 (a) 所示;而对于混凝土墙体等现浇墙体,则可采用在墙体内预设金属导轨等铁件的方法,一般不铺设钢筋网,如图 3.17 (b) 所示。

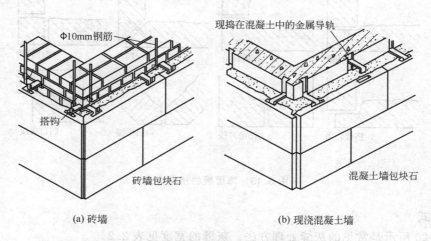

(a) 砖墙　　　　　　　　　　　　　(b) 现浇混凝土墙

图 3.17　不同墙体基层的饰面板材构造方法

在饰面材料方面,对于板材,通常采用打孔或在板上预埋 U 形铁件,然后用钢丝绑扎固定的方法;而对于块材,一般采用开接榫口或埋置 U 形铁件来固定连接。

3. 小规格板材饰面构造

小规格饰面板是指用于踢脚板、勒脚、窗台板等部位的各种尺寸较小的天然或人造板材,以及加工大理石、花岗石时所产生的各种不规则的边角碎料。

小规格饰面板通常直接用水泥浆、水泥砂浆等粘贴,必要时可辅以铜丝绑扎或连接,如图 3.18 所示。

4. 饰面板材的拼缝处理

饰面板的拼缝对装饰效果影响很大,常见的拼缝方式有平接、对接、搭接、L 形错搭接和 45°斜口对接等,如图 3.19 所示。

5. 饰面板材的灰缝处理

板材类饰面通常都留有较宽的灰缝(尤其是采用凿琢表面效果的饰面板墙面),灰缝的形式有凸形、凹形、圆弧形等。常将饰面板材、块材的周边凿琢成斜口或凹口等

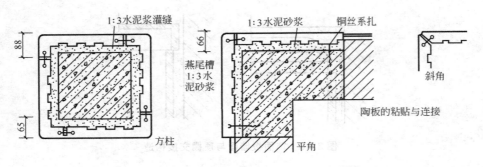

图 3.18 小规格饰面板构造（单位：mm）

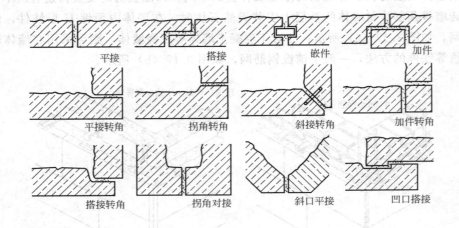

图 3.19 饰面板的拼缝方式

不同的形式。

图 3.20 所示是常见的灰缝处理方法。灰缝的宽度见表 3.2。

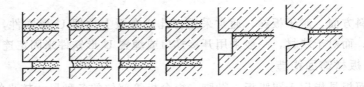

图 3.20 饰面板的灰缝形式

表 3.2 饰面板的灰缝宽度

名 称		灰缝宽度/mm
天然石	光面、镜面	1
	粗磨面、麻面、条纹面	5
	天然面	10
人造石	水磨石	2
	水刷石	10

第四节
涂刷类墙体饰面构造

涂刷类饰面是指在墙面基层上，经批刮腻子处理，使墙面平整，然后在其上涂刷选定的建筑涂料所形成的一种饰面。

涂刷类饰面与其他种类饰面相比，最为简单，且具有工效高、工期短、材料用量少、自重轻、造价低等优点。涂刷类饰面的耐久性略差，但维修、更新很方便，而且简单易行。

涂刷类饰面材料几乎可以配成任何一种需要的颜色，为建筑设计提供灵活多样的表现手段，在装饰效果上，这也是其他饰面材料所不能及的。但由于涂料所形成的涂层较薄，较为平滑，涂刷类饰面只能掩盖基层表面的微小瑕疵，不能形成凹凸程度较大的粗糙质感表面。即使采用厚涂料，或拉毛做法，也只能形成微弱的小毛面。所以，外墙涂料的装饰作用主要在于改变墙面色彩，而不在于改善质感。

一、涂刷类饰面的构造层次

目前，发展最快的是各种涂料。建筑涂刷材料的品种繁多，可从材料的化学性质、溶剂类型、产品的稳定状态、使用场合以及形成效果等不同方面分类，见表 3.3。

表 3.3　建筑涂料的分类

序 号	分类方法	种 类	序 号	分类方法	种 类
1	按涂料状态	溶剂型涂料 水溶型涂料 乳液型涂料 粉末涂料	5	按主要成膜物质	油脂 天然树脂 酚醛树脂 沥青 醇酸树脂 氨基树脂 聚酯树脂 环氧树脂 丙烯酸树脂 烯类树脂 硝基纤维素 纤维酯、纤维醚 聚氨基甲酸酯 元素有机聚合物 橡胶 元素无机聚合物
2	按涂料装饰质感	薄质涂料 厚质涂料 复层涂料			
3	按建筑物涂刷部位	内墙涂料 外墙涂料 地面涂料 顶棚涂料 屋面涂料			
4	按涂料的特殊功能	防火涂料 防水涂料 防霉涂料 防虫涂料 防结露涂料			

涂刷类饰面的涂层构造，一般可分为三层，即底层、中间层和面层。

1. 底层

底层俗称刷底漆，其主要作用是增加涂层与基层之间的黏附力，进一步清理基层表面的灰尘，使一部分悬浮的灰尘颗粒固定于基层。底层涂层还具有基层封闭剂（封底）的作用，可以防止木脂、水泥砂浆抹灰层中的可溶性盐等物质渗出表面，造成对涂饰饰面的破坏。

2. 中间层

中间层是整个涂层构造中的成型层。其作用是通过适当的工艺，形成具有一定厚度的、匀实饱满的涂层，达到保护基层和形成所需的装饰效果的目的。中间层的质量好，不仅可以保证涂层的耐久性、耐水性和强度，在某些情况下对基层还可起到补强的作用，近年来常采用厚涂料、白水泥、砂粒等材料配制中间造型层的涂料。

3. 面层

面层的作用是体现涂层的色彩和光感，提高饰面层的耐久性和耐污染能力。为了保证色彩均匀，并满足耐久性、耐磨性等方面的要求，面层最低限度应涂刷两遍。一般来说油性漆、溶剂型涂料的光泽度普遍要高一些。但从漆膜反光的角度分析，反光光泽度的大小不仅与所用溶剂的类型有关，还与填料的颗粒大小、基本成膜物质的种类有关。采用适当的涂料生产工艺、施工工艺，水性涂料和无机涂料的光泽度可以赶上甚至超过油性涂料、溶剂型涂料的光泽度。

根据主要饰面材料的种类，可将涂刷类饰面分为刷浆类饰面、涂料类饰面和油漆类饰面。

二、刷浆类饰面构造

刷浆类饰面是将水质类涂料刷在建筑物抹灰层或基体等表面上形成的装饰层。水溶性涂料种类很多，主要有水泥浆、石灰浆、大白粉浆饰面、可赛银浆等。

1. 水泥浆饰面构造

（1）避水色浆饰面　避水色浆又名"憎水水泥浆"，是在白水泥中掺入消石灰粉、石膏、氯化钙等无机物作为保水剂和促凝剂，另外还掺入硬脂酸钙作为疏水剂，以减少涂层的吸水性，延缓其被污染的进程。

根据需要可以适当掺入颜料，但大面积使用时，颜色不易做匀。避水色浆的涂层强度比石灰浆高，但配制时成分太多，量又很小，在施工现场条件下不易掌握。硬脂酸钙如不充分搅匀，涂层的疏水效果不明显，耐污染效果也不会有显著改进。由于砖墙析出盐碱比一般砂浆、混凝土基层的多，对涂层的破坏作用也就大，效果也差，但比石灰浆要好。

（2）聚合物水泥砂浆饰面　用有机高分子材料取代上述无机辅料掺入水泥中，形成了有机、无机复合水泥浆。聚合物水泥浆涂料的主要成分为水泥、高分子材料、分散剂、憎水剂和颜料。常用的聚合物水泥浆配合比见表3.4。

高分子材料掺入水泥中，不仅起了保水作用，改善了水泥的和易性，而且提高了黏结

表 3.4　聚合物水泥浆配合比

白水泥	108 胶	乙-顺乳液	聚醋酸乙烯	六偏磷酸钠	木质素磺酸钙	甲基硅醇钠	颜料
100	20			0.1	0.3	60	适量
100		20～30	20				

强度和抗裂性。在聚合物水泥浆中，加入适量分散剂——六偏磷酸钠和木质素磺酸钙，可使颜色很好地分散。

聚合物水泥浆涂料比避水色浆的强度高，耐久性好，施工方便，但其耐久性、耐污染性和装饰效果都还存在着较大的局限性。大面积使用会产生颜色深浅不匀的现象，墙面基层的盐、碱析出物，很容易析出在涂层表面而影响装饰效果。因此，这种涂料只适用于一般等级工程的檐口、窗套等水泥砂浆面上的局部装饰。

2. 石灰浆饰面构造

石灰浆是将生石灰（CaO）按一定比例加水混合，充分消解后形成熟石灰浆 [Ca(OH)$_2$]，加水调和而成的。石灰浆涂料与基层黏结力不很强，易蹭灰、掉粉；耐水性较差，涂层表面孔隙率高，很容易吸入水分形成污染，耐久性也较差；但货源充分，价格较低，施工、维修、更新方便，所以是一种低档的室内外饰面材料。

为了提高附着力，防止表面掉粉和减少沉淀现象，可加入少量食盐和明矾。在比较潮湿的部位可使用耐水性较好的石灰油浆（利用生石灰熟化时发热将熟桐油乳化配制而成的）。

石灰浆涂料也可用作外墙面的粉刷，一般要掺入一定量所需的颜料，由于石灰浆本身呈较强的碱性，因此在配制色浆时，必须运用耐碱性好的颜料，如氧化铁黄、氧化铁红及甲级红土子等矿物颜料。为了提高石灰浆与墙面基层的黏结力，可以掺入 108 胶或聚乙烯乙酸类乳液等高分子聚合物。

3. 大白粉浆饰面构造

大白粉浆是以大白粉（也称"白垩粉"、"老粉"、"白土粉"）、胶结料为原料，用水调和混合均匀而成的涂料，其盖底能力较高，涂层外观较石灰浆细腻洁白，而且货源充足，价格很低，施工、维修、更新比较方便，广泛用于室内的墙面及顶棚饰面。

目前一般采用 108 胶或聚醋酸乙烯乳液作为大白浆的胶料，108 胶的掺入量约为大白粉的 15%～20%；聚醋酸乙烯乳液的掺入量约为大白粉的 8%～10%。

为了改善大白浆的和易性和施工性，可以适当掺入羧甲基纤维素。采用乳液配制的大白浆，可掺入少量六偏磷酸钠和草酸，在湿墙上刷浆效果较好，但在过于潮湿的墙面上效果则不理想。

大白浆可以按需要配成色浆使用，所用的颜料要有较好的耐碱性和耐光性。因为刷浆时浆料内的水分会使干燥的抹灰基层表面呈一定的碱性，如果颜料耐碱性差则会发生咬色、变色等现象。

大白浆一般在抹灰面上局部或满刮腻子后，根据室内装饰等级要求喷刷两遍或三遍即可。

4. 可赛银浆饰面构造

可赛银是以硫酸钙、滑石粉等为填料，以酪素为黏结料，掺入颜料混合而成的粉末状材料。可赛银在生产过程中经过磨细、混合，所以质地更细腻，均匀性更好，色彩更容易取得一致的效果；可赛银浆与基层的黏结力较强，耐碱和耐磨性也较好，属内墙装饰的中档涂料。

可赛银浆是在可赛银中加入 40％～50％的温水，搅拌均匀呈糊状，放置 4h 左右，再搅拌均匀，滤去粗碴，根据情况加入适量的清水至施工稠度，即可使用的饰面涂料。一般在已做好的墙面基层上刷两遍即可。

三、涂料类饰面构造

建筑涂料一般可分为四类，即溶剂型涂料、乳液型涂料、硅酸盐无机涂料及水溶性涂料。

1. 溶剂型涂料饰面

溶剂型涂料是以高分子合成树脂为主要成膜物质，有机溶剂为稀释剂，加入适量的颜料填料及辅料，经辊轧塑化、研磨搅拌溶解而配制成的一种挥发性涂料。溶剂型涂料一般都有较好的硬度、光泽、耐水性、耐化学药品性及一定的耐老化性。它与类似树脂的乳液型外墙涂料相比，在耐大气污染、耐水和耐酸碱性方面都比较好。但其成分内所含的有机溶剂挥发后会污染环境，涂膜透气性差、又有疏水性。溶剂型涂料一般用于建筑外墙，不易用于室内空间的内墙饰面。

溶剂型外墙涂料主要有过氯乙烯涂料、苯乙烯焦油涂料、聚乙烯醇缩丁醛涂料和氯化橡胶涂料。溶剂型涂料饰面是在墙面基层上涂刷涂料两遍，间隔 24h，可在 5～8 年内保持良好的装饰效果。

2. 乳液型涂料饰面构造

各种有机物单体经乳液聚合反应后生成的聚合物，以非常细小的颗粒分散在水中，形成乳状液，将这种乳状液作为主要成膜物质配成的涂料称为乳液型涂料。当所用的填充料为细粉末时，所得涂料可以形成类似油漆涂膜的平滑涂层，这种涂料称为乳胶漆，一般用于室内墙面装饰。若掺有类似云母粉、粗砂粒等粗填料所配得的涂料，能形成有一定粗糙质感的涂层，称为乳液厚涂料，乳液厚涂料对墙面基层有一定的遮盖能力，涂层均实饱满，有较好的装饰质感，通常用于建筑外墙或大墙面装饰。乳液型涂料是以水分为分散介质，无毒、不污染环境，性能和耐久效果都比油漆好。

乳胶漆和乳液厚涂料的涂膜有一定的透气性和耐碱性，可以在基层抹灰未干透只是达到基层龄期的情况下进行施工。用于外墙时，可先在基层表面满刷一遍按 1∶3 稀释的108 胶或其他同类乳液水，这样既能避免墙面基层吸水太快不便涂刷，又能减少没有清除干净的粉尘的隔离作用，有利于对涂料与基层的黏结。

乳液型涂料主要有乙-顺乳胶漆、乙-丙乳胶漆及厚涂料、氯-醋-丙乳胶漆和砂胶厚质涂料等，这些涂料都适用于建筑外墙饰面，氯-醋-丙乳胶漆还适用于室内装饰。乳胶漆可以做成平滑的涂层，也可做成各种拉毛的凹凸涂层。砂胶厚质外墙涂料由于不掺或少掺颜料，色彩主要靠填料自身的颜色，因此耐日光照射能力、耐久性都较好，并且有一定的防水作用。

乳液型涂料可采用刷涂、滚涂和喷涂方法进行施工。如采用喷枪喷涂施工，工效高。

3. 硅酸盐无机涂料饰面构造

硅酸盐无机涂料以碱性硅酸盐为基料（常用硅酸钠、硅酸钾和胶体氧化硅），外加硬化剂、颜料、填料及助剂配制而成，具有良好的耐光、耐热、耐放射线及耐老化性，加入硬化剂后涂层具有较好的耐水性及耐冻融性，有较好的装饰效果。无机涂料的原料来源方便、无毒、对空气无污染，成膜温度比乳液涂料低，适用于一般建筑物的内外墙饰面。

无机建筑涂料用喷涂或滚涂的施工方法。

4. 水溶性涂料饰面——聚乙烯醇类涂料饰面构造

聚乙烯醇内墙涂料是以聚乙烯醇树脂为主要成膜物质，其优点是不掉粉，有的能经受湿布轻擦，价格不高，施工也较方便。它是介于大白浆与油漆和乳胶漆之间的一种饰面材料。聚乙烯醇类涂料主要有聚乙烯醇水玻璃内墙涂料和聚乙烯醇缩甲醛内墙涂料。聚乙烯醇水玻璃内墙涂料的商品名称是"106 内墙涂料"，聚乙烯醇缩甲醛内墙涂料又称 SJ-803 内墙涂料。

用聚乙烯醇内墙涂料涂刷墙面，要求墙面基层必须清扫干净，基层上的麻面孔洞必须用涂料加大白粉配成腻子披嵌。

四、油漆类饰面构造

油漆是指涂刷在材料表面能够干结成膜的有机涂料，用这种涂料做成的饰面称为油漆饰面。油漆的类型很多，按使用效果分为清漆、色漆等；按使用方法分为喷漆、烘漆等；按漆膜外观分为有光漆、亚光漆、皱纹漆等；按成膜物进行分类，有油基漆、含油合成树脂漆、不含油合成树脂漆、纤维衍生物漆、橡胶衍生物漆等。

建筑墙面装饰用油漆一般为调和漆，是将基料、填料、颜料及其他辅料调制成的漆，调和漆分为油性调和漆与磁性调和漆。磁性调和漆膜的光泽、硬度和强度比较好。无光漆的色调柔和舒适，不反光，墙面基层微小的疵病不易反映出来，遮盖能力胜于有光漆，在室内墙面装饰中应用广泛。

油漆墙面可做成平涂漆，也可做成各种图案、纹理和拉毛。油漆拉毛分为石膏拉毛和油拉毛两种。石膏拉毛一般做法是将石膏粉加入适量水，不断地搅拌，待过水硬期后，用刮刀平整地刮在墙面垫层上，然后拉毛，干后涂油漆；油拉毛是用石膏粉加入适量水不停地搅拌，待水硬期过后，注入油料搅拌均匀，刮在墙面垫层上，然后拉毛，干透后涂油漆。

油漆耐水、易清洗，装饰效果好，但涂层的耐光性差，施工工序繁，工期长。

油漆墙面一般构造做法是：先在墙面上用水泥石灰砂浆打底，再用水泥、石灰膏、细黄砂粉面刷两层，总厚度 20mm 左右，最后刷油漆，一般油漆至少涂刷一遍底漆二遍面漆。

五、涂刷类墙体饰面材料选择

根据饰面所处的环境和部位合理选择饰面涂料。室外墙面用涂料应具有较好的耐水性、耐潮性、耐候性、耐冻性、耐紫外线性能和耐久性等，室内墙面用涂料要求具有较好的耐磨性、耐外力碰撞、环保性能、装饰性能和光照后不产生眩光等。

根据饰面的耐久性要求合理和工程造价情况合理选择涂料，所选涂料应具有较好的耐碱性，且常温下易于施工、易于干燥；所选涂料具有较好的遮盖力，其所用颜料应具有较好的耐候性和耐久性。

第五节
镶板（材）类墙体饰面构造

镶板类墙面是指用竹、木及其制品，石膏板、矿棉板、塑料板、玻璃、薄金属板材等材料制成的饰面板，通过镶、钉、拼、贴等构造方法构成的墙面饰面。这些材料有较好的接触感和可加工性，所以在建筑装饰中被大量采用。

一、镶板类饰面的特点

1. 装饰效果丰富

不同的饰面板，因材质不同，可以达到不同的装饰效果。如采用木条、木板做墙裙、护壁使人感到温暖、亲切、舒适、美观；采用木材还可以按设计需要加工成各种弧面或形体转折，若保持木材原有的纹理和色泽，则更显质朴、高雅；采用经过烤漆、镀锌、电化等处理过的铜、不锈钢等金属薄板饰面，则会使墙体饰面色泽美观，花纹精巧，装饰效果华贵。

2. 耐久性能好

根据墙体所处环境选择适宜的饰板材料，若技术措施和构造处理合理，墙体饰面必然具有良好的耐久性。

3. 施工安装简便

饰面板通过镶、钉、拼、贴等构造方法与墙体基层固定，虽然施工技术要求较高，但现场湿作业量少，安全简便。

二、木质类饰面构造

木质类饰面板包括木条、竹条、实木板、胶合板、刨花板等，因有良好的质感和纹理，热导率低，接触感好，经常用在室内墙面护壁或其他有特殊要求的部位。

1. 木与木制品护壁的基本构造

光洁坚硬的原木、胶合板、装饰板、硬质纤维板等可用作墙面护壁，护壁高度1～1.8m左右，甚至与顶棚做平。木与木制品护壁的组成层次一般分为：内部木质骨架、装饰基层板、饰面板。其构造方法是：先在墙内预埋木砖，墙面抹底灰，刷热沥青或铺油毡防潮，然后钉双向木墙筋，一般400～600mm（视面板规格而定），木筋断面（20～45)mm×(40～45)mm。当要求护壁离墙面一定距离时，可由木砖挑出。木护壁构造如图3.21所示。

2. 吸声、消声、扩声墙面的基本构造

表面粗糙、具有一定吸声性能的刨花板、软质纤维板、装饰吸声板等可用于有吸声、扩声、消声等物理要求的墙面；表面光滑、密实、坚硬，具有一定反射声音性能的装饰胶

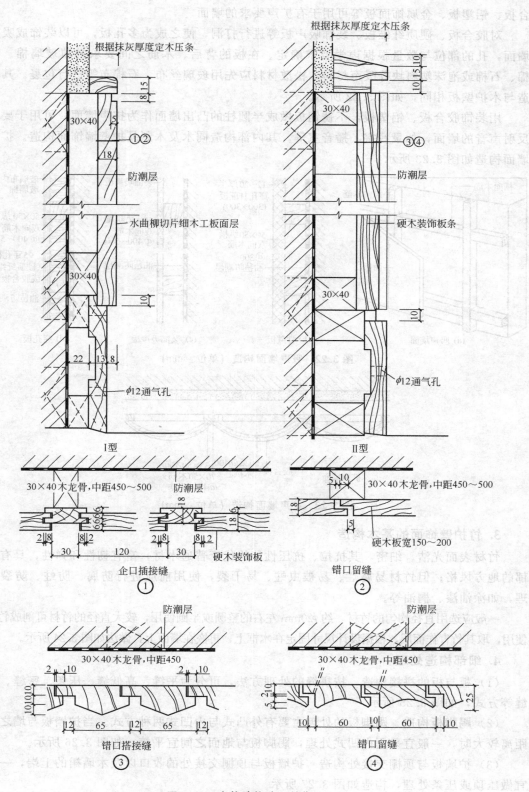

图 3.21　木护壁构造（单位：mm）

合板、铝塑板、金属饰面板等可用于有扩声要求的墙面。

对胶合板、硬质纤维板、装饰吸声板等进行打洞，使之成为多孔板，可以装饰成吸声墙面，孔的部位与数量根据声学要求确定。在板的背后、木筋之间要求补填玻璃棉、矿棉、石棉或泡沫塑料块等吸声材料，松散材料应先用玻璃丝布、石棉布等进行包裹。其构造与木护壁板相同，如图 3.22 所示。

用装饰胶合板、铝塑板，不锈钢板做成半圆柱的凸出墙面作为扩声墙面，可用于要求反射声音的墙面，如录音室、播音室等，其内部构造同木及木制品护壁墙饰面构造。扩声墙面构造如图 3.23 所示。

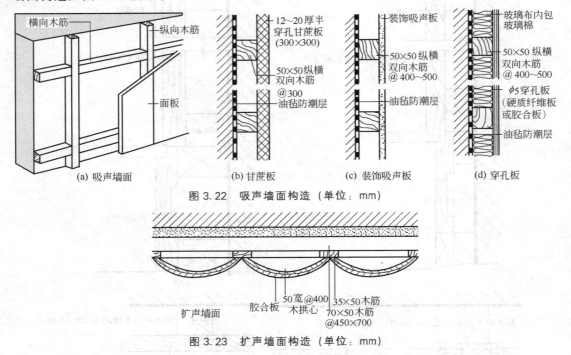

图 3.22 吸声墙面构造（单位：mm）

(a) 吸声墙面　(b) 甘蔗板　(c) 装饰吸声板　(d) 穿孔板

图 3.23 扩声墙面构造（单位：mm）

3. 竹护壁饰面的基本构造

竹材表面光洁、细密，其抗拉、抗压性能均优于普通木材，富有韧性和弹性，具有浓郁的地方风格；但竹材易腐烂、易被虫蛀、易干裂，使用前应进行防腐、防蛀、防裂处理，如涂油漆、桐油等。

一般应选用直径均匀的竹材，约 $\phi20$mm 左右的整圆或半圆使用，较大直径的竹材可剖成竹片使用，取其竹青作面层，根据设计尺寸固定在木框上，再嵌在墙面上，做法如图 3.24 所示。

4. 细部构造处理

（1）板与板的拼接构造　按拼缝的处理方法，可分为平缝、高低缝、压条、密缝、离缝等方式，如图 3.25 所示。

（2）踢脚板构造　踢脚板的处理主要有外凸式与内凹式两种方式。当护墙板与墙之间距离较大时，一般宜采用内凹式处理，踢脚板与地面之间宜平接，如图 3.26 所示。

（3）护墙板与顶棚交接处构造　护墙板与顶棚交接处的收口以及木墙裙的上端，一般宜做压顶或压条处理，构造如图 3.27 所示。

（4）拐角构造　阴角和阳角的拐角可采用对接、斜口对接、企口对接、填块等方法，

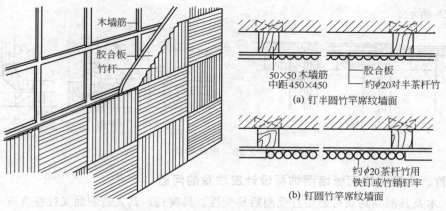

图 3.24 竹木护壁构造（单位：mm）

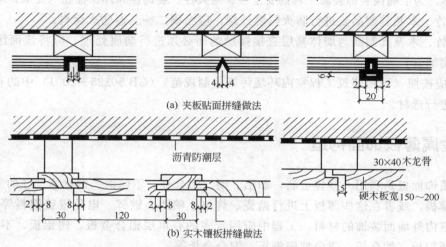

图 3.25 板与板的拼接构造（单位：mm）

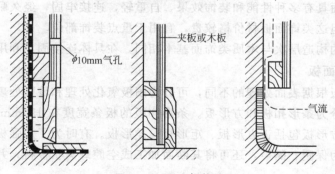

图 3.26 踢脚板构造

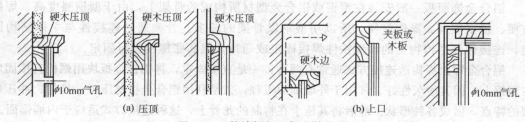

图 3.27 护墙板与顶棚交接构造

如图 3.28 所示。

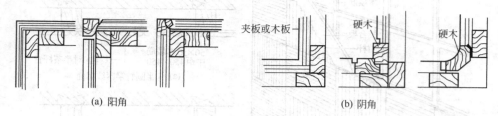

图 3.28　拐角构造

5. 竹、木质类饰面板墙面饰面设计应注意的问题

竹、木及其制品均属可燃物且受潮后易变性、易腐朽，其人造制品又往往含有一定量的有害气体，为了确保装饰装修工程的安全性、耐久性、装饰性和环保性能的要求，应注意：

① 竹、木及其制品要进行防火阻燃处理，应涂刷二～三遍防火涂料；

② 竹、木及其制品与墙体基层直接接触的面必须进行防腐处理，应将该面涂刷二～三遍防腐油膏；

③ 应按照《民用建筑工程室内环境污染控制规范》（GB 50325—2001）中的有关要求和标准进行选材。

三、金属薄板饰面构造

金属饰面板是利用一些轻金属，如铝、铜、铝合金、不锈钢、钢材等，经加工制成各类压型薄板，或者在这些薄板上进行搪瓷、烤漆、喷漆、镀锌、电化覆盖塑料等处理后，用来做室内外墙面装饰的材料。工程中应用较多的有单层铝合金板、塑铝板、不锈钢板、镜面不锈钢板、钛金板、彩色搪瓷钢板、铜合金板等。

金属薄板饰面具有多种性能和装饰效果，自重轻，连接牢固，经久耐用，在室内外装饰中均可采用，但这类饰面板材价格较贵，宜用于重点装饰部位。

金属板饰面的构造层次与木质类饰面基本相同，在具体连接固定和用料上又有区别。

1. 铝合金饰面板

铝合金饰面板根据表面处理的不同，可分为阳极氧化处理和漆膜处理两种；根据几何尺寸的不同，可分为条形扣板和方形板。条形扣板的板条宽度在 150mm 以下，长度可视使用要求确定。方形板包括正方形板、矩形板、异形板。有时为了加强板的刚度，可压出肋条加劲；有时为保暖、隔声，还可将其断面加工成空腔蜂窝状板材，并在空腔内夹衬保温、吸声材料。

铝合金饰面板一般安装在型钢或铝合金型材所构成的骨架上，由于型钢强度高、焊接方便、价格便宜、操作简便，所以用型钢做骨架的较多。骨架通过连接件与主体结构固定，连接件与结构物上的预埋铁件焊接固定或通过金属膨胀螺栓进行固定。

铝合金饰面板构造连接方式通常有两种：一是直接固定，将铝合金板块用螺栓直接固定在型钢上，因其耐久性好，常用于外墙饰面工程；二是利用铝合金板材压延、拉伸、冲压成型的特点，做成各种形状。然后将其压卡在特制的龙骨上，这种连接方式适应于内墙饰面。

铝合金扣板条的安装构造如图 3.29 所示，铝合金墙板的构造如图 3.30 所示。

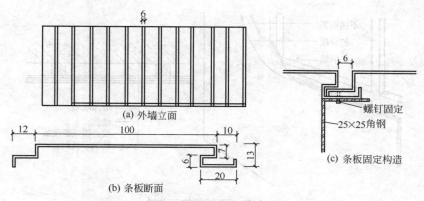

(a) 外墙立面

(b) 条板断面

(c) 条板固定构造

螺钉固定

25×25角钢

图 3.29　铝合金扣板条构造（单位：mm）

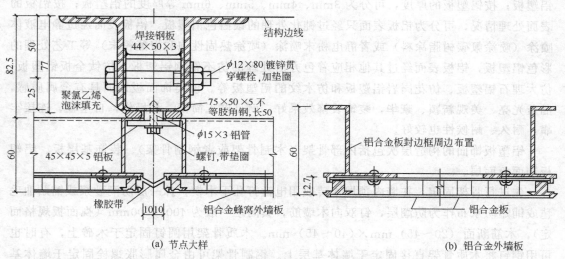

焊接钢板
44×50×3

结构边线

φ12×80 镀锌贯
穿螺栓, 加垫圈

聚氯乙烯
泡沫填充

75×50×5 不
等肢角钢, 长50

45×45×5 铝板

φ15×3 铝管

螺钉, 带垫圈

橡胶带

铝合金蜂窝外墙板

铝合金板封边框周边布置

铝合金板

(a) 节点大样

(b) 铝合金外墙板

图 3.30　铝合金墙板构造（单位：mm）

2. 不锈钢板饰面

不锈钢板按其表面处理方式不同分为镜面不锈钢板、压光不锈钢板、彩色不锈钢板和不锈钢浮雕板。彩色不锈钢板能耐 200℃ 的温度，耐腐蚀性优于一般不锈钢板，彩色层经久而不褪色，适用于高级建筑装饰中的墙面装饰。

不锈钢饰面板应事先按需要在加工厂中加工成成品或者半成品，而后在施工现场进行安装，安装时由玻璃胶进行嵌固固定。不锈钢板的构造固定与铝合金饰板构造相似，通常将骨架（钢制骨架或者木制骨架）与墙体固定，用木板或木夹板固定在龙骨架上作为结合层，将不锈钢饰面镶嵌或粘贴在结合层上。如图 3.31 所示。也可以采用直接贴墙法，即不需要龙骨，将不锈钢饰面直接粘贴在墙表面上，这种做法要求墙体表面找平层坚固且平整，否则难以保证质量。

3. 铝塑板饰面

铝塑板是利用铝板与塑料复合而成的饰面板材（也称塑铝板或者铝塑复合板）。该类饰面板材的表面可通过不同的处理方法而呈现出各种各样的花色图案，因此其花色图案丰富多样，极富装饰性，铝塑板的分类方法很多，按铝板的情况，可分为单面铝塑板和双面

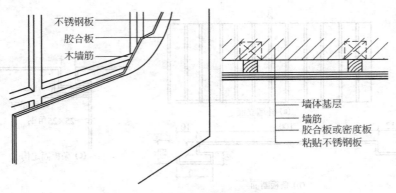

图 3.31　不锈钢饰面构造

铝塑板；按铝塑板的厚度，可分为 3mm、4mm、5mm、6mm 等厚度的铝塑板；按铝板的表面处理情况，可分为铝板表面只经过钝化处理的银白色铝塑板，铝板表面经过静电液体喷涂（喷涂氟碳树脂涂料）或者静电粉末喷涂（喷涂热固性饱和聚酯粉末）等工艺处理的彩色铝塑板，铝板表面经过其他相应着色方法处理的仿不锈钢铝塑板、仿钛金板铝塑板、仿大理石铝塑板、仿花岗岩铝塑板和仿木纹的铝塑板等。该类饰面板饰面具有金属质感、晶莹光亮、美观新颖、豪华，装饰装修效果好，而且施工简便、易操作，自重轻、连接牢靠、耐久、耐候性也较好。

铝塑板饰面的构造层次包括内部骨架（木制骨架或者钢制骨架）、装饰基层板、铝塑板饰面板面层。

先进行骨架固定，在墙内预埋木砖或用电锤打孔下木楔，抹一层防潮砂浆或铺贴油毛毡或铺贴防水布作为防潮层，钉双向木墙筋，其间距一般为 400～600mm（视面板规格而定），木筋断面（20～45）mm×（40～45）mm。木质骨架用圆钉固定于木砖上，有时也可用钢钉将木质骨架直接固定于墙体基层上。钢制骨架可由金属膨胀螺栓固定于墙体基层上。

然后，进行装饰基层板的固定。一般选用胶合板、细木工板、中密度板、纸面石膏板等，用气动直钉或气动码钉将其固定于木质骨架上，或者用自攻螺钉固定于钢制骨架上。

最后，用铝塑板专用万能胶将铝塑板直接粘贴在基层板上，铝塑板间的缝隙应用硅酮密封胶进行嵌缝处理。

四、玻璃饰面构造

玻璃饰面是采用各种平板玻璃、压花玻璃、磨砂玻璃、彩绘玻璃、蚀刻玻璃、镜面玻璃等作为墙体饰面。玻璃饰面具有光滑、易于清洁、装饰效果豪华美观的特点，如采用镜面玻璃墙面可使视觉延伸、扩大空间感，与灯具和照明结合起来会形成各种不同的环境气氛和光影趣味。但玻璃饰面容易破碎，故不宜设在墙、柱面较低的部位，否则要加以保护。

玻璃饰面基本构造做法是：在墙基层上设置一层隔汽防潮层；按要求立木筋，间距按玻璃尺寸，做成木框格；在木筋上钉一层胶合板或纤维板等衬板；最后将玻璃固定在木边框上。

固定玻璃的方法主要有四种：一是螺钉固定法，在玻璃上钻孔，用不锈钢螺钉或铜螺钉直接把玻璃固定在板筋上；二是嵌条固定法，用硬木、塑料、金属（铝合金、不锈钢、铜）等压条压住玻璃，压条用螺钉固定在板筋上；三是嵌钉固定法，在玻璃的交点用嵌钉固定；四是粘贴固定法，用环氧树脂把玻璃直接粘在衬板上。构造方法如图 3.32 所示。

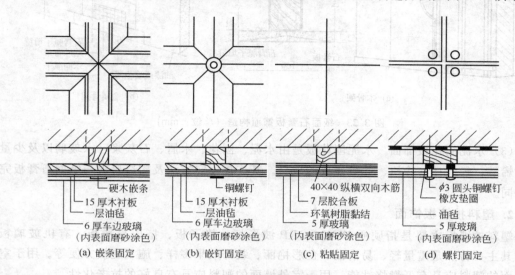

图 3.32　玻璃饰面构造（单位：mm）

五、其他饰面构造

1. 纸面石膏板、矿棉板、水泥刨花板

（1）纸面石膏板饰面　石膏板是用建筑石膏加入纤维填充料、胶黏剂、缓凝剂、发泡剂等材料，两面用纸板辊成的板状装饰材料。石膏板有纸面石膏板、纤维石膏板和空心石膏板三种。它具有可钉、可锯、可钻、可黏结等加工性能，表面可油漆、喷刷涂料、裱糊壁纸，且有防火、隔声、质轻、不受虫蛀等优点，但其防潮、防水性能较差，可用于室内墙面和吊顶装饰工程。

纸面石膏板墙面有用钉固定和胶黏剂粘贴两种安装方法。

用钉固定的方法是：首先在墙体上涂刷防潮涂料，然后在墙体上铺设龙骨，将纸面石膏板钉在龙骨上，最后进行板面修饰。龙骨用木材（木龙骨）或金属（型钢龙骨、轻钢龙骨、铝合金龙骨）制作，金属墙筋用于防火要求较高的墙面。采用木龙骨时，纸面石膏板可直接用气动码钉或者自攻螺钉进行固定，如图 3.33（a）所示。采用金属龙骨时，则应先在纸面石膏板和型钢龙骨或者铝合金龙骨上钻孔龙骨上钻孔，然后用自攻螺钉固定，如图 3.33（b）所示。

用黏结剂粘贴法是将石膏板直接粘贴在墙面基层上，要求基层平整、洁净。

（2）矿棉板饰面　矿棉板具有吸声、隔热作用，表面可做成各种色彩图案，装饰效果较好。其固定方法可用黏结剂粘贴的方法进行粘贴固定。

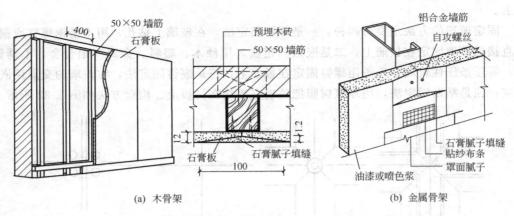

图 3.33　纸面石膏板饰面构造（单位：mm）

（3）水泥刨花板饰面　水泥刨花板是由水泥、刨花、木屑、石灰浆、水玻璃以及少量聚乙烯醇，经搅拌、冷压、养护而成的板材。其连接固定方法及构造要求与纸面石膏板完全相同。

2. 塑料护墙板饰面

塑料护墙板主要是指硬质 PVC、GRP 波形板、格子板、挤压异形板、有机玻璃板等，其主要特点是重量轻、易清洁、色彩艳丽、装饰效果多样、施工更换方便等。用于室内墙面的塑料应具有低燃烧性能，用于室外墙面的塑料应具有良好的抗老化性。

塑料护墙板饰面构造层次是，先在墙体基层上做一层防潮层，并将龙骨架固定在墙面基层上，然后将护墙板固定在龙骨上即可。塑料饰面板的固定可采用钉嵌与卡接相结合的方法进行固定（如塑料扣板及采用此法），或者直接用黏结剂进行粘贴固定，如图 3.34所示。

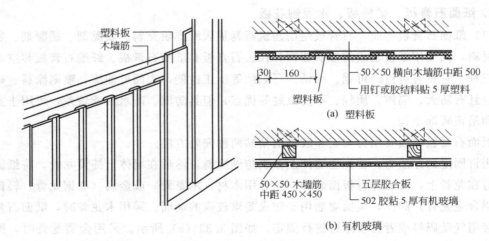

图 3.34　塑料和有机玻璃饰面构造（单位：mm）

3. 装饰吸声板

常用的装饰吸声板有：石膏纤维装饰吸声板、软质纤维装饰吸声板、硬质纤维装饰吸声板、钙塑泡沫装饰吸声板、矿棉装饰吸声板、玻璃棉装饰吸声板、聚苯乙烯泡沫塑料装饰吸声板、珍珠岩装饰吸声板等。它们具有良好的吸音效果，质轻、防火、保温、隔热等特性，多用于室内墙面。装饰吸声板饰面构造比较简单，一般是直接用黏结剂粘贴在平整、坚硬墙面上或钉嵌在木龙骨上。

第六节
裱糊类内墙饰面构造

　　裱糊类墙面是指用建筑装饰卷材，通过裱糊或铺钉等方式覆盖在墙外表面而形成的饰面。现代室内装修中，经常使用的卷材有壁纸、壁布、皮革、微薄木等。卷材的色彩、纹理和图案丰富，品种众多，若运用得当，可形成绚丽多彩、质感温暖、古雅精致、色泽自然逼真等多种装饰效果。由于卷材是柔性装饰材料，适宜于在曲面、弯角、转折、线脚等处成型粘贴，可获得连续的饰面，卷材装饰属于较高级的饰面类型。

一、壁纸饰面构造

　　壁纸的种类很多，按外观装饰效果分为印花壁纸、压花壁纸、浮雕壁纸等；按施工方法分为现场刷胶裱贴壁纸和背面预涂胶直接铺贴壁纸；按使用功能分为防火壁纸、耐水壁纸、装饰性壁纸；按壁纸的所用材料分为塑料壁纸、纸质壁纸、织物壁纸、石棉纤维或玻璃纤维壁纸、天然材料壁纸等。

（一）壁纸类型及特点

1. 塑料壁纸
　　塑料壁纸是一种应用最广的装饰壁纸，以纸为基层、用高分子乳液涂布面层，然后采用印刷方法套单色或多色，最后压花而成的卷材。
　　塑料壁纸所用的纸基，一般是由按一定配比的硫酸盐木浆及棉短绒浆，或亚硫酸木浆及磨木浆为原料生产而成的，具有一定的强度、盖底力与透气性，其纤维组织均匀平整，横幅定量差小，受潮后强度损失与变形小。
　　塑料壁纸表面花色众多，大致分为普通壁纸、发泡壁纸和特种壁纸三类，其特点见表 3.5。

2. 纸质壁纸
　　纸质壁纸是用纸制作的壁纸，分为单层纸和双层复合纸两类。现在多采用双层复合、多色印刷、深压花纸质壁纸。这种壁纸色彩丰富，透气性好，但不耐擦洗，适用于人流少、洁净的场所。

3. 纤维壁纸
　　纤维壁纸是用棉、麻、毛、丝等纤维做面料，并胶贴在纸基上制成的壁纸。纤维壁纸

表 3.5　塑料壁纸的分类

类别	品种	说明	特点
普通壁纸	单色压花壁纸	以 80g/m² 纸为基层,涂 80g/m² 聚氯乙烯糊状树脂为面层,经凸版轮转轧花机压花而成	可加工成仿丝绸、织锦缎等多种花色,但底色、花色均为同一单色。此品种价格低,适用于一般建筑及住宅
	印花压花壁纸	基层、面层同单色压花壁纸,经多套凹版轮转印刷机印花后再压花而成	壁纸上可压上布纹、隐条纹及凹凸花纹等,并印上各种色彩图案,形成双重花纹。适用于一般建筑及住宅
	有光印花壁纸	基层、面层同单色压花壁纸,由抛光辊轧平的表面上印花而成	表面光洁明亮,花纹图案美观大方,用途同印花轧花壁纸
	平光印花壁纸	基层、面层同单色压花壁纸,由消光辊轧平的表面上印花而成	表面平整柔和,质感舒适,用途同印花轧花壁纸
发泡壁纸	高发泡压花壁纸	以 100g/m² 纸为基层,涂 300～400g/m² 掺有发泡剂的聚氯乙烯糊状树脂为面层,轧花后再加热发泡而成。如采用高发泡剂来发泡即可制成高发泡压花壁纸	表面呈富有弹性的凹凸花纹,具有立体感强、吸声、图样真、装饰性强等特点。适用于影剧院、居室、会议室及其他需加吸声处理的建筑物的顶棚、内墙面等处
	低发泡印花壁纸	基层、面层同高发泡压花壁纸,在发泡表面上印有各种图案	美观大方,装饰性强。适用于各类建筑的室内墙画及顶棚的饰面
	低发泡印压花壁纸	基层、面层同高发泡压花壁纸,采用具有不同抑制发泡作用的油墨先在面层上印花后再发泡而成	表面具有不同色彩不同种类的花纹图案,有木纹、席纹、瓷砖、拼花等多种图案,图样逼真、立体感强,富有弹性,用途同低发泡印压花壁纸
特种壁纸	布基阻燃壁纸	以特制织物为基材,与特殊性能的塑料膜复合,经印刷压花及表面处理等加工而成	图案质感强、装饰效果好,强度高、耐撞击、阻燃性能好、易清洗,施工方便,更换容易,适用于宾馆、饭店、办公室及其他有较高防火要求的公共场所等
	布基阻燃防霉壁纸	以特制织物为基材,与有阻燃防霉性能的塑料膜复合,经印刷压花及表面处等工艺加工而成	产品图案质感强、装饰效果好,强度高、耐撞击、易清洗,阻燃性能、防霉性能好,适用于地下室、潮湿地区及有特殊要求的建筑物等
	防潮壁纸	基层用不怕水的玻璃纤维毡,面层同一般PVC壁纸	有一定的耐水性能、防潮性能、防霉性能。适用于在卫生间、厨房、厕所以及湿度大的房间内作饰面
	抗静电壁纸	在面层内加以电阻较大的附加料加工而成,从而提高了壁纸的抗静电能力	表面电阻可达 1kΩ,适用于在电子机房及其他需抗静电的建筑物的顶棚、墙面等处
	彩砂壁纸	在壁纸基层上撒以彩色石英砂等,喷涂胶黏剂加工而成	表面似彩砂涂料,质感强。适用于柱面、门厅、走廊等的局部装饰
	其他特种壁纸	如金属壁纸、吸声壁纸、灭菌壁纸、香味壁纸、防辐射壁纸等	

质感强,能与室内织物协调,形成高雅气氛和舒适环境,透气性好,但其耐污染性差、裱糊技术要求高、价格较高,一般用于卧室及一些装饰装修档次要求较高的空间等场所的墙面饰面。

4. 天然材料壁纸

天然材料壁纸是用树叶、草、木材等天然植物材料做面层材料制成的壁纸。这类壁纸质感强,透气性好,能够营造出回归大自然的氛围,但不易清洗。

（二）壁纸饰面的构造

各种壁纸均应粘贴在具有一定强度、平整光洁的基层上，如水泥砂浆、混合砂浆、混凝土墙体、石膏板等。一般是用稀释的 108 胶水（掺加一定量的羟甲基纤维素）或者酚醛清漆（清油）涂刷基层，进行基层封闭处理；壁纸预先进行润水处理；用 108 胶裱贴壁纸。若是预涂胶壁纸，裱糊时先用水将背面胶黏剂浸润，然后直接粘贴壁纸；若是无基层壁纸，可将剥离纸剥去，立即粘贴即可。

裱贴工艺有搭接法、拼缝法等，裱贴时应注意保持纸面平整，搭接处理和拼花处理，选择合适的拼缝形式。

二、壁布饰面构造

（一）壁布类型及特点

常见壁布的种类有玻璃纤维壁布、无纺贴壁布、锦缎壁布、装饰壁布、化纤装饰壁布等。

1. 玻璃纤维壁布

玻璃纤维壁布是以中碱玻璃纤维作为基材，表面涂以耐磨树脂，经染色印花而成的一种卷材。这种壁布本身有布纹质感，经套色印花后色彩鲜艳，有较好的装饰效果。玻璃纤维壁布除了具有材料强度大、韧性好、耐水耐火、不退色、不老化、价格相对低廉、裱糊工艺比较简单等优点外，还是非燃烧体。但其盖底能力稍差，当基层颜色深浅不匀时容易在裱糊面上显现出来；涂层一旦磨损破碎还有可能散落出少量玻璃纤维。

2. 无纺壁布

无纺壁布是采用棉、麻等天然纤维或涤纶、腈纶等合成纤维，经无纺成型，然后上树脂、印花而成的卷材。无纺贴壁布挺括光洁、表面色彩鲜艳、有绒毛感；有一定的透气性和防潮性，有弹性，不易折断，具有擦洗不退色，纤维不老化等特性，适用于各种建筑的内墙面。

3. 锦缎壁布

锦缎壁布是丝织物的一种，它的优点是花纹图案绚丽多彩、质感柔软、接触感很好，是一种高级墙面装饰材料。但因其造价高、易变形、不耐脏、不耐光，在潮湿环境条件下易霉变，所以仅在一些较高级的墙面装饰或有特殊要求的房间中使用。

4. 装饰壁布

装饰壁布是以纯棉平布或化纤布为基材，经过前处理、印花、涂层而制成的一种卷材。装饰壁布具有强度大、表面无光、花色美观大方、透气等性能。纯棉布装饰壁布有静电小、吸声、无毒、无味等特点；化纤布装饰壁布还具有防潮、耐磨等特点。

（二）壁布饰面的构造

壁布可直接粘贴在墙面的抹灰层上，其裱糊的方法与纸基墙纸大体相同，但由于壁布的材性与纸基不同，裱糊时应注意以下几个问题。

裱糊壁布时宜用聚醋酸乙烯乳液作胶黏剂；壁布不需吸水膨胀；因壁布的盖底能力较差，当基层表面颜色较深时，应在胶黏剂中掺入10％的白色涂料（如白色乳胶漆），胶黏剂不要涂刷在壁布背面，而应涂刷在基层上，以免胶黏剂印透墙布而在其表面出现胶痕。

锦缎饰面构造做法与一般壁布有所不同。锦缎柔软光滑，极易变形，不易裁剪，故很难裱糊在各种基层表面上。一般做法都是先在锦缎背面裱宣纸一层，使锦缎硬朗挺括以后，再裱于阻燃型胶合板或特别平整、光滑的纸面石膏板上。

由于锦缎在潮湿气候环境条件下易霉变，故锦缎饰面的防潮防腐要求较高。首先将墙面做防潮处理，即用20mm厚1∶3水泥砂浆找平墙面，再刷冷底子油、做一毡二油防潮层，然后立木骨架，一般木骨架断面为50mm×50mm，双向间距450mm，木骨架固定于墙体的预埋防腐木砖上。把胶合板（衬板）钉入木骨架上，最后用108胶或壁纸胶将锦缎裱贴于胶合板上。

壁纸壁布饰面构造如图3.35所示。

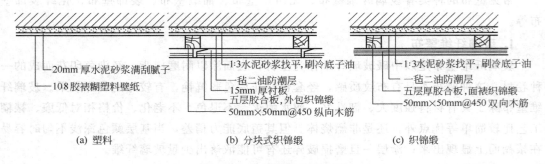

（a）塑料　　　　　　（b）分块式织锦缎　　　　　（c）织锦缎

图3.35　壁纸壁布饰面构造

三、皮革或人造革饰面构造

1. 皮革或人造革饰面特点

皮革或人造革饰面具有质地柔软、保温性能好、能消声减振、耐磨、易保持清洁卫生、格调高雅等特点，常用于练功房、健身房、幼儿园等要求防止碰撞的房间，也用于录音室、电话间等声学要求较高的房间以及酒吧、会客厅、客房等房间。

2. 皮革或人造革饰面的构造

皮革或人造革饰面构造做法与木护壁相似：一般应先进行墙面的防潮处理，抹20mm厚1∶3水泥砂浆，涂刷冷底子油并粘贴油毡；然后固定龙骨架，一般骨架断面为（20～50)mm×(40～50)mm，钉胶合板衬底，龙骨间距由设计要求的皮革面分块大小决定；最后将皮革或人造革固定在衬板上。

皮革里面可衬泡沫塑料做成硬底，或衬玻璃棉、矿棉等柔软材料做成软底。固定皮革的方法有两种：一种方法是采用暗钉将皮革固定在骨架上，最后用电化铝帽头钉按划分的分格尺寸在每一分块的四角钉入固定；另一种方法是木装饰线条或金属装饰线条沿分格线位置固定。皮革或人造革饰面的构造如图 3.36 所示。

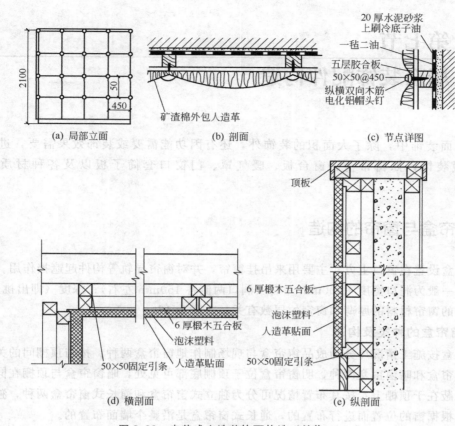

(a) 局部立面　　　　　　(b) 剖面　　　　　　(c) 节点详图

图 3.36　皮革或人造革饰面构造（单位：mm）

四、微薄木饰面构造

　　微薄木是由天然木材经机械旋切加工成 0.2～0.5mm 厚的薄木片。其特点是厚薄均匀、木纹清晰，并且保持了天然木材的真实质感。微薄木表面可以着色、涂刷各种色漆，也可模仿木制品的涂饰工艺，做成清漆等。目前国内供应的微薄木，是经旋切后再敷上一层增强用的衬纸所形成的复合贴面材料，一般规格尺寸为 2100mm×1350mm，是一种新型的高档室内装饰材料。

　　微薄木的基本构造与裱贴壁纸相似。首先是基层处理，在基层上以化学糨糊加老粉调成腻子，满批两遍，干后用 0 号砂纸打磨平整，再满涂清油一道；然后涂胶粘贴，在微薄木背面和基层表面同时均匀涂刷胶液（聚乙烯乙酸乳液：108 胶＝7：30），涂胶晾置 10～15min，当粘贴表面胶液呈半干状态时，即可开始粘贴，接缝处采用衔接拼缝，拼缝后，宜随手用电熨斗烫平压实；最后漆饰处理，待微薄木干后，即可按木材饰面的设计要求进行漆饰处理，色漆表面必须尽可能地将木材纹理显露出来。应注意的是微薄木在粘贴前，应用清水喷洒，然后放在平整的纤维板上晾至九成干，使卷曲的微薄木伸直后方可粘贴。

第七节
墙面装饰配件构造

在墙面装饰中，除了大面积的装饰外，还有因功能需要或装饰效果需要，进行局部的点缀装饰，如窗帘盒、窗台板、暖气罩、门窗口套筒子板以及各种材质的线条等。

一、窗帘盒与窗帘的构造

窗帘盒设置在窗口上方，主要用来吊挂窗帘，并对窗帘导轨等构件起遮挡作用。窗帘盒的长度一般为洞口宽度＋300mm 左右（洞口两侧各 150mm 左右）；深度（即出挑尺寸）与所选用的窗帘材料的厚薄和窗帘的层数有关，一般为 120～200mm。

1. 窗帘盒的种类及构造

窗帘盒按施工情况可分为成品窗帘盒与现场制作地窗帘盒两种；按与顶棚间的关系可分为明窗帘盒和暗窗帘盒两种，明窗帘盒位于顶棚底部可见处，暗窗帘盒与顶棚在同一标高，并隐蔽在于顶棚上；按其布置情况可分为独立式窗帘盒和通长式窗帘盒两种，独立式窗帘盒是根据窗的位置而进行布置的，通长式窗帘盒是沿整个墙面布置的。

窗帘盒可采用 20mm 厚的木板制作，也可采用细木工板外贴装饰胶合板等饰面进行制作。明窗帘盒可直接固定在窗过梁或其他结构构件上，由射钉或者金属膨胀螺栓进行固定。暗窗帘盒一般用于室内空间层高较低且窗过梁下沿与顶棚在同一标高或者高于顶棚的情况，窗帘盒可以隐蔽于顶棚上，并固定在顶棚格栅上，与顶棚形成一体。另外，窗帘盒可与照明灯具、反光灯槽等进行结合布置，以增加室内的整体装饰装修效果。窗帘盒构造如图 3.37 所示。

2. 窗帘盒内吊挂窗帘的方式

窗帘盒内吊挂窗帘的方式有三种。

（1）软线式，选用 ϕ4 铅丝或包有塑料的各种软线吊挂窗帘。为防止软线受气温的影响产生热胀冷缩而出现松动或由于窗衬过重而出现下垂，可在端头设元宝螺母加以调节。这种方式适用于吊挂较轻质的窗帘或跨度在 1.2m 以内的窗口。

（2）棍式，采用直径为 10mm 的钢筋、铜棍或铝合金棍等吊挂窗帘布。这种方式具有较好的刚性，适用于 1.5～1.8m 宽的窗口。

（3）轨道式，采用铜或铝制成的窗帘轨道，轨道上安装小轮来吊挂和移动窗帘。这种方式具有较好的刚性，可用于大跨度的窗子和重型窗帘布。窗帘轨道有单轨（用于悬挂单层窗帘）和双轨（用于悬挂双层窗帘）两种，窗帘轨道直接用螺钉固定于窗帘盒底板上即可。

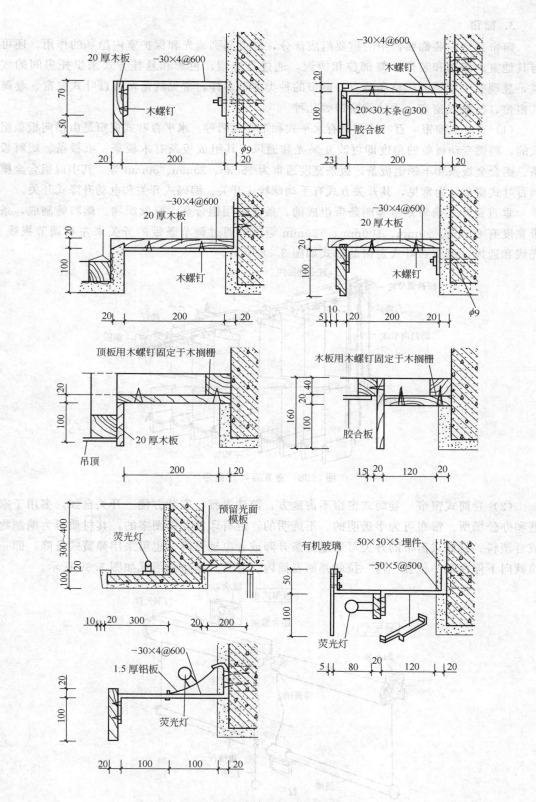

图 3.37　窗帘盒构造（单位：mm）

3. 窗帘

窗帘是室内装饰装修中的重要组成部分，它可起到遮光和保护室内隐私的作用，还可与其他室内织物和装饰装修部位相协调，通过其造型、色彩和悬挂方式来烘托房间的气氛，显现整个装饰的风格和特点。窗帘的种类多种多样，常见的窗帘有百叶式窗帘、卷筒式窗帘、折叠式窗帘、垂挂式窗帘等几种。

（1）百叶式窗帘 百叶式窗帘有水平式和垂直式两种。水平百叶式窗帘是由横向板条组成的，稍微变动板条的角度即可改变采光和通风。其组成板条有木板条、纸板条、塑料板条、铝合金板条和不锈钢板条，板条宽度通常为 15mm、25mm、50mm 等。其中以铝合金横向百叶式窗帘最为常见，其开关方式有手动球状式开关、编码式开关和电动升降式开关。

垂直百叶式窗帘是由竖向条带组成的，条带可用铝合金、麻丝织物、塑料等制成，条带宽度有 80mm、90mm、100mm、120mm 等。可通过调节条带的开关来左右调节视线、光线和通风。垂直百叶式窗帘的形式如图 3.38 所示。

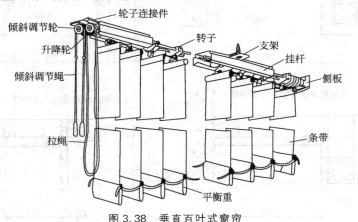

图 3.38 垂直百叶式窗帘

（2）卷筒式窗帘 卷筒式窗帘不占地方、简洁素雅、安装方便、开关自如，多用于家庭和办公场所。帘布可为半透明的、不透明的，也有印制花饰图案的，其材质可为编制物或者塑料。卷筒式窗帘的开关可通过链条升降或者电动升降，也可采用弹簧式升降，即一拉就向下停在某一位置，再一拉就弹回卷筒内。卷筒式窗帘的形式如图 3.39 所示。

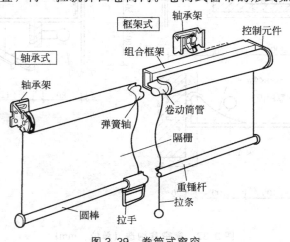

图 3.39 卷筒式窗帘

（3）折叠式窗帘　折叠式窗帘是通过将窗帘折叠成褶皱进行升降的，具有较好的艺术表现形式。窗帘的材质可选用各种织物及编制物。其升降方式是一拉就下降，再拉就从下面一段段打褶升上来，其褶皱是由最下面的平衡重宽度来控制的。折叠式窗帘的形式如图 3.40 所示。

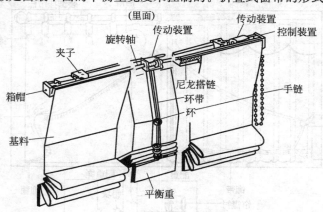

图 3.40　折叠式窗帘

（4）垂挂式窗帘　垂挂式窗帘由织物垂挂而成，分为单层垂挂式窗帘和双层垂挂式窗帘。单层垂挂式窗帘是由一层厚重的织物做成，同时起遮光、遮挡视线和装饰的作用。双层垂挂式窗帘由两层织物组成，靠窗的一层为薄质丝织品或尼龙镂花窗帘，其作用是即透光又可遮挡视线；外面的一层是厚质织物的窗帘，其作用是遮光和装饰。这种窗帘大气、美观、典雅、舒适，有较好的保温性能，适用于家庭卧室、起居室和宾馆的客房和餐厅等场所。其形式如图 3.41 所示。

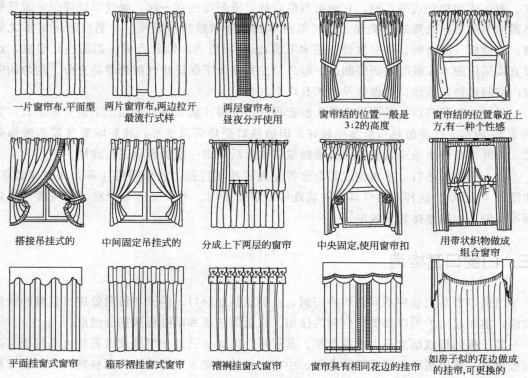

图 3.41　垂挂式窗帘的形式

垂挂式窗帘是由窗帘轨道或者装饰窗帘杆、窗帘盒或者窗楣幔、窗帘、吊件、窗帘缨（扎帘带）和配重等组成。帘幕的基本结构如图 3.42 所示，帘头的挂法和帘带扎法如图 3.43 所示。

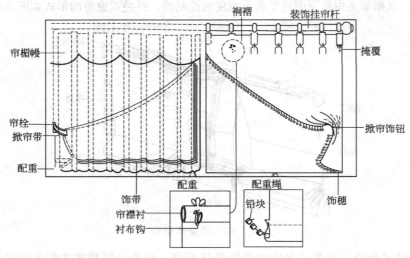

图 3.42　帘幕的基本结构

二、暖气罩的构造

暖气散热器一般设在窗台下或沿墙敷设。为此，暖气罩的布置方法有窗台下式、沿墙式、嵌入式和独立式等几种，它通常与窗台板、壁橱等连在一起。暖气罩既要保证暖气散热器均匀散热，又要造型美观。暖气罩由木制框架和散热口组成，木制框架可由木龙骨架、基层板（胶合板、中密度板、细木工板）、贴面板（装饰胶合板、铝塑板）组成，也可直接采用细木工板外贴面层制作。散热口主要是为了保证暖气散热器能充分、均匀的向室内空间散热，散热口的做法及形式有以下几种。

（1）木制散热口　采用硬木条、胶合板等做成格片状，也可采用上下留空的形式，如图 3.43 所示。这种散热口舒适感较好，但散热口受热后易变形，将影响暖气罩的装饰效果，为此可在硬木条或者装饰胶合板做成的格片后面附一层铝合金进行加固。

（2）金属散热口　采用钢或铝合金等金属板冲压打孔，或采用格片等方式制成暖罩，如图 3.44 所示。这种散热口具有性能良好、坚固耐用、不宜变形等特点。但与暖气罩饰面不协调，影响整体装饰效果。

三、门窗口套构造

门窗口套是用各种不同材料将门洞、窗洞或其他洞口、洞壁和转角处进行包裹的装饰做法，主要起保护洞口和美化空间的作用。它由筒子板和贴脸板两部分组成。

筒子板的组成层次是由木龙骨架、基层板、饰面板三部分组成或者直接由基层板与饰面板组成。基层板通常可采用胶合板、中密度板或者细木工板等；饰面材料可采用装饰胶合板、木板、天然石板、人造石板、塑料板、铝合金板、不锈钢板、铝塑板等，筒子板的

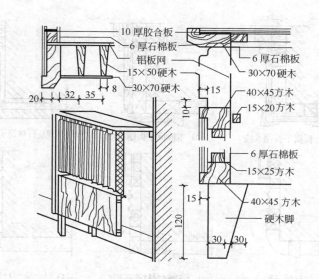

图 3.43　木制散热口暖气罩构造（单位：mm）

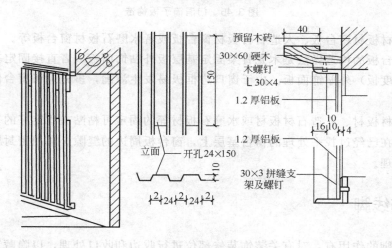

图 3.44　金属散热口暖气罩构造（单位：mm）

材料花色图案及色调应与墙面饰材相协调。图 3.45 为门洞筒子板的几种装饰构造图。

　　门窗贴脸板的构造做法有以下几种：①与筒子板的构造做法完全相同，两者相互应形成一个整体；②采用在基层板外直接固定洞口套线作为贴脸板。洞口套线通常采用实木套线，这样易于其他饰面协调统一，装饰效果好，但其价格较贵；也可采用人造木（有的称科技木或者塑木复合木）套线，其价格相对较便宜，但其装饰效果不是很佳。

　　在进行门窗口套的装饰装修过程中，其周边应用装饰线脚进行收边和收口处理，这样既可隐藏装饰装修过程中可能出现的瑕疵，又可起到装饰点缀的作用。

四、窗台板的构造及特点

　　窗台板可满足搁置花盆等物品和装饰功能的需要。其长度应较窗洞口宽长 100mm（向窗洞口两边各外突出 50mm），宽度应较室内窗台宽 50mm。窗台板可做成木制窗台

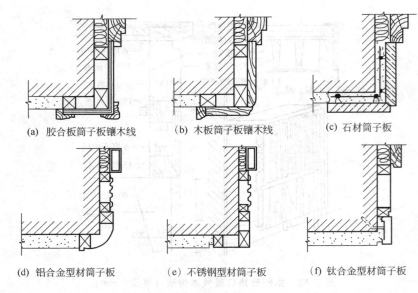

| (a) 胶合板筒子板镶木线 | (b) 木板筒子板镶木线 | (c) 石材筒子板 |
| (d) 铝合金型材筒子板 | (e) 不锈钢型材筒子板 | (f) 钛合金型材筒子板 |

图 3.45　门洞筒子板构造

板、天然石材板材窗台板、人造石材板材窗台板或者水磨石板材窗台板等。

木制窗台板的构造做法是木龙骨架固定基层板外贴饰面板或者直接固定基层板（细木工板或中密度板）外贴饰面板。由于窗口边框极易发生渗漏，事先应将窗台做好防水与防潮处理。

天然石材板材、人造石材板材或水磨石板材等的固定可粘贴在固定好的基层板上，或者直接粘贴在已经过找平处理的窗台基层上，窗台板周边的缝隙必须用密封胶或者玻璃胶进行密封处理。

五、装饰线脚

装饰线脚的作用有：对有关装饰装修部位进行收边和收口处理，以隐藏装饰过程中可能出现瑕疵；对各装饰装修部位进行装饰点缀，满足整体装饰效果的要求；对不同的装饰装修界面进行界面划分，以做到层次分明、协调有序；也用于固定饰面材料。装饰线脚有抹灰线脚、实木线脚、人造木线脚、石膏线脚、塑料线脚、铝合金线脚及不锈钢线脚等，其中以抹灰线脚和木制线脚、石膏线脚等应用较为广泛。

抹灰线脚的式样很多，线条有简有繁，形状有大有小。一般可分为简单灰线、多线条灰线。简单灰线常用于室内顶棚四周及方柱、圆柱的上端，如图 3.46 所示。多线条灰线，一般指三条以上、凹槽较深、开头不一定相同的灰线，常用于房间的顶棚四周、舞台口、灯光装置的周围等，其形式如图 3.47 所示。

木线脚主要有檐板线脚、挂镜线脚等，挂镜线是悬挂镜框和其他装饰物的支承件，实用性很强，多设置在距顶棚 200mm 以下，挂镜线构造如图 3.48 所示。木线脚的各种板条一般都固定于墙内木榫或木砖上。

石膏线脚是用石膏粉掺入纤维脱模而成，成本低，效果良好。

金属线脚是用铝、铜、不锈钢板冲压而成，体轻壁薄。

图 3.46　简单灰线

图 3.47　多线条灰线

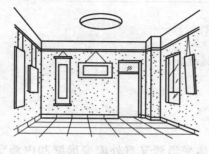

(a) 挂镜线装饰效果

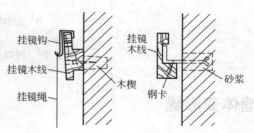

(b) 木挂镜线安装方法

图 3.48　挂镜线构造

图 3.49 为木线脚、金属线脚和石膏线脚的断面形式。

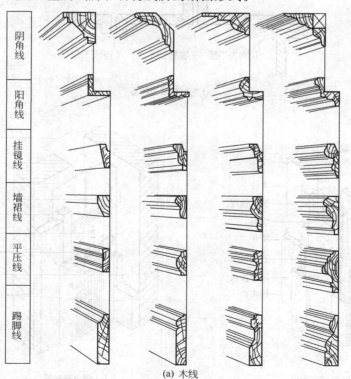

(a) 木线

图 3.49

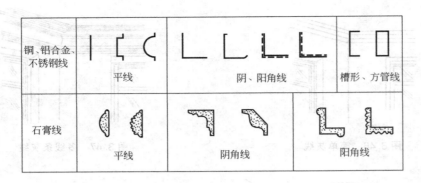

铜、铝合金、不锈钢线	平线	阴、阳角线	槽形、方管线
石膏线	平线	阴角线	阳角线

(b) 金属线

图 3.49 装饰线类型

六、墙体变形缝

变形缝分伸缩缝、沉降缝和抗震缝三种，墙体变形缝又有外墙变形缝和内墙变形缝。内墙变形缝按所处位置分为平墙变形缝、阴角变形缝和门洞变形缝三种，常用做法如图3.50 所示。

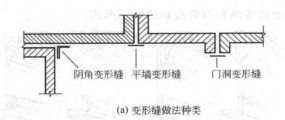

阴角变形缝　平墙变形缝　门洞变形缝

(a) 变形缝做法种类

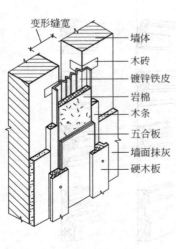

(b) 平墙变形缝

变形缝宽

墙体
木砖
镀锌铁皮
岩棉
木条
五合板
墙面抹灰
硬木板

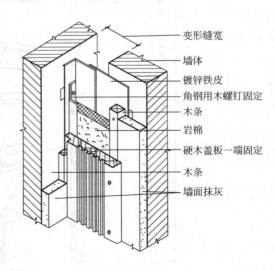

(c) 阴角变形缝

变形缝宽

墙体
镀锌铁皮
角钢用木螺钉固定
木条
岩棉
硬木盖板一端固定
木条
墙面抹灰

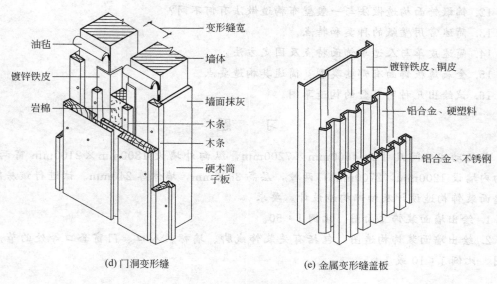

(d) 门洞变形缝　　　　　　　　(e) 金属变形缝盖板

图 3.50　内墙变形缝构造

七、壁橱

　　壁橱一般设在建筑物的入口附近、边角部位或与家具组合在一起。壁橱深一般不小于500mm。壁橱主要由壁橱板（壁橱背立面围板、壁橱侧立面围板与中间隔板）和橱门构成，壁橱门可平开或推拉门，橱内有抽屉、搁板、挂衣棍或挂衣钩等构件。壁橱的构造应解决防潮和通风问题，为了解决好壁橱的防潮问题，壁橱背面的墙体基层必须做好防潮层。当壁橱兼作两个房间的隔断时，应有良好的隔声性能，较大的壁橱还可以安装照明灯具。壁橱的构造做法可为木龙骨架外贴饰面板，或者木龙骨架固定基层板而后外贴饰面板，或者直接由细木工板作骨架外贴饰面板。壁橱与墙体基层或者顶棚之间必须固定牢固，以免因固定不牢而影响其正常使用。

思　考　题

1. 简述墙体饰面的主要功能。

2. 墙面装饰有哪些类型？

3. 简述一般饰面抹灰类的构造做法。

4. 装饰抹灰有哪些类型？

5. 举例说明石渣类饰面构造要点。

6. 涂料类饰面有哪些类型？

7. 绘制人造大理石饰面的构造做法。

8. 分别叙述天然石材类饰面的钢筋网固定挂贴法和干挂法构造的构造做法。

9. 绘出饰面板墙面与顶棚交接的细部构造图。

10. 简述木护壁的基本构造。

11. 石膏板墙面的安装方法有哪两种？

12. 锦缎饰面构造做法与一般壁布构造做法有何不同？

13. 简述常用壁纸的种类和特点。

14. 简述皮革与人造革饰面特点及固定方法。

15. 金属薄板饰面有哪些类型？简述其构造要点。

16. 试绘出几种窗帘盒的构造草图。

习　题

某活动室房间尺寸为 4500mm×7200mm，纵向外墙设 1800mm×2100mm 窗两樘，纵向内墙设 1200mm×2700mm 门两樘，层高 3600mm，墙体厚 240mm。试进行该房间的内墙面装饰构造设计及细部构造设计。要求

1. 绘出墙面装饰立面图，比例 1∶50。

2. 绘出墙面装饰构造图，包括有关装饰线脚、墙裙、入口、门窗套口等处的节点构造图。比例 1∶10 或 1∶5。

第四章

顶棚装饰构造

　　顶棚装饰工程是建筑装饰工程的重要组成部分，顶棚的构造与选择应从建筑功能、建筑声学、建筑照明、建筑热工、设备安装、管线敷设、维护检修、防火安全等多方面综合考虑。本章介绍了常见顶棚的功能、类型及特点，叙述了直接式顶棚、悬挂式顶棚的基本构造，并对顶棚特殊部位的构造处理和几种特殊的顶棚构造做了介绍。

第一节
概述

顶棚是建筑室内空间的顶部界面，位于建筑物楼层和屋盖承重结构的下面，所以也称天花板。

一、顶棚装饰构造的功能

1. 装饰室内空间环境

顶棚是室内装饰的一个重要组成部分，它是除墙面、地面外，用以围合成室内空间的另一个大面。顶棚装饰处理能够从空间、造型、光影、材质等方面，来渲染环境，烘托气氛。不同的顶棚构造处理，可以取得不同的装饰效果。例如有的顶棚装饰可以延伸和扩大空间感，对人的视觉起导向作用；有的顶棚装饰可使人感到亲切、舒适，能满足人们生理和心理环境的需要。在顶棚造型上运用高低错落的手法，可以获得富有生机的空间变化；运用高雅华丽的吊灯，可以增加豪华的气氛。因此，室内装饰的效果，与顶棚的造型、色彩搭配、顶棚装饰构造方法及材料选用有着十分密切的关系。

2. 改善室内环境，满足使用功能要求

顶棚的处理不仅要考虑室内的装饰艺术风格的要求，还要考虑室内使用功能的要求。照明、通风、保温、隔热、吸声、防火等技术性能直接影响室内环境与使用。利用吊顶棚内空间能够处理人工照明、空气调节、消防、通信、保温隔热等技术问题，因此，顶棚的装饰处理可以改善室内光环境、热环境、声环境，对提高室内环境的舒适度起着十分重要的作用。

3. 隐蔽设备管线和结构构件

现代建筑的各种管线越来越多，如照明、空调、消防管线等，一般充分利用吊顶空间对各种管线和结构构件进行隐蔽处理，既能使建筑空间整洁统一，也能保证各种设备管线的正常使用。

二、顶棚装饰构造的特点

顶棚是位于承重结构下部的装饰构件，位于房间的上方，而且其上布置有照明灯光、音响设备、空调及其他管线等，因此顶棚构造与承重结构的连接要求牢固、安全、稳定。

在进行室内顶棚饰面材料的选择时，必须按照《民用建筑工程室内环境污染控制规范》（GB 50325—2010）中的有关要求和标准进行控制。

若室内发生火灾，顶棚饰面最先受到火灾的影响且也是受影响最为严重的部位，必须符合《建筑内部装修设计防火规范》（GB 50222—2001）中的有关要求和标准规定。为了

提高建筑物室内空间的防火性能，降低火灾发生时造成的影响，可在顶棚的饰面层上布置相应的消防设施，如在房间顶棚饰面上布置自动喷淋系统和自动烟雾报警系统（烟感器），在空间互通的通道处设置自动水幕系统等。

顶棚装饰工程应确保隐藏于顶棚内的电气线路的安全。电气线路所用导线必须通过负荷计算来确定其截面规格，应优先选用铜芯导线，严禁将铜芯导线与铝芯导线混合使用；所有导线必须进行穿管敷设，穿线管科选用钢管，也可选用 PVC 硬质防火管；导线的接头处必须设置接线盒，导线接头应先进行搪锡处理，而后用高压绝缘胶布进行绝缘包裹处理并放入盒内，最后用盖板将接线盒盖好；导线穿管敷设时，应用吊筋将穿线管悬吊在楼板或者梁底，离开顶棚龙骨一定的距离，严禁将穿线管直接放置于顶棚龙骨上；整个电气线路系统应进行接地处理，可与建筑物的接地系统连成一体，也单独做其接地系统。

顶棚构造设计涉及到声学、热工、光学、空气调节、防火安全等方面，顶棚装饰是技术要求比较复杂的装饰工程项目，应结合装饰效果的要求、经济条件、设备安装情况、建筑功能和技术要求以及安全问题等各方面来综合考虑。

三、顶棚装饰的分类

顶棚主要是按以下几方面进行分类的。

① 按顶棚面层与结构位置的关系分为直接式顶棚和悬吊式顶棚。

② 按顶棚外观的不同有平滑式顶棚、井格式顶棚、分层式顶棚、悬浮式顶棚等，如图 4.1 所示。

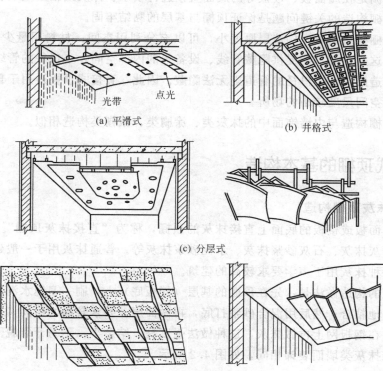

(a) 平滑式　　　　光带　　点光

(b) 井格式

(c) 分层式

(d) 悬浮式

图 4.1 顶棚的形式

③ 按其面层的施工方法分为抹灰式顶棚、喷涂式顶棚、粘贴式顶棚、装配式板材顶棚等。

④ 按顶棚的基本构造的不同分为无筋类顶棚、有筋类顶棚。

⑤ 按顶棚构造层的显露状况的不同分为开敞式顶棚、隐蔽式顶棚等。

⑥ 按面层饰面材料与龙骨的关系不同分为活动装配式顶棚、固定式顶棚等。

⑦ 按其面层材料的不同分为木质顶棚、石膏板顶棚、各种金属薄板顶棚、玻璃镜顶棚等。

⑧ 按顶棚承受荷载能力的不同分为上人顶棚和不上人顶棚。

另外还有结构式顶棚、发光顶棚、软体顶棚等。

第二节
直接式顶棚装饰构造

一、直接式顶棚饰面的特点

直接式顶棚是在屋面板、楼板等的底面直接进行喷浆、抹灰或粘贴壁纸、面砖等饰面材料。这类顶棚构造的关键问题是保证顶棚与基层的黏结牢固。

直接式顶棚构造简单，构造层厚度小，可以充分利用空间；材料用量少，施工方便，造价较低，但这类顶棚不能提供隐藏管线、设备等的内部空间，小口径的管线应预埋在楼屋盖结构或构造层内，大口径的管道则无法隐蔽。因此，直接式顶棚适用于普通建筑及功能较为简单、空间尺度较小的场所。

直接式顶棚构造与内墙饰面中的抹灰类、涂刷类、裱糊类构造相似。

二、直接式顶棚的基本构造

1. 直接抹灰顶棚构造

在上部屋面板或楼板的底面上直接抹灰的顶棚，称为"直接抹灰顶棚"。直接抹灰顶棚主要有纸筋灰抹灰、石灰砂浆抹灰、水泥砂浆抹灰等。普通抹灰用于一般建筑或简易建筑，甩毛等特种抹灰用于声学要求较高的建筑。

直接抹灰的构造做法是：先在顶棚的基层（楼板底）上，刷一遍纯水泥浆，使抹灰层能与基层很好地粘合；然后用混合砂浆打底，再做面层。要求较高的房间，可在底板增设一层钢板网，在钢板网上再做抹灰，这种做法强度高、结合牢，不易开裂脱落。抹灰面的做法和构造与抹灰类墙面装饰相同，如图4.2所示。

2. 喷刷类顶棚构造

喷刷类装饰顶棚是在上部屋面或楼板的底面上直接用浆料喷刷而成的。常用的材料有石灰浆、大白浆、色粉浆、彩色水泥浆、可赛银等。

对于楼板底较平整又没有特殊要求的房间，可在楼板底嵌缝后，直接喷刷浆料，其具体做法可参照涂刷类墙体饰面的构造，如图4.3所示。喷刷类装饰顶棚主要用于一般办公室、宿舍等建筑。

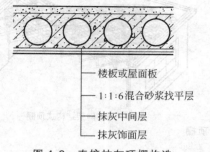

— 楼板或屋面板
— 1:1:6混合砂浆找平层
— 抹灰中间层
— 抹灰饰面层

图4.2 直接抹灰顶棚构造

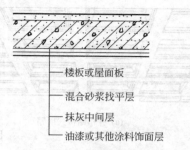

— 楼板或屋面板
— 混合砂浆找平层
— 抹灰中间层
— 油漆或其他涂料饰面层

图4.3 喷刷顶棚构造

3. 裱糊类顶棚构造

有些要求较高、面积较小的房间顶棚面，可采用直接贴壁纸、贴壁布及其他织物的饰面方法。这类顶棚主要用于装饰要求较高的建筑，如宾馆的客房、住宅的卧室等空间。裱糊类顶棚的具体做法与墙饰面的构造相同，如图4.4所示。

4. 直接式装饰板顶棚构造

直接式装饰板顶棚分为直接粘贴装饰板和直接铺设龙骨两种构造方法。

直接粘贴装饰板顶棚是直接将装饰板粘贴在经抹灰找平处理的顶板上。常用的装饰板有釉面砖、瓷砖等，主要用于有防潮、防腐、防霉或清洁要求较高的建筑中。具体构造做法与墙体的贴面类构造相同。

直接铺设龙骨固定装饰板顶棚的构造做法与镶板类装饰墙面的构造相似，即在楼板底下直接铺设固定龙骨（龙骨间距根据装饰板规格确定），然后固定装饰板。常用的装饰板材有胶合板、石膏板等，主要用于装饰要求较高的建筑，如图4.5所示。

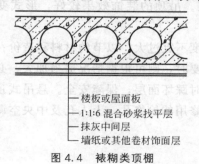

— 楼板或屋面板
— 1:1:6混合砂浆找平层
— 抹灰中间层
— 墙纸或其他卷材饰面层

图4.4 裱糊类顶棚

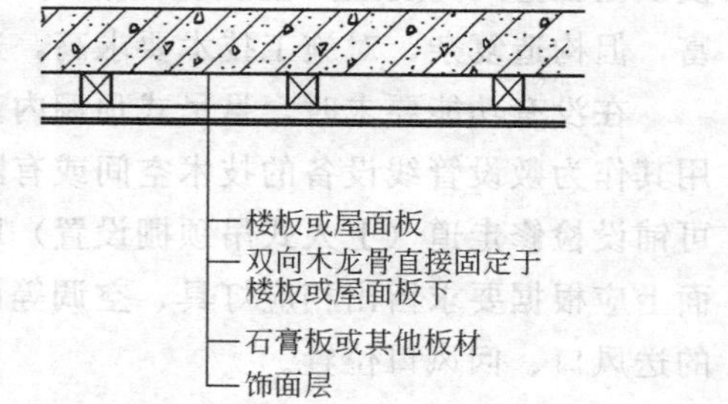

— 楼板或屋面板
— 双向木龙骨直接固定于楼板或屋面板下
— 石膏板或其他板材
— 饰面层

图4.5 直接铺设龙骨类顶棚

5. 结构式顶棚构造

将屋盖或楼盖结构暴露在外，利用结构本身的韵律做装饰，不再另做顶棚，称为结构式顶棚。例如：在网架结构中，构成网架的杆件本身很有规律，充分利用结构本身的艺术表现力，能获得优美的韵律感；在拱结构屋盖中，利用拱结构的优美曲面，可形成富有韵律的拱面顶棚。

结构式顶棚充分利用屋顶结构构件，并巧妙地组合照明、通风、防火、吸声等设备，形成和谐统一的空间景观。一般应用于体育馆、展览厅等大型公共性建筑中，如图 4.6 所示。

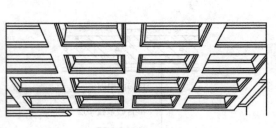 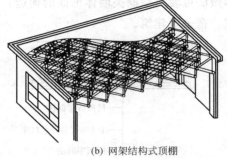

(a) 井格结构式顶棚　　　　　　　　　(b) 网架结构式顶棚

图 4.6　结构式顶棚

第三节
悬吊式顶棚装饰构造

一、悬吊式顶棚饰面特点

悬吊式顶棚又称"吊顶"，其装饰表面与结构（楼板或者梁）底表面之间留有一定的距离，通过悬挂物与结构连接在一起。

通常要利用顶棚和结构之间的空间布设各种管道和设备，还可利用吊顶的悬挂高度，使顶棚在空间高度上产生变化，形成一定的立体感。吊顶的装饰效果较好，形式变化丰富，但构造复杂，对施工技术要求高，造价较高。

在没有功能要求时，悬吊式顶棚内部空间的高度不宜过大，以节约材料和造价；若利用其作为敷设管线设备的技术空间或有隔热通风需要时，则可根据情况适当加大，必要时可铺设检修走道（上人式吊顶棚设置）以免人行走时踩坏面层，保障安全。悬吊式顶棚饰面上应根据要求留出相应灯具、空调等设备安装维修用的检修孔、上人孔及中央空调系统的送风口、回风口位置。

二、悬吊式顶棚构造

悬吊式顶棚一般由基层、面层、悬吊构件（吊筋或吊杆）三大基本部分组成。

1. 悬吊构件

悬吊构件是连接龙骨和承重结构的承重传力构件。主要作用是承受顶棚的荷载，并将荷载传递给屋面板、楼板、屋顶梁、屋架等部位。通过悬吊构件还可以调整、确定悬吊式顶棚的空间高度，以适应不同场合、不同艺术处理上的需要。

悬吊构件的形式和材料选用，与顶棚的自重及顶棚所承受的灯具等设备荷载的重量有关，也与龙骨的形式和材料及屋顶承重结构的形式和材料等有关。

悬吊构件可采用钢筋、型钢、全丝吊杆、镀锌铅丝或方木等。钢筋吊筋和全丝吊杆用于一般顶棚，直径不小于 $\phi6mm$；型钢吊筋用于重型顶棚或整体刚度要求特别高的顶棚；方木吊筋一般用于木基层顶棚，并采用铁制连接件加固，可用 50mm×50mm 截面，如荷载很大则需要计算确定其截面。

2. 顶棚基层

顶棚基层是一个由主龙骨、次龙骨（或称主格栅、次格栅）所形成的网格骨架体系。主要是承受顶棚的荷载，并通过吊筋将荷载传递给楼盖或屋顶的承重结构。

常用的顶棚龙骨分为木龙骨和金属龙骨两种，龙骨断面视其材料的种类、是否上人和面板做法等因素而定。

（1）木龙骨基层　木龙骨基层由主龙骨、次龙骨、横撑龙骨三部分组成。其中，主龙骨为50mm×（70～80）mm，主龙骨间距一般在 0.9～1.5m。次龙骨断面一般为 30mm×（30～50）mm，次龙骨间距依据次龙骨截面尺寸和板材规格而定，一般为 400～600mm。用50mm×50mm 的方木吊筋钉牢在主龙骨的底部，并用 8 号镀锌铁丝绑扎。其中龙骨组成的骨架可以是单层的（所有龙骨均处于同一平面），也可以是双层的，固定板材的次龙骨通常双向布置，如图 4.7 和图 4.8 所示。

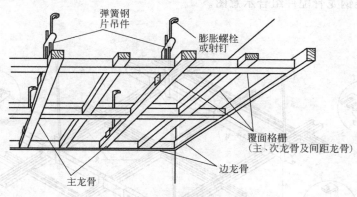

图 4.7　单层骨架构造

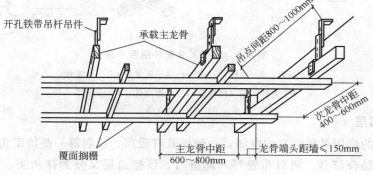

图 4.8　双层骨架构造

　　木龙骨基层的耐火性较差，应用时需采取相应措施处理，常用于传统建筑的顶棚和造型特别复杂的顶棚装饰。

　　（2）金属龙骨基层　金属龙骨基层常见的有轻钢龙骨基层、铝合金龙骨基层和普通型钢龙骨基层等。

　　轻钢龙骨基层一般用特制的型材，断面多为 U 形，故又称为 U 形龙骨系列。U 形龙骨系列由大龙骨、中龙骨、小龙骨、横撑龙骨及各种连接件组成。其中大龙骨，按其承载能力分为三级：轻型大龙骨不能承受上人荷载；中型大龙骨能承受偶然上人荷载，也可在其上铺设简易检修走道；重型大龙骨能承受 800N 的检修集中荷载，可在其上铺设永久性检修走道。大龙骨的高度分别为 30～38mm、45～50mm、60～100mm，中龙骨截面高度为 50mm 或 60mm，小龙骨截面高度为 25mm。

　　铝合金龙骨基层常用的有 T 形、U 形、LT 形及特制龙骨。应用最多的是 LT 形龙骨。LT 形龙骨主要由大龙骨、中龙骨、小龙骨、边龙骨及各种连接件组成。大龙骨也分为轻型系列、中型系列、重型系列。轻型系列龙骨高 30mm 和 38mm，中型系列龙骨高45mm 和 50mm，重型系列龙骨高 60mm。中部中龙骨的截面为倒 T 形，边部中龙骨的截面为 L 形，中龙骨的截面高度为 32mm 和 35mm。小龙骨的截面为倒 T 形，截面高度为22mm 和 23mm。

　　普通型钢龙骨基层适应于顶棚荷载较大、悬吊点间距很大或其他特殊环境，常采用角钢、槽钢、工字钢等型钢。

　　图 4.9 为轻钢龙骨配件组合示意图。

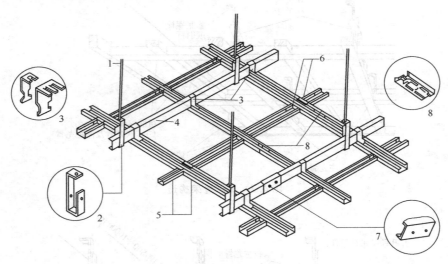

图 4.9　轻钢龙骨配件组合示意

1—吊筋；2—吊件；3—挂件；4—主龙骨；5—次龙骨；

6—龙骨支托（挂插件）；7—连接件；8—插接件

3. 顶棚面层

　　顶棚面层的作用是装饰室内空间，一般还具有吸声、反射等一些特定功能。面层的构造设计通常要结合灯具、风口布置等一起进行。顶棚面层又分为抹灰类、板材类和格栅类。最常用的是板材类，常用板材类型及特性见表 4.1。

表 4.1 常用板材类型及特性

名 称	材 料 性 能	适 用 范 围
纸面石膏板、石膏吸声板	重量轻、强度高、阻燃防火、保温隔热,可锯、钉、刨、粘贴,加工性能好,施工方便	适用于各类公共建筑的顶棚
矿棉吸声板	重量轻、吸声、防火、保温隔热、美观、施工方便	适用于公共建筑的顶棚
珍珠岩吸声板	重量轻、吸声、防火、防潮、防蛀、耐酸,装饰效果好,可锯、可割,施工方便	适用于各类公共建筑的顶棚
钙塑泡沫吸声板	重量轻、吸声、隔热、耐水,施工方便	适用于公共建筑的顶棚
金属穿孔吸声板	重量轻、强度高、耐高温、耐压、耐腐蚀、吸声、防火、防潮、化学稳定性好、组装方便	适用于各类公共建筑的顶棚
石棉水泥穿孔吸声板	重量大、耐腐蚀、防火、吸声效果好	适用于地下建筑、需降低噪声的公共建筑和工业厂房的顶棚
金属面吸声板	重量轻、吸声、防火、保温隔热、美观、施工方便	适用于各类公共建筑的顶棚
贴塑吸声板	热导率低、不燃、吸声效果好	适用于公共建筑的顶棚
珍珠岩植物复合板	防火、防水、防霉、防蛀、吸声、隔热,可锯、可钉、加工方便	适用于各类公共建筑的顶棚

三、悬吊式顶棚基本构造

悬吊式顶棚的基本构造做法要点如下。

(一)吊筋设置

吊筋与楼屋盖连接的节点称为吊点,吊点应均匀布置,一般 900~1200mm 左右,主龙骨端部距第一个吊点不超过 300mm,图 4.10 为吊筋布置示意图。

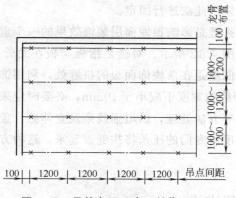

图 4.10 吊筋布置示意(单位:mm)

(二)吊筋与结构的固定

吊筋与结构的连接一般有以下几种构造方式。

① 吊筋直接插入预制板的板缝,并用 C20 细石混凝土灌缝,如图 4.11(a)所示。

② 将吊筋绕于钢筋混凝土梁板底预埋件焊接的半圆环上,如图 4.11(b)、(c)所示。

③ 吊筋与预埋钢筋焊接处理，如图 4.11 (d) 所示。

④ 通过连接件（钢筋、角钢）两端焊接，使吊筋与结构连接，如图 4.11 (e)、(f) 所示。

⑤ 通过与嵌固于水平承重结构上的金属膨胀螺栓焊接进行固定。

⑥ 全丝吊杆通过金属膨胀管与水平承重结构进行嵌固连接。

(三) 吊筋与龙骨的连接

若为木吊筋木龙骨，则将主龙骨钉在木吊筋上；若为钢筋吊筋木龙骨，则将主龙骨用镀锌铁丝绑扎、钉接或螺栓连接；若为钢筋吊筋金属龙骨，则将主龙骨用连接件与吊筋钉接、吊钩或螺栓连接。

(四) 饰面层与骨架基层的连接

1. 抹灰类顶棚

抹灰类顶棚的抹灰层必须附着在木板条、钢丝网等材料上，因此首先应将这些材料固定在龙骨架上，然后再做抹灰层，抹灰的构造做法与内墙饰面构造相同。单纯用抹灰做饰面层的方法目前在较高档装饰中已经不多见，常用的做法是在抹灰层上再做贴面饰面层，贴面材料主要有墙纸、壁布等。

2. 板材类顶棚

(1) 连接方式　板材类顶棚饰面板与龙骨之间的连接一般需要连接件、紧固件等连接材料，有钉、粘、卡、挂、搁等连接方式。连接方式与连接材料有关，饰面板与木骨架基层连接可采用气动枪钉、木螺钉或圆钉等进行固定；饰面板与金属基层连接可采用自攻螺钉进行固定；钙塑板、矿棉板等则可采用相应胶黏剂粘接或粘钉结合的方式进行固定；如果是搁置连接，一般不需要连接材料，直接将饰面板搁置在龙骨架上即可，如装饰石膏板、矿棉板吸声板等均可采用此法进行固定。

(2) 饰面板的拼缝　拼缝是影响顶棚面层装饰效果的一个重要因素，一般有对缝、凹缝、盖缝等几种方式，如图 4.12 所示。对缝是指板与板在龙骨处对接，多采用粘或钉的方法对饰面板进行固定；凹缝是在两块饰面板的拼缝处，利用饰面板的形状、厚度等所做出的 V 形或矩形拼缝，凹缝的宽度不应小于 10mm，必要时应采用涂颜色（多采用打注密封胶）或者加盖金属压条等方法处理，以增强线条及立体感；盖缝是板材间的拼缝不直接显露，而是利用龙骨的宽度或专门的压条将拼缝盖起来，这种方法可以弥补饰面板材及施工在拼缝处所形成的瑕疵。

四、常见悬吊式顶棚构造

1. 板条抹灰顶棚装饰构造

板条抹灰是采用木材作为木龙骨和木板条，在板条上抹灰。板条间隙 8～10mm，两端均应钉固在次龙骨上，不能悬挑，板条头宜错开排列，以免因板条变形、石灰干缩等原因造成抹灰开裂。板条抹灰一般采用纸筋灰或麻刀灰，抹灰后再粉刷。如图 4.13 所示。

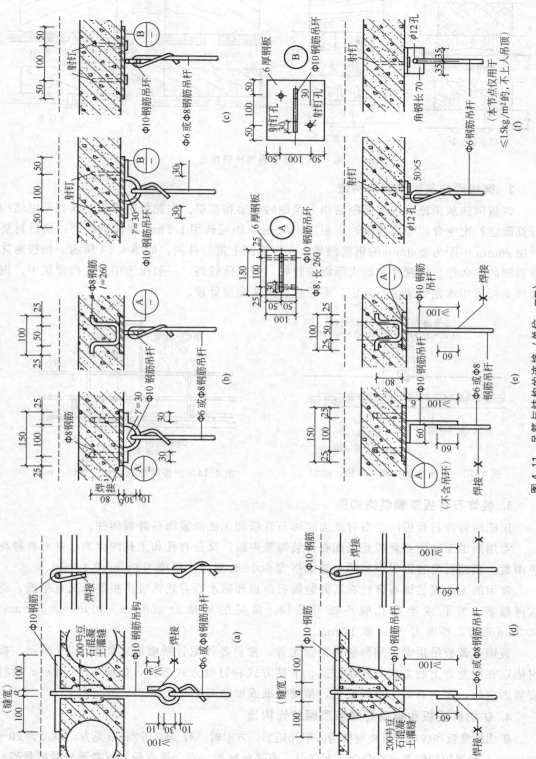

图 4.11 吊筋与结构的连接（单位：mm）

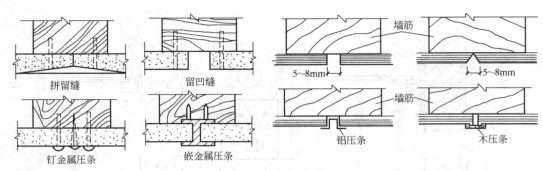

图 4.12 饰面板的拼缝构造

拼留缝　　留凹缝　　　5～8mm　墙筋　　5～8mm

钉金属压条　　嵌金属压条　　墙筋　铝压条　木压条

2. 钢板网抹灰顶棚装饰构造

钢板网抹灰顶棚采用金属制品作为顶棚的骨架和基层。主龙骨用槽钢,其型号由结构计算而定;次龙骨用等边角钢,中距为 400mm;面层选用 1.2mm 厚的钢板网;网后衬垫一层 $\phi 6$mm 中距为 200mm 的钢筋网架;在钢板网上进行抹灰,如图 4.14 所示。钢板网抹灰顶棚的耐久性、防振性和耐火等级均较好,但造价较高,一般用于中、高档建筑中。钢板网也可采用木龙骨架进行固定,而后进行抹灰饰面处理。

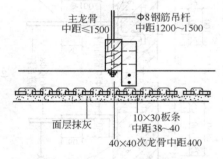

图 4.13　板条抹灰顶棚(单位:mm)

主龙骨中距≤1500　　$\phi 8$钢筋吊杆中距1200～1500
面层抹灰　　10×30板条中距38～40　40×40次龙骨中距400

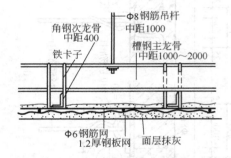

图 4.14　钢板网抹灰顶棚(单位:mm)

$\phi 8$钢筋吊杆中距1000
角钢次龙骨中距400　槽钢主龙骨中距1000～2000
铁卡子
$\phi 6$钢筋网　1.2厚钢板网　面层抹灰

3. 装饰石膏板顶棚装饰构造

顶棚用装饰石膏板的类型有纸面装饰石膏板和无纸面装饰石膏板两种。

常用的纸面装饰石膏板是纸面石膏装饰吸声板,又分有孔和无孔两大类,并有各种花色图案。纸面石膏装饰吸声板的一般规格为 600mm 见方,厚度为 9mm 或 12mm。

常用的无纸面装饰石膏板有石膏装饰吸声板和防水石膏装饰吸声板等,又有平板、花纹浮雕板、穿孔或半穿孔吸声板等品种。常见的规格为 300mm、400mm、500mm、600mm 见方,厚度为 9mm 或 12mm。

装饰石膏板吊顶常采用薄壁轻钢做龙骨,常见各种龙骨断面形式如图 4.15 所示。板材固定在次龙骨上的方式有挂结方式、卡结方式和钉结方式三种,如图 4.16 所示。板材安装固定后,要对石膏板进行刷色、裱糊壁纸或加贴面层等处理。

4. 矿棉纤维板和玻璃纤维板顶棚装饰构造

矿棉纤维板和玻璃纤维板规格为方形和矩形,方形时一般 300～600mm 见方,厚度为 20～30mm,一般采用轻型钢或铝合金 T 形龙骨,有平放搁置(完全暴露骨架或者部分暴露骨架)、复合粘接(隐蔽骨架)和企口嵌缝(部分暴露骨架)三种构造方法。如图 4.17 所示。

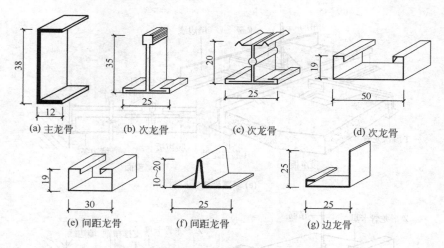

(a) 主龙骨　(b) 次龙骨　(c) 次龙骨　(d) 次龙骨

(e) 间距龙骨　(f) 间距龙骨　(g) 边龙骨

图 4.15　各种龙骨断面形式（单位：mm）

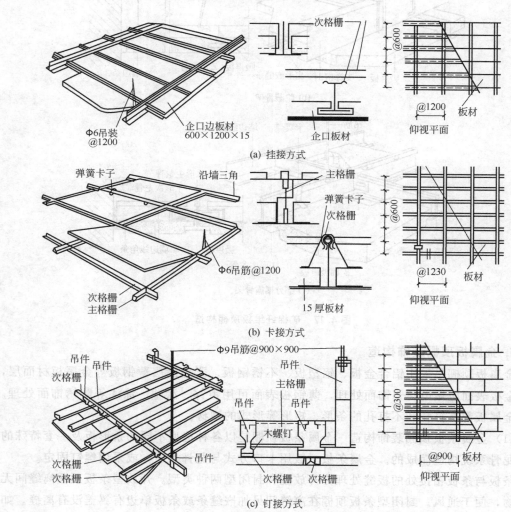

(a) 挂接方式

(b) 卡接方式

(c) 钉接方式

图 4.16　次龙骨石膏板材顶棚构造（单位：mm）

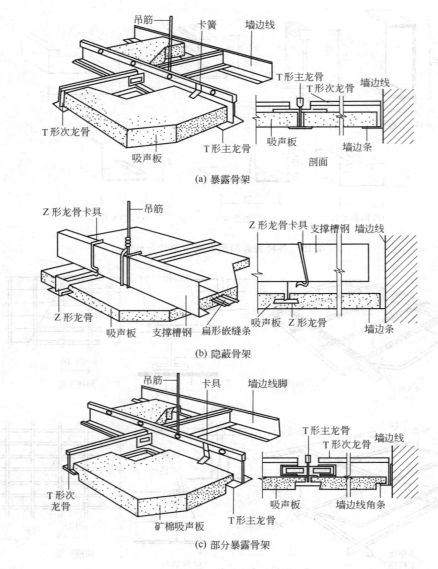

图 4.17　矿棉纤维板顶棚构造

图中标注：

(a) 暴露骨架
- 吊筋
- 卡簧
- 墙边线
- T形主龙骨
- T形次龙骨
- 墙边线
- T形次龙骨
- 吸声板
- 吸声板
- 墙边条
- T形主龙骨
- 剖面

(b) 隐蔽骨架
- Z形龙骨卡具
- 吊筋
- Z形龙骨卡具
- 支撑槽钢
- 墙边线
- Z形龙骨
- 吸声板
- 支撑槽钢
- 扁形嵌缝条
- 吸声板
- Z形龙骨
- 墙边条

(c) 部分暴露骨架
- 吊筋
- 卡具
- 墙边线脚
- T形主龙骨
- T形次龙骨
- 墙边线
- T形次龙骨
- 矿棉吸声板
- T形主龙骨
- 吸声板
- 墙边线角条

5. 金属板顶棚装饰构造

金属顶棚是采用铝合金板、铝塑板、不锈钢板、彩色涂层薄钢板等金属板材面层，铝合金板表面应做电化铝饰面处理，薄钢板表面可用镀锌、涂塑、涂漆等防锈饰面处理。两类金属板都有打孔和不打孔的条形、矩形等形式的型材。

（1）金属条板顶棚装饰构造　金属条板顶棚是以各种造型不同的条形板及一套特殊的专用龙骨系统构造而成的。金属条板一般用卡口方式与龙骨相连，或采用螺钉固定。

条板与条板相接处的板缝处理分开放型和封闭型两种类型。开放型条板顶棚离缝间无填充物，便于通风。封闭型条板顶棚在离缝间另加嵌缝条或条板单边有翼盖没有离缝。如果是保温吸声顶棚，可在金属饰面板上部内衬矿棉或玻璃棉等保温吸声材料，也可用穿孔条板，以加强吸声效果。

表 4.2 是几种常用条形板吊顶龙骨和面板形式。

表 4.2　条形板吊顶龙骨和面板形式

龙　骨	基本板	插缝板	靠墙板	棚面形式

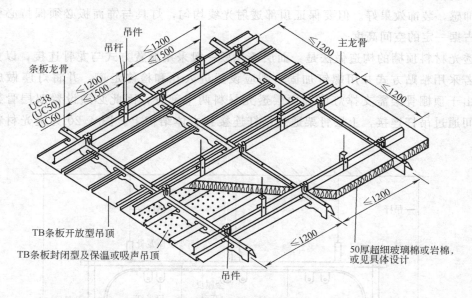

金属条板顶棚属于轻型不上人的顶棚，当顶棚上承受重物或上人检修时，一般采用以角钢（或圆钢）代替吊筋，并增加一层 U 形（或 C 形）主龙骨（双层主龙骨）的方法。

图 4.18 为铝合金条板顶棚构造。

图 4.18　铝合金条板顶棚构造（单位：mm）

（2）金属方板顶棚装饰构造　金属方板顶棚以各种造型不同的方形板及一套特殊的专用龙骨系统构造而成的。金属方板安装的构造有龙骨式和卡入式两种。龙骨式多为 T 形龙骨、方板四边带翼缘，搁置后形成格子形离缝。卡入式的金属方板卷边向上，形同有缺口的盒子形式，一般边上扎出凸出的卡口，卡入有夹翼的龙骨中。图4.19为铝合金方板顶棚构造。

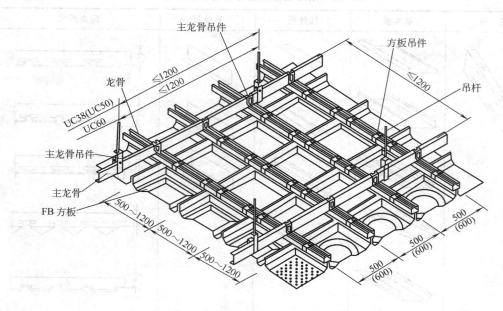

图4.19　铝合金方板顶棚构造（单位：mm）

（3）透光材料顶棚装饰构造　透光材料顶棚是指顶棚饰面板采用彩绘玻璃、磨砂玻璃、有机玻璃片等透光材料的顶棚。透光材料顶棚整体透亮、光线均匀，减少了室内空间的压抑感，装饰效果好。但要保证顶部透射光线均匀，灯具与饰面板必须保持必要的距离，占据一定的空间高度。

透光材料顶棚的构造做法是：面层透光板一般采用搁置方式与龙骨连接，以方便检修，若采用粘贴方式并用螺钉加固，则应设置进人孔和检修走道，并将灯座做成活动式；由于顶棚骨架需支撑灯座和面层透光材料两个部分，因此必须设置双层骨架，上下之间通过吊杆连接，上层骨架通过吊杆连接到主体结构上。图4.20为透光材料顶棚构造。

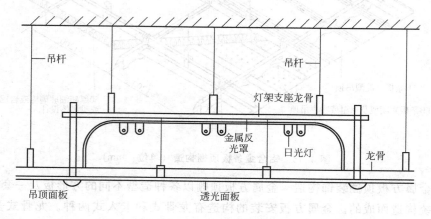

图4.20　透光材料顶棚构造

第四节
格栅类顶棚装饰构造

一、格栅类顶棚特点

格栅类顶棚又称开敞式吊顶，是在藻井式顶棚的基础上发展形成的一种独立的体系，表面开口，既有遮又有透的感觉，减少了吊顶的压抑感；格栅类顶棚与照明布置的关系较为密切，常将单体构件与照明灯具的布置结合起来，增加了吊顶构件和灯具的艺术功能，格栅类顶棚也可做自然采光用；格栅类顶棚具有其他形式的吊顶所不具备的韵律感和通透感，近年来在各种类型的建筑中应用较多。

二、格栅类顶棚的安装构造

格栅类顶棚是通过一定的单体构件组合而成的，单体构件的类型很多，从制作材料看，有木材构件、金属构件、灯饰构件及塑料构件等。预拼安装的单体构件是通过插接、挂接或榫接的方法连接在一起的，如图 4.21 所示。

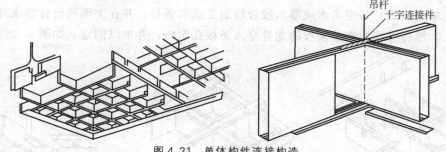

图 4.21　单体构件连接构造

格栅类吊顶的安装构造，可分为两种类型：一种是直接固定法，将单体构件固定在可靠的骨架上，然后再将骨架用吊筋与水平承重结构相连固定，如图 4.22（a）所示；另一种是间接固定法，对于用轻质、高强材料制成的单体构件，不用骨架支持，而直接用吊筋与水平承重结构相连固定，这种预拼装的标准构件的安装简单，在实际工程中，为了减少吊筋的数量，通常先将单体构件用卡具连成整体，再通过通长的钢管与吊筋相连固定就位，如图 4.22（b）所示。

三、木格栅顶棚装饰构造

木格栅吊顶所使用的木质材料是原木、胶合板、防火板及各种新型木质材料。由于木

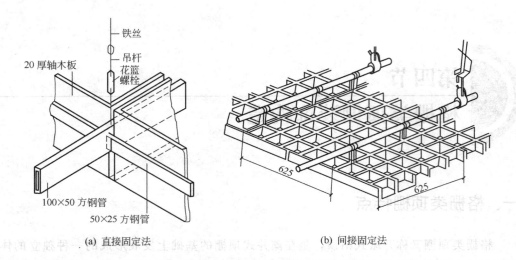

铁丝

20厚轴木板

吊杆
花篮
螺栓

100×50 方钢管

50×25 方钢管

625

625

(a) 直接固定法   (b) 间接固定法

图 4.22　格栅类吊顶的安装构造（单位：mm）

材的可燃烧性，在某些防火要求高的建筑中使用受到一定的限制，如果使用必须做好防火处理。

　　木制单体构件的造型多样，可形成不同风格的木格栅顶棚饰面。木结构单体构件分为以下几种。

　　(1) 单板方框式　是用宽度为 120～200mm，厚度为 9～15mm 的木胶合板拼接而成，板条之间采用凹槽插接。凹槽深度为板条宽度的一半，板条插接前应在槽口处涂刷白乳胶，如图 4.23 所示。

　　(2) 骨架单板方框式　是用方木做成框骨架，然后将按设计要求加工成的厚木胶合板与木骨架固定，如图 4.24 所示。

　　(3) 单条板式　是用实木或厚木胶合板加工成木条板，并在上面按设计要求开出方孔或长方孔，然后将作为支撑条板的龙骨穿入条板孔洞内，并加以固定，如图 4.25 所示。

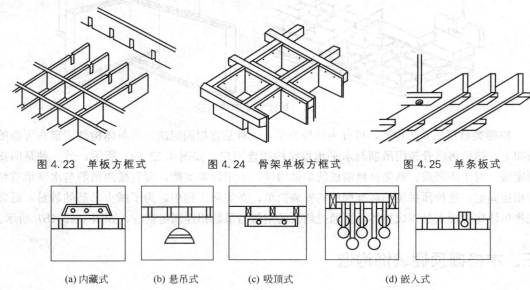

图 4.23　单板方框式　　　图 4.24　骨架单板方框式　　　图 4.25　单条板式

(a) 内藏式　　(b) 悬吊式　　(c) 吸顶式　　(d) 嵌入式

图 4.26　灯具布置示意

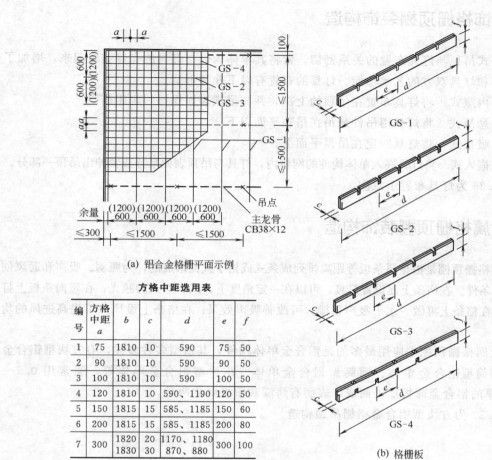

(a) 铝合金格栅平面示例

方格中距选用表

编号	方格中距 a	b	c	d	e	f
1	75	1810	10	590	75	50
2	90	1810	10	590	90	50
3	100	1810	10	590	100	50
4	120	1810	10	590、1190	120	50
5	150	1815	15	585、1185	150	60
6	200	1815	15	585、1185	200	80
7	300	1820 1830	20 30	1170、1180 870、880	300	100

(b) 格栅板

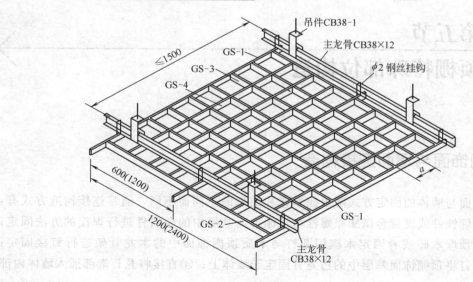

(c) 透视

图 4.27 方块型铝合金格栅吊顶构造（单位：mm）

四、灯饰格栅顶棚装饰构造

格栅式吊顶与灯光布置的关系密切，常将其单体构件与灯具的布置结合起来，增加了吊顶构件和灯具双方的艺术功能。灯具的布置有以下几种形式。

（1）内藏式　将灯具布置在吊顶的上部，并与吊顶表面保持一定距离。

（2）悬吊式　将灯具用吊件悬吊在吊顶平面以下。

（3）吸顶式　将灯具固定在吊顶平面上。

（4）嵌入式　将灯具嵌入单体构件的网格内，灯具与吊顶表面平齐或者伸出吊顶一部分。

图 4.26 为灯具布置示意图。

五、金属格栅顶棚装饰构造

金属格栅顶棚是由金属条板等距离排列成条式或格子式而形成的，为照明、吸声和通风创造良好的条件。在格条上面设置灯具，可以在一定角度下，减少对人的眩光；在竖向条板上打孔，或者在格条上再做一水平吸声顶棚，可改善吸声效果；在格条上设风口可提高进风的均匀度。

在金属格栅顶棚中应用最多的是铝合金单体构件，其造型多种多样，有方块型铝合金单体、方筒型铝合金单体、圆筒型铝合金单体、花片型铝合金单体等，通常用 0.5～0.8mm 厚的铝合金薄板加工而成，表面有烤漆和阳极氧化两种。

图 4.27 为方块型铝合金格栅吊顶构造。

第五节
顶棚特殊部位构造

一、顶棚饰面与墙面连接构造

顶棚饰面与墙体的固定方式随顶棚形式和类型的不同而不同，通常连接构造方式有：①在墙内预埋铁件或埋置金属膨胀螺栓与顶棚饰面基层中的金属件进行焊接的方法固定；②在墙体内预埋木砖或者固定木楔用圆钉与木质顶棚饰面中的木龙骨架进行钉接固定；③直接用射钉将顶棚饰面基层中的边龙骨固定于墙体上；④直接将龙骨端部插入墙体内部进行固定。

端部造型处理形式如图 4.28 所示，其中图（c）所示的方式中，交接处的边缘线条一般还需另加木制或金属装饰压条处理，可与龙骨相连，也可与墙内预埋件连接，图 4.29

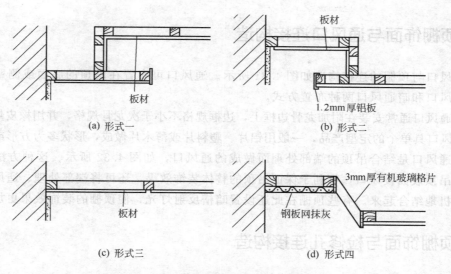

(a) 形式一

(b) 形式二

板材

1.2mm厚铝板

板材

3mm厚有机玻璃格片

钢板网抹灰

(c) 形式三

(d) 形式四

图 4.28 顶棚与墙体交接端部造型处理形式

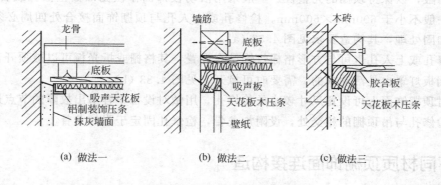

龙骨

底板

吸声天花板

铝制装饰压条

抹灰墙面

墙筋

底板

吸声板

天花板木压条

壁纸

木砖

胶合板

天花板木压条

(a) 做法一

(b) 做法二

(c) 做法三

图 4.29 顶棚边缘装饰压条做法

是边缘装饰压条的几种做法。

二、顶棚饰面与灯具连接构造

顶棚饰面上安装的灯具有与顶棚直接结合的（如吸顶灯等）和与顶棚不直接结合的（如吊灯等）两种类型。灯具安装的构造方式应与灯具的种类相适应。

吊灯通过吊杆或吊索悬挂在顶棚下面，吊灯可安装在水平承重结构上、安装在次龙骨上或补强龙骨上。若为吊顶棚，可在安装顶棚同时安装吊灯，吊杆可直接固定在天花板次龙骨上，或者次龙骨间附加龙骨上。

吸顶灯是直接固定在顶棚平面上的灯具，小吸顶灯直接连接在顶棚龙骨上，大型吸顶灯要从水平承重结构层单设吊筋，增设附加龙骨。

嵌入式灯具应在需要安装灯具的位置，用龙骨按灯具的外形尺寸围合成孔洞边框，此边框既作为灯具安装的连接点，也作为灯具安装部位局部补强龙骨。图 4.30 为几种灯具与顶棚的连接构造。

三、顶棚饰面与通风口连接构造

通风口与顶棚的连接构造如图 4.31 所示。通风口可布置在吊顶的底面或侧壁上，即有明通风口和暗通风口两种布置方式。

明通风口通常安装在附加龙骨边框上，边框规格不小于次龙骨规格，并用橡皮垫做减噪处理。风口具单个的定型产品，一般用铝片、塑料片或薄木片做成，形状多为方形或圆形。

暗通风口是结合吊顶的端部处理而做成的通风口，如图 4.32 所示。这种方法不仅避免了在吊顶表面设风口，有利于保证吊顶的整体装饰效果，还可将端部处理、通风和效果三者有机地结合起来。有些顶棚在此还设置暗槽反射灯光，使顶棚的装饰效果更加丰富。

四、顶棚饰面与检修孔连接构造

顶棚饰面上检修孔的设置与构造，既要考虑检修吊顶及吊顶内的各类设备的方便，又要尽量隐蔽，以保持顶棚的完整性。一般采用活动板饰面作顶棚饰面检修孔或者上人孔，其尺寸一般不小于 600mm×600mm，检修孔或上人孔与顶棚饰面接合处四周必须设置龙骨进行加固处理，其构造要求见图 4.33 (a)。

检修孔或上人孔也可与方形格栅灯饰结合设置，其格栅或折光板可以被顶开，上面的罩白漆钢板灯罩也是活动式的，需要时可掀开，见图 4.33 (b)。

有时顶棚饰面上可设置尺寸较小的检修孔，用做对设备中容易出故障的节点进行检修时用。检修孔与吊顶棚的相交处，设附加龙骨，检修孔固定于附加龙骨上。

五、不同材质顶棚饰面连接构造

同一顶棚上采用不同材质装饰材料的交接处收口做法有两种，即压条过渡收口和高低差过渡处理法。如图 4.34 所示。

六、不同高度顶棚饰面连接构造

顶棚往往都要通过高低差变化来达到限定空间、丰富造型、满足音响及照明设备的安置等其他特殊要求的目的。图 4.35 为高低差的典型处理方法。

七、自动消防设备安装构造

消防给水管道在吊顶上的安装，应按照安装位置用金属膨胀螺栓固定支架，放置并固定消防给水管道，然后安装顶棚龙骨和顶棚面板，留置自动喷淋头、烟感器安装口。

自动喷淋头和烟感器必须安装在吊顶饰面上。自动喷淋头必须通过吊顶饰面与自动喷淋系统的水管相接，自动喷淋头周围不能有遮挡物。此外，顶棚饰面上的有关灯具的安装位置与自动喷淋头之间距离应符合有关规范和设计的要求，如图 4.36 所示。

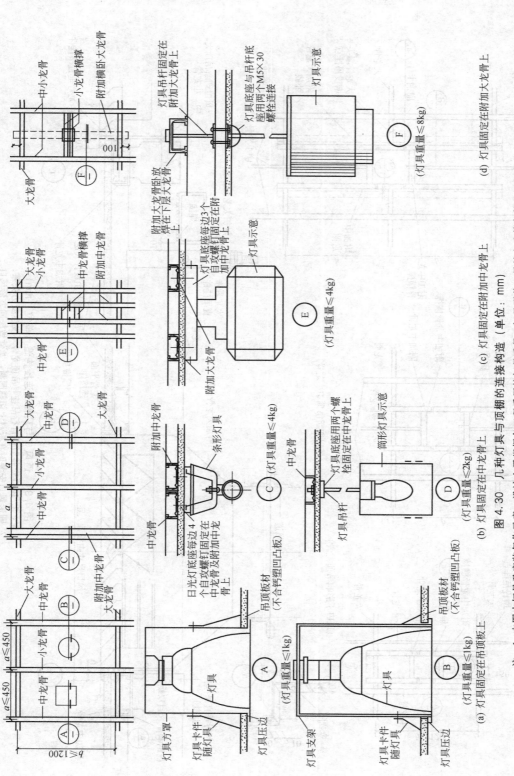

图 4.30 几种灯具与顶棚的连接构造 (单位：mm)

(a) 灯具固定在吊顶板上　(b) 灯具固定在中龙骨上　(c) 灯具固定在附加中龙骨上　(d) 灯具固定在附加大龙骨上

注：1. 本图内灯具及安装仅作示意。设计人需根据各工程采用的灯具重量、灯具形状、吊挂方式等条件选用相应节点。

2. 超重型装饰灯具（>8kg）以及有震动的电闸等，均需自行吊挂，不得与吊顶龙骨发生受力关系。

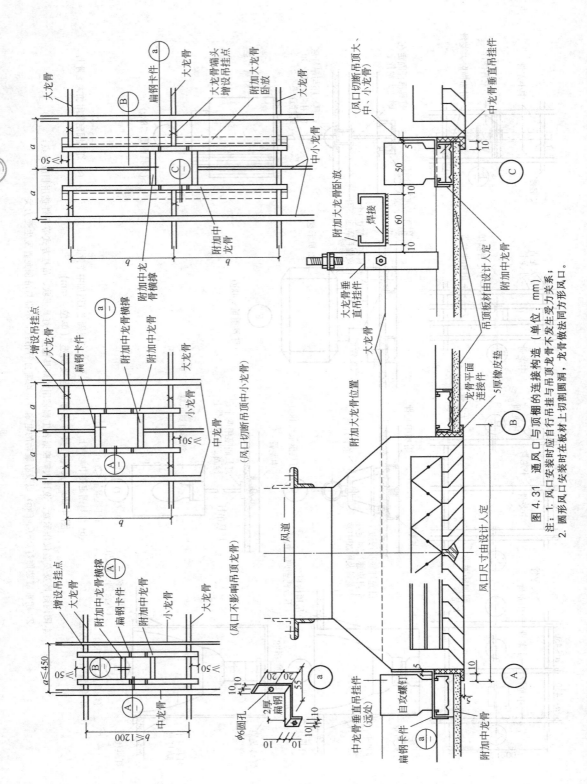

图 4.31 通风口与顶棚的连接构造（单位：mm）

注：1. 风口安装时应自行吊顶与吊顶龙骨不发生受力关系；
    2. 圆形风口安装时在板材上切割圆洞，龙骨做法同方形风口。

建筑装饰构造

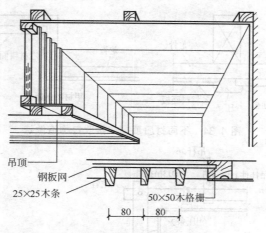

吊顶
钢板网
25×25木条
50×50木格栅

80 80

图 4.32 暗通风口（单位：mm）

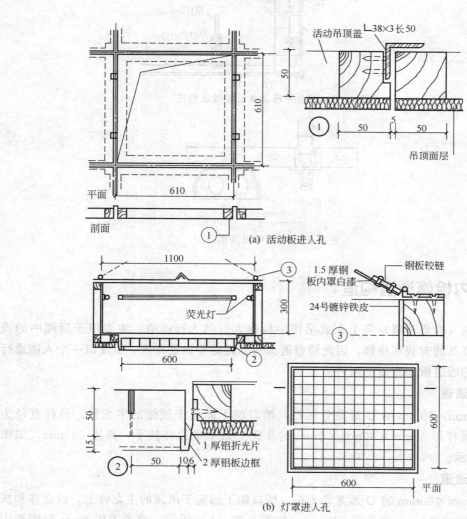

活动吊顶盖
∟38×3长50

50

50 5 50

610 吊顶面层

平面

610

剖面

①

(a) 活动板进人孔

1100

③

1.5厚钢板内罩白漆 钢板铰链

荧光灯 24号镀锌铁皮

300 ③

600

②

50

15

1厚铝折光片
2厚铝板边框

50 106

②

600

600

平面

(b) 灯罩进人孔

图 4.33 活动板进人孔与灯罩进人孔构造（单位：mm）

注：吊顶检修孔、进人孔要考虑检修方便及尽量隐蔽，如利用侧墙、灯饰或活动板等方式以保持吊顶完整。

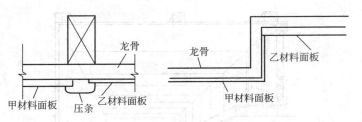

图 4.34　不同材质顶棚交接收口构造做法

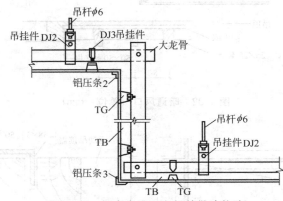

图 4.35　铝合金吊顶高低差做法构造

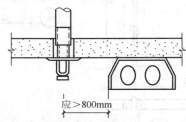

应 > 800mm

图 4.36　自动喷淋头构造

八、顶棚内检修通道构造

检修通道（检修马道）是上人式吊顶中检修人员的人行通道，主要用于顶棚中的设备、管线、灯具的安装和检修，因此检修通道应靠近这些设备布置，宽度以一个人能通行为宜。常用的通道做法有以下两种。

1. 简易通道

采用 30mm×60mm 的 U 形龙骨两根，槽口朝下固定于顶棚的主龙骨，吊杆直径为 8mm，并在吊杆焊 30mm×30mm×3mm 的角钢上做水平栏杆扶手，高度 600mm，如图 4.37（a）所示。

2. 普通通道

采用 30mm×60mm 的 U 形龙骨 4 根，槽口朝下固定于吊顶的主龙骨上，设立杆和扶手，立杆中距 1000mm，扶手高 600mm，如图 4.37（b）所示。或者采用 8mm 圆钢按中距 60mm 做踏面材料，圆钢焊于两端 50mm×50mm×5mm 的角钢上，设立杆和扶手，立杆中距 800mm，扶手高 600mm，如图 4.37（c）所示。

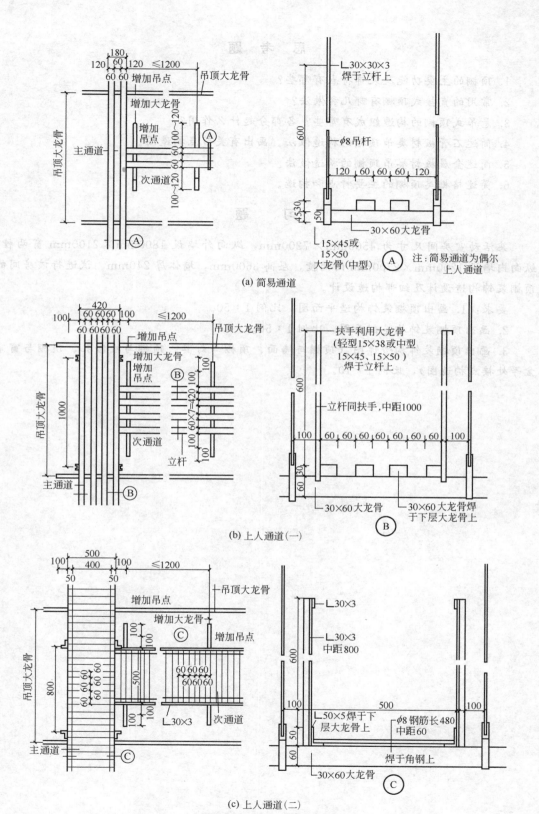

(a) 简易通道

(b) 上人通道(一)

(c) 上人通道(二)

图 4.37　顶棚内检修通道构造（单位：mm）

思 考 题

1. 顶棚的主要功能及装饰特点有哪些?
2. 常用的直接式顶棚有哪几种做法?
3. 悬吊式顶棚的构造组成有哪些? 各部分起什么作用?
4. 简述石膏板材类吊顶棚的构造做法。画出有关节点构造图。
5. 简述金属板材类吊顶棚的构造做法。
6. 简述格栅类顶棚的主要特点和构造。

习 题

某活动室房间尺寸为 4500mm×7200mm, 纵向外墙设 1800mm×2100mm 窗两樘, 纵向内墙设 1200mm×2700mm 门两樘, 层高 3600mm, 墙体厚 240mm。试进行该房间的顶棚装饰构造设计及细部构造设计。

要求: 1. 画出顶棚装饰构造平面图, 比例 1∶50。

2. 画出顶棚装饰构造剖面图, 比例 1∶50。

3. 画出顶棚装饰构造详图 (顶棚与墙面、顶棚与灯具、顶棚与检修孔、顶棚与窗帘盒等处接点构造图), 比例 1∶10。

第五章

门窗装饰构造

本章主要叙述了常见门窗的类型以及夹板木门、实木门、推拉木门、厚玻璃装饰门、自动推拉门、塑钢门及铝合金门的构造及特点，介绍了几种特殊用途的门窗构造，主要包括保温门、隔声门、防火门、商业橱窗、密闭窗等。

第一节

概述

　　门窗是建筑物中特殊的室内外分隔部件，主要作用是交通、通风和采光，根据不同建筑的特性要求，有时门窗还具有防火、保温隔热、隔声、防辐射等性能。门窗作为建筑物的组成之一，其造型、色彩和材质对建筑物的装饰效果影响也很大。

一、门窗的分类

　　门的分类方法很多，按所在的位置分为外门和内门；按使用功能分为隔声门、防火门、密闭门、防辐射门、防盗门、通风门等；根据所用材料分为木门、钢门、无框全玻璃门、塑料门、铝合金门、塑钢门及其他材料门。钢门又有实腹钢门、空腹钢门、彩板门和渗铝空腹钢门等。木门根据芯板材料分玻璃门、纱门、百叶门等。

　　窗按使用功能分为密闭窗、隔声窗、防火窗、防盗窗、避光窗、橱窗、泄爆窗、售货窗等；按材料分为木窗、钢窗、铝合金窗、不锈钢窗、塑料窗、预应力钢丝网水泥窗及其他材料窗。

二、门窗开启方式

　　门的开启方式一般有平开门、弹簧平开门、推拉门、折叠门、上翻门、升降门、卷帘门、转门等。不同开启方式的门都有其特点和一定的适用范围，选择时应综合考虑使用要求、洞口尺寸、技术经济、材料供应及加工制作条件等因素。

　　根据窗的开启方式，窗可分为平开窗、固定窗、转窗、提拉窗、折叠窗、百叶窗和推拉窗等。

三、门窗五金件

　　门窗五金件主要有拉手、合页、插销、锁具、滑轮、滑轨、自动闭门器、门挡等。

1. 拉手和门锁

　　拉手是安装在门上，便于开启操作的器具，一般有普通拉手、底板拉手、管子拉手、铜管拉手、不锈钢双管拉手、方形大门拉手、双排（三排、四排）铝合金拉手、铝合金推板拉手等，可根据造型需要选用。

　　拉手和门锁如图 5.1 所示。图 5.1（a）所示为压板与拉手，没有锁的单扇门安装压板与拉手，自由门扇则两面都安装压板；图 5.1（b）所示为把手门锁与旋钮，把手门锁是不用钥匙锁门的一种锁的类型，把旋钮转动，拉住弹簧钩锁就能打开；图5.1（c）所示为带杆式操纵柄的锁，最一般的锁是圆筒销子锁，在室外用钥匙，在室内用指旋器就能打开；图5.1（d）所示为锁上带有传统手把的（门厅的门上用）。

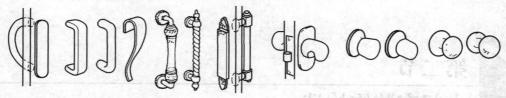

(a) 压板与拉手　　　　　　　　　　　　　　　　(b) 把手门锁与旋钮

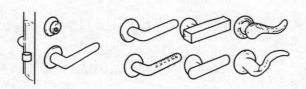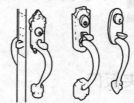

(c) 带杆式操纵柄的锁　　　　　　　　　(d) 锁上带有传统手把的（门厅的门上用）

图5.1　拉手与门锁

2. 自动闭门器

自动闭门器是能自动关闭开着的门的装置，分液压式自动闭门器和弹簧自动闭门器两类。按所安装部位不同，又可分为地弹簧、门顶弹簧、门底弹簧和弹簧门弓。如图5.2所示。

3. 门挡

防止门扇、拉手碰撞墙壁而设置的装置，如图5.3所示。

4. 门窗定位器

门窗定位器一般装于门窗扇的中部或下部，作为固定门窗扇的有风钩、橡皮头门钩、门轧头、脚踏门垫和磁力定门器等。

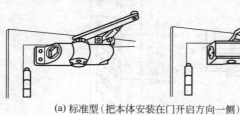

(a) 标准型（把本体安装在门开启方向一侧）

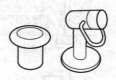

(a) 安装在地面上

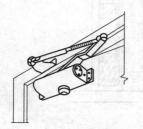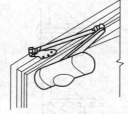

消除室内机械影响的设计

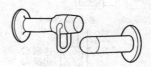

(b) 安装在宽木或墙壁上

(b) 并列型（本体安装在门的开启方向的另一侧）

图5.2　闭门器　　　　　　　　　　　　图5.3　门挡

5. 合页

一般有普通合页、插芯合页、轻质薄合页、方合页、抽心合页、单（双）管式弹簧合页、H形合页、蝴蝶合页、轴承合页、尼龙垫圈无声合页、冷库门合页、钢门窗合页等。

第二节
木门窗装饰构造

一、夹板门

夹板门的门扇中间为轻型骨架双面粘贴薄板。骨架一般是由（32～35）mm×（34～

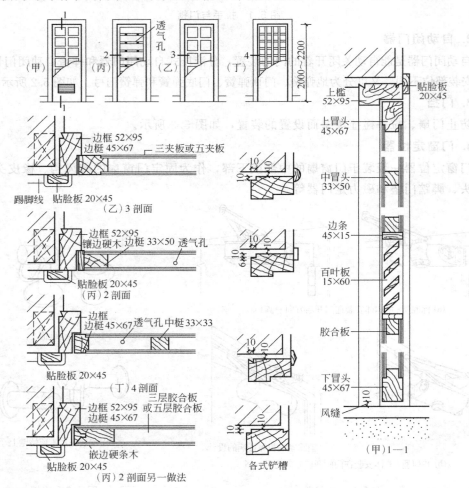

图 5.4　夹板门构造（单位：mm）

60)mm 木条构成纵横肋条，肋距为 200～400mm，也可用蜂巢状芯材即浸渍过合成树脂的牛皮纸、玻璃布或铝片经加工粘合而成骨架，两面粘贴面板和饰面层后，四周钉压边木条固定。如果对面层进行装饰（如粘贴上装饰造型线条、微薄木拼花拼色等）可丰富立面效果。在门扇上加设小玻璃窗或百叶窗，应在木架中预留孔洞，在锁具处应另加木块。夹板门自重轻、表面平整光滑、造价低，多用于卧室、办公室等处的内门，其构造如图 5.4 所示。

二、实木门

实木门一般分为实木拼板门、实木镶板门、实木框架玻璃门和实木雕刻门。

实木拼板门是用较厚的条形木板拼接成门扇。拼板门的边梃与冒头截面尺寸较大，这种门木材用量大，结实厚重，是中国传统的大门结构形式，现较少使用。

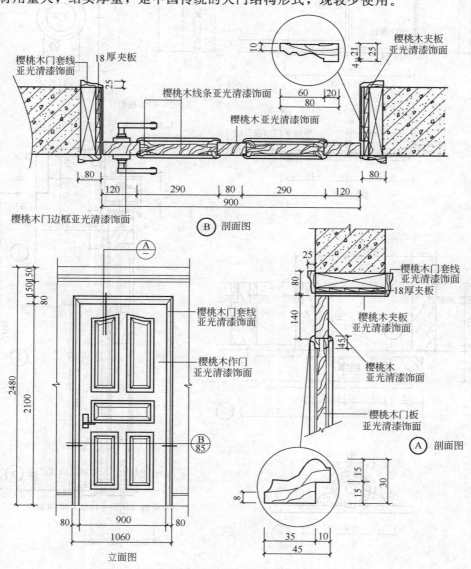

图 5.5　实木镶板门构造（单位：mm）

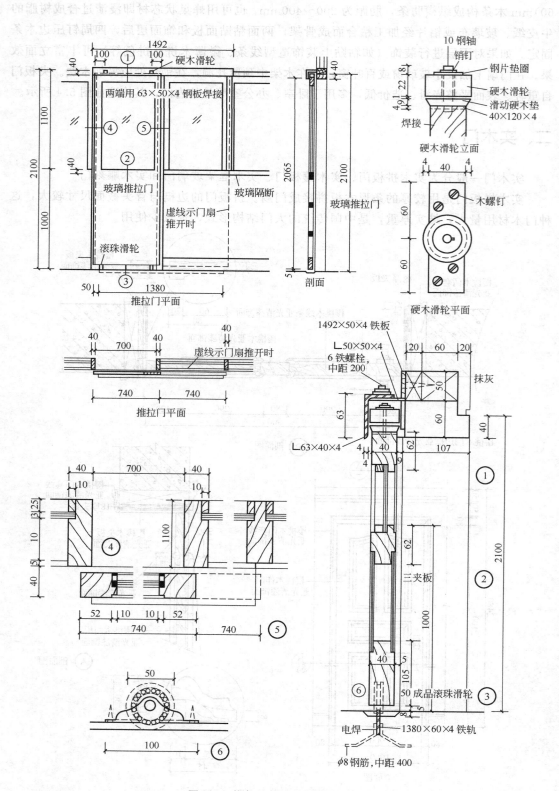

图 5.6　推拉门构造（单位：mm）

实木镶板门、实木框架玻璃门与实木雕刻门的共同之处是门扇是由边梃、冒头及门芯板组成。若门芯镶入木板即为实木镶板门，若门芯镶入玻璃即成实木框架玻璃门，若在门芯镶入的木板上雕刻图案造型，或者通过专用机械将锯末、刨花等用胶粘合压制成图案造型，即为实木雕刻门。图 5.5 为实木镶板门构造。

三、推拉木门

推拉木门是指门扇用左右推拉的方式启闭，分暗装式和明装式。推拉门必须设置吊轨和地轨，暗装式是将轨道隐藏于墙体夹层内，明装式是将轨道安装在墙面上用装饰板遮挡。

推拉门的门扇可以做成镶板门、镶玻璃门、夹板门、花格门等。推拉花格门既能分割空间又在视线上有一定的通透性，花格的造型还有独特的装饰效果。推拉门的构造如图5.6 所示。

第三节
全玻璃门装饰构造

一、厚玻璃装饰门

厚玻璃装饰门又称无框玻璃门，是用厚玻璃板做门扇，门扇可做成全玻璃门扇或者做成设置上下金属冒头（门夹）的门扇。门扇由上部的转轴铰链和下部的地弹簧进行固定，而不设置边梃。玻璃一般为厚度 10mm 以上的厚质平板白玻璃、雕花玻璃及彩印图案玻璃等，具体厚度视门扇的尺寸而定；为了确保使用者的安全，玻璃最好选用钢化玻璃或者夹层玻璃；上下冒头和门框均采用不锈钢或铝塑板或钛合金板罩面，拉手也用不锈钢或其他材料的成品件。无框玻璃门有平开式和推拉式两种，平开式为手动开启，推拉式一般为自动门。

图 5.7 为无框地弹簧玻璃门构造。

二、自动推拉门

自动推拉门的门扇采用铝合金或不锈钢做外框，也可以是无框的全玻璃门，其开启控制有超声波控制、电磁场控制、光电控制、接触板控制等。当今比较流行的是微波自动推拉门，即用微波感应自动传感器进行开启控制。若人或其他移动物体进入传感器感知范围内时，门扇自动开启；人或其他移动物体离开传感器感知范围内时，门扇自动关闭。

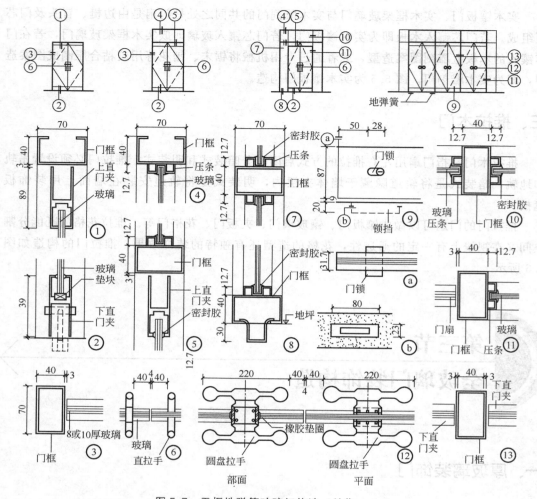

图 5.7　无框地弹簧玻璃门构造（单位：mm）

微波感应自动推拉门是由机箱（包括电动机、减速器、滑轮组、微波处理器等）、门扇、地轨三部分组成的。

微波感应自动门地面上装有导向性下轨道，其长度为开启门宽的 2 倍。自动门上部机箱部分可用 18 号槽钢或者钢制方管做支撑横梁，横梁两端与墙体内的预埋钢板焊接牢固，以确保稳定。

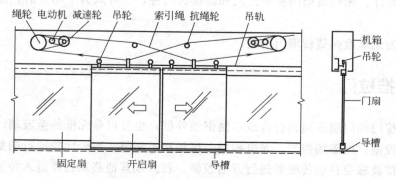

图 5.8　感应自动推拉门构造

感应自动推拉门可以免于人工开启之烦，为房间的保温、隔热起到重要作用，同时具有较好的装饰效果，宜用于人流较少、装饰高雅的宾馆、办公楼主人口处。感应自动推拉门构造如图 5.8 所示。

第四节
铝合金门窗装饰构造

铝合金门窗是将经过表面处理的铝合金型材，通过下料、打孔、铣槽、改丝、制备等

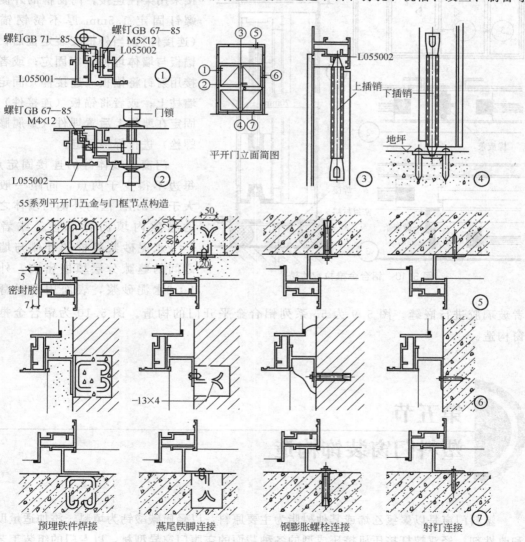

55系列平开门五金与门框节点构造

平开门立面简图

预埋铁件焊接　　燕尾铁脚连接　　钢膨胀螺栓连接　　射钉连接

图 5.9　55 系列铝合金平开门构造（单位：mm）

加工工艺而制成的门窗框料构件，与连接件、密封件、启闭五金件一起组合装配而成的。具有自重轻、强度高、密封性好、变形性小、色彩多样、表面美观、耐蚀性好、易于保养、工业化程度高等优点，因此得到了广泛的使用。

铝合金门窗根据开启方式的不同，可分为推拉门、推拉窗、平开门、平开窗、固定窗、悬挂窗、回转门、回转窗等；按门窗型材截面的宽度可分为许多系列，常用的有 25、40、45、50、55、60、65、70、80、90、100、135、140、155、170 系列等；根据氧化膜色泽的不同又有银白色、金黄色、青铜色、古铜色、黄黑色等类型。

铝合金门窗料的壁厚对门窗的耐久性及工程造价影响较大，一般建筑装饰所用的窗料板壁厚度不宜小于 1.6mm，门壁厚度不宜小于 2.0mm。

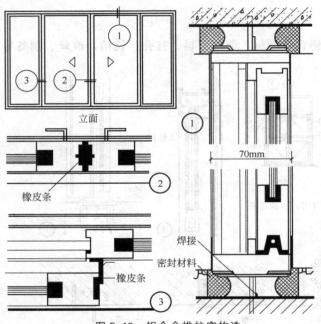

铝合金门窗安装采用预留洞口后安装的方法，门窗框与洞口的连接采用柔性连接，门窗框的外侧用螺钉固定 1.5mm 厚不锈钢锚板（连接件），当外框安装定位后，将锚板与墙体埋件焊牢固定；或者直接用射钉将锚板（连接件）固定在墙柱上；或者将锚板（连接件）与固定在墙柱上后置埋件（金属膨胀螺栓）进行焊接固定。

门窗与墙体等的连接固定点，每边不得少于两点，间距一般不大于 0.5m。框的外侧与墙体之间的缝隙内填沥青麻丝，或者用 1：2 水泥砂浆将框的外侧与墙体之间的缝隙分层填嵌密实，外抹 1：2 水泥砂浆，表面用密封膏或

图 5.10 铝合金推拉窗构造

者玻璃胶进行嵌缝。图 5.9 为 55 系列铝合金平开门的构造。图 5.10 为铝合金推拉窗构造。

第五节
塑料门窗装饰构造

塑料门窗是以聚氯乙烯或其他树脂为主要原料，以轻质碳酸钙为填料，添加适量助剂和改性剂，经双螺杆挤压机挤压成型的各种截面的空腹门窗异型材，以专门的组装工艺将异型材组装而成。由于塑料的刚度较差，一般在空腹内嵌装型钢或铝合金型材进行加强，

从而增强了塑料门窗的刚度，因此，塑料门窗又称为"塑钢门窗"或者"塑铝门窗"。

塑料门窗在密闭性（水密性与气密性）、耐腐蚀性、保温隔热性、隔声性、耐低温、阻燃、电绝缘性等方面性能良好，均优于铝合金门窗、木门窗和钢门窗，且造型美观，是一种应用范围广泛的门窗。此外，塑料门窗在使用过程中也无需油漆维护。

塑料门窗的种类很多，按原材料的不同可以分为：以聚氯乙烯树脂为主要原料的钙塑门窗（又称"硬PVC门窗"）；以改性聚氯乙烯为主要原料的改性聚氯乙烯门窗（又称"改性PVC门窗"）；以合成树脂为基料、以玻璃纤维及其制品为增强材料的玻璃钢门窗等。

塑料门窗的异型材一般按用途分为主型材和副型材。主型材在门窗结构中起主要作用，截面尺寸较大，如框料、扇料、门边料、分格料、门芯料等；副型材是指在门窗结构中起辅助作用的材料，如玻璃条、连接管及制作纱扇用的型材等。

塑钢门窗框与洞口的连接安装构造与铝合金门窗基本相同，门窗框与墙体的连接固定方法有连接件法、直接固定法和假框法三种，如图5.11所示。

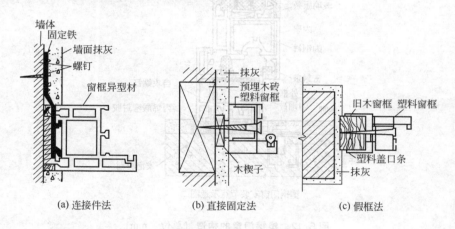

图5.11　塑钢门窗框与墙体的连接固定

连接件法是用一种专门制作的铁件把门窗框与墙体连接一起，做法是将固定在门窗框型材靠墙一面的锚固铁件用螺钉或膨胀螺钉固定在墙上，这种方法既经济又可以保证门窗的稳定性，门窗框安装简便、易操作，是我国目前运用较多的一种方法。

直接固定法是砌筑墙体时，先将木砖（防腐处理）预埋于门窗洞口设计位置处，当塑料门窗安入洞口并定位后，用木螺钉直接穿过门窗框与预埋木砖进行连接，从而固定门窗框。

假框法是在门窗洞口内安装一个与塑料门窗框配套的镀锌铁皮金属框，或者当木门窗换成塑料门窗时保留原来木门窗框，将塑料门窗框直接固定在原来框上，最后再用盖口条对接缝及边缘部分进行装饰。图5.12为塑钢门窗的构造。

由于塑料的膨胀系数较大，塑料门窗框与墙体间应留出一定宽度的缝隙，缝隙宽度一般取10~20mm；门窗框与墙体间缝隙用泡沫塑料条或者油毛毡卷条或者硅橡胶嵌缝条填塞，填塞不宜过紧，以免门窗框体变形。门窗框四周的内外间缝隙应用密封胶或者玻璃胶进行密封处理。但应当注意的是：不宜用水泥砂浆填嵌缝隙；也不宜用沥青麻丝填嵌缝隙，沥青类材料易使塑料软化。

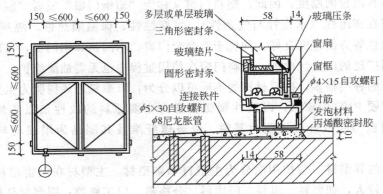

塑钢门窗安装节点示意图一

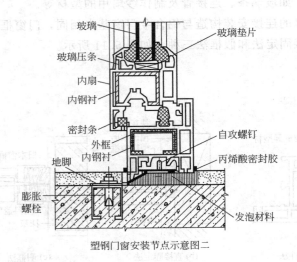

塑钢门窗安装节点示意图二

图 5.12　塑钢门窗的构造（单位：mm）

第六节
特种门窗装饰构造

一、密闭窗

　　密闭窗用于有防尘、保温、隔声等要求的房间。密闭窗的构造应尽量减少窗缝（包括墙与窗框之间、窗框与窗扇之间、窗扇与玻璃之间的缝隙），对缝隙采取密闭措施，选用适当的窗扇及玻璃的层数、间距、厚度，以保证达到密闭效果。

　　对缝隙一般用富有弹性的垫料嵌填，如毛毡、厚绒布、橡胶、海绵橡胶、硅橡胶、聚

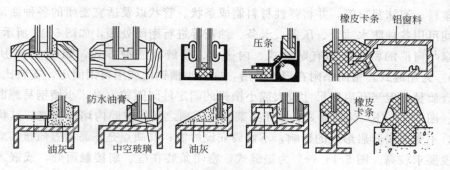

图 5.13　玻璃与窗扇间密闭处理构造

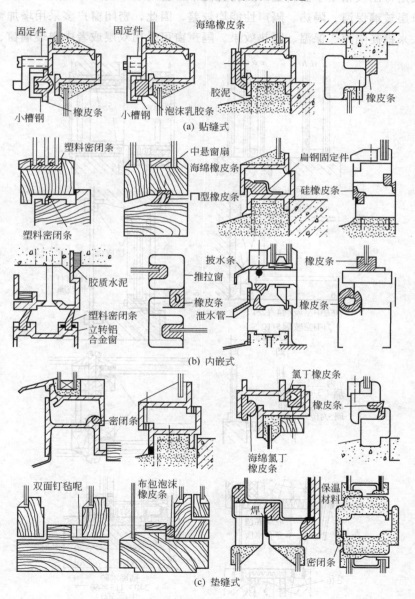

(a) 贴缝式

(b) 内嵌式

(c) 垫缝式

图 5.14　窗扇与窗框的密闭处理构造

氯乙烯塑料、泡沫塑料等，并将弹性材料制成条状、管状以及适宜密闭的各种断面。玻璃与窗扇间可用各种防水油膏、压条、卡条、油灰等进行密闭处理，如图 5.13 所示。

　　窗扇与窗框的密闭处理有贴缝式、内嵌式、垫缝式三种方式，如图 5.14 所示。图 5.14（a）为贴缝式，密闭条附在窗框外沿，嵌入小槽钢内或用扁钢固定，安装比较简单，便于检查质量，但当开启扇尺寸较大或小槽钢的固定件间距较大时，小槽钢易翘曲影响密闭质量。图 5.14（b）为内嵌式，密闭条装在框、扇之间的空腔内堵住窗缝，其优点是构造简单，不受窗扇开启形式的影响，不妨碍安设纱窗；其缺点是不易检查质量，对制作安装的精度要求较高。图 5.14（c）为垫缝式，密闭条装在框、扇接触面处，或嵌入窗料的小槽中，或用特制胶粘贴于窗料上，其构造简单，密闭效果较好，但加工精度要求较高。

　　由于单层玻璃保温、隔热、隔声性能均较差，因此，密闭窗户多采用增加窗扇或玻璃层数的做法来提高隔声、保温、隔热效果。隔声窗可采用双层或者中空玻璃窗、双层及三

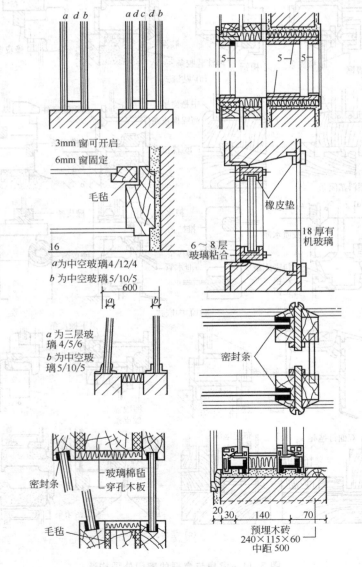

图 5.15　隔声窗构造（单位：mm）

146

层玻璃窗。对于隔声窗，其双层玻璃间距为 80～100mm，玻璃安装在弹性材料上，在窗四周应设置吸声材料，或将其中一层玻璃斜置，以防止玻璃间的空气层发生共振现象，如图 5.15 所示。

二、隔声门

隔声门常用于室内噪声要求较低的房间中，如播音室、录音室等。其主要的构造问题是保证门扇的隔声能力和门缝隙密闭性能。

隔声门的隔声效果与门扇的隔声量、门扇缝隙的密闭处理有关。隔声门门扇越重，隔声效果越好，但过重又不便于开启，且易损坏。可通过采用多层复合结构、合理利用空腔构造及吸声材料的方法来提高门扇的隔声效果。饰面材料采用整体板材，如硬质木纤维板、胶合板、钢板等，不宜采用拼接的木板。图 5.16 是几种常见的隔声门扇构造。

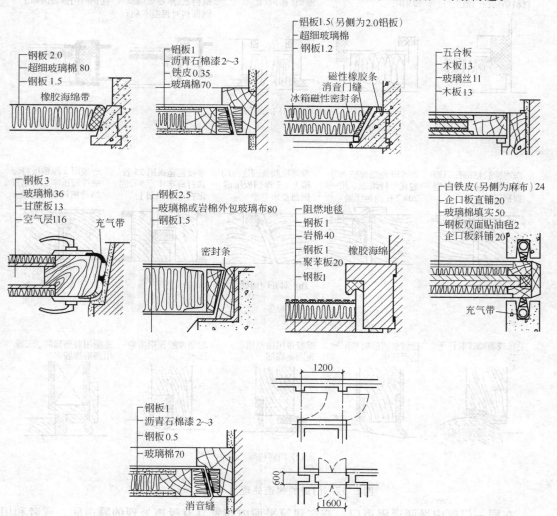

图 5.16　隔声门门扇构造

隔声门的门缝隙之间应密闭而连续，主要应考虑门扇与门框之间、对开门门扇之间以及门扇与地面之间的缝隙处理，如在门体缝隙处固定橡胶密封条等，门体缝隙处理构造如图 5.17 所示。

橡胶管外侧在铁钉处切小口用铁钉固定

φ8 橡胶条钉在门框或门扇上
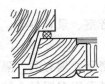

羊毛毡条或软橡胶条嵌入门框

20×30 泡沫塑料条嵌入门框用胶粘牢

3 厚羊毛毡包 1 厚羊皮裁口处压 15 宽镀锌铁皮

海绵橡胶或其他保温材料粘贴在门框上

泡沫乳胶粘贴在薄壁槽钢内

橡胶条两道固定在薄壁钢门门扇上

软橡胶条粘贴在钢门框料上（单层玻璃及钢框料对保温不利）

海绵橡皮条分别粘贴在钢门门框及门扇上
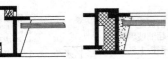

(a) 门框与门扇缝隙

海绵橡胶粘贴在门扇上，用另扇上的异型扁钢压紧
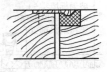

20×30 海绵橡胶条外包化学纤维布，用一20×2 在两侧压紧

海绵橡胶条固定在门扇上，2 厚钢板压缝，板面要求平滑

羊皮包毡条用 25 长铁钉钉牢中距 50，固定在一个门扇上
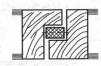

一扇用 2 厚钢板将海绵橡胶压牢，另扇钉 26 号镀锌铁皮压条
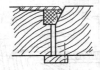

(b) 对开门扇缝隙

毛毡或海绵橡胶钉于门底
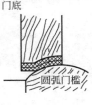
圆弧门槛

橡胶条或厚帆布用薄钢板压牢

薄钢板

橡胶带用扁钢固定，先固定底部

定型橡胶管用木条压牢

盖缝用普通橡胶，压缝用海绵橡胶

(c) 门底缝隙

图 5.17　门缝的构造处理（单位：mm）

在同一门框中做两道隔声门，或在建筑平面内布置具有吸声处理的隔声间，或者利用门斗、门厅、前室作为隔声间，这些都是提高隔声效果的好办法。

图 5.18 为钢隔声门构造。

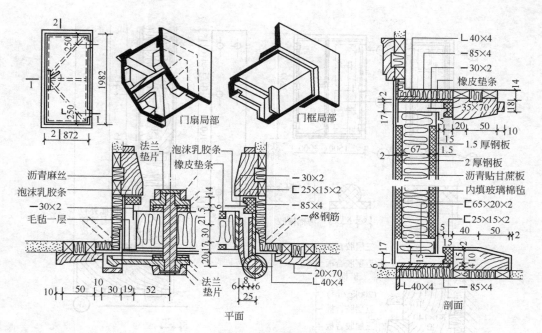

图 5.18　钢隔声门构造（单位：mm）

三、保温门

保温门主要用于有恒温、恒湿要求的空间，其构造要点是保证门扇的保温性能和门缝隙密闭性能。保温门门扇一般采用质轻、疏松多孔、容重小的材料分层叠合，以填充保温门门扇的内部空间；或合理利用保温门门扇的内部空腔（一般厚度 30mm 左右）构造来达到门扇的保温效果。保温门门扇与门框之间、对开门门扇之间以及门扇与地面之间的缝隙处理同隔声门。

图 5.19 是几种常见的保温门扇及热阻值。图 5.20 为胶合板保温门构造。

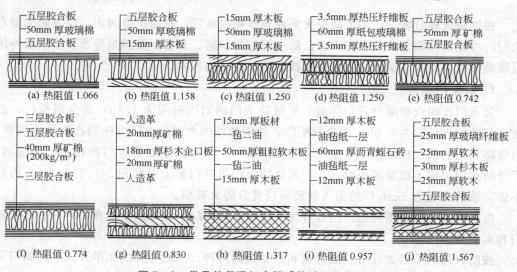

图 5.19　常见的保温门扇组成构造及热阻值

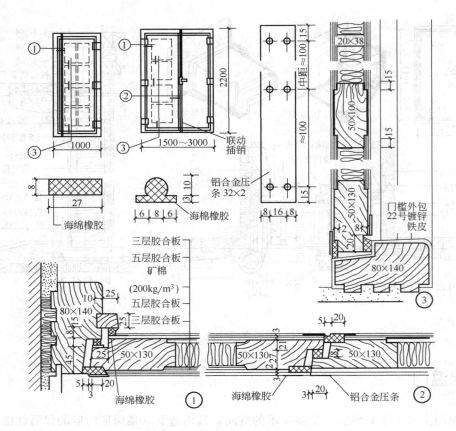

图 5.20　胶合板保温门构造（单位：mm）

注：1. 节榫及门板拼装满涂鱼胶，做到无空隙、裂缝；
　　2. 墙体与门框、门框与门扇之间必须严密无缝，海绵橡胶压缩贴实。

四、防火门

根据防火规范要求，为了减少火灾在建筑物内蔓延，在建筑空间内，设置防火墙和防火门，将建筑物划分成几个防火区。防火门应与烟感、光感、温感报警器和喷淋器等消防报警装置配套设置，洞口高度和宽度按建筑标准常用尺寸。

1. 防火门类型

防火门按耐火极限分三个等级：甲级防火门的耐火极限为 1.2h，为全钢板门；乙级防火门的耐火极限为 0.9h，为全钢板门，性能较好的木制防火门可达到乙级防火门要求；丙级防火门的耐火极限为 0.6 小时，为全钢板门，大多数木制防火门都在这一级范围内。甲级防火门门扇不设玻璃小窗，乙、丙级防火门可在门扇上设面积不大于 200cm² 的玻璃小窗，玻璃必须为 5mm 厚的为夹丝玻璃或复合防火玻璃。

按面材及芯材的不同防火门可分为木板铁皮防火门、骨架铁皮填充防火门、钢制防火门和木质防火门等。

按防火门的开启方式有一般开关和自动关闭两种。一般开关的如平开式、弹簧门和推拉式。自动关闭防火门常悬挂于倾斜的铁轨上，门宽应较门洞每边大出至少 100mm 以上，门旁另设平衡锤，用钢缆将门拉开，钢缆另一端装置易熔性合金片，以易熔性材料焊接，连于门框边上，当起火温度上升时，金属片熔断，门即沿倾斜铁轨自动下滑关闭。

2. 防火门构造

木质防火门是采用优质的云杉，经过难燃化学浸渍处理后做成门扇骨架，面板采用涂有防火漆的阻燃胶合板或镀锌铁皮，内填阻燃材料而成。

钢木质防火门是采用钢木组合制造，门扇采用钢骨架，面板采用阻燃胶合板，内填阻燃材料，门扇总厚度为45mm，门框料采用1.5mm厚钢板冷弯成型。

钢质防火门是采用优质冷压钢板，经冷加工成型。一般采用框架组合式结构，门扇料钢板厚度为1mm，门框料厚度为1.5mm，门扇总厚度为45mm，钢板经过防锈处理后，表面涂有防火漆以进行防火处理。根据需要配置耐火轴承合页、不锈钢防火门锁、闭门器、电磁释放开关等。这种防火门整体性好，高温状态下支撑强度高。

常见几种防火门的构造层次及耐火极限如图5.21所示。图5.22为平开式防火门构造。

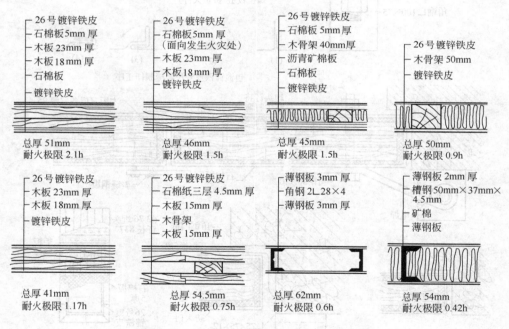

图 5.21　几种防火门的构造层次及耐火极限

五、防火卷帘门

防火卷帘门是由帘板、卷筒体、导轨、电力传动等部分组成。帘板由1.5mm的钢带轧制成C形钢扣片，重叠联锁而成。也可采用钢质L形串联式组合构造。这种门刚度和密闭性能优异，还可配置温感、烟感、光感报警系统和水幕喷淋系统。

防火卷帘门一般安装在墙体预埋铁件上或混凝土门框预埋件上，其构造如图5.23所示。

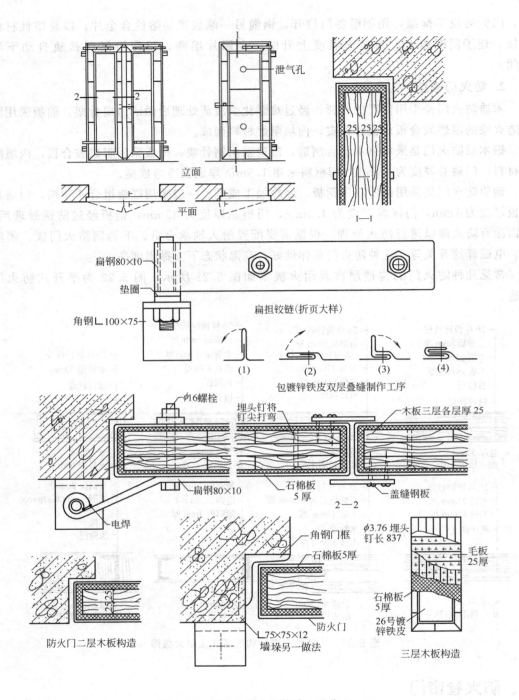

图 5.22 平开式防火门构造（单位：mm）

六、商业橱窗

商业橱窗是商业建筑展示商品或进行宣传摆放展品的专用窗，应具有一定的陈列空间、人员入口、照明灯具、通风口、大面积玻璃和防护栏等。橱窗构造设计主要应考虑橱窗尺度，橱

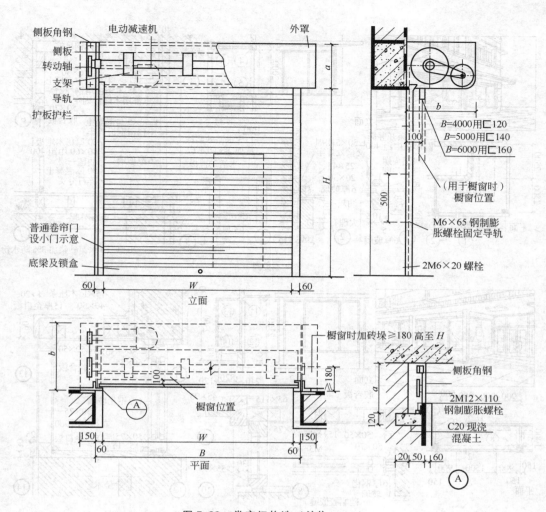

图 5.23 卷帘门构造（单位：mm）

窗的防雨和遮阳，与营业厅通风、采光的关系，冷凝水的排除，橱窗灯光布置等问题。

橱窗尺度主要根据陈列品的性质和品种而定，一般陈列面的高度距室外地坪 300～450mm，最高 800mm，同时距离室内地面不小于 200mm，橱窗深度一般 600～2000mm。

沿街橱窗一般依两柱或砖墩间设置，也可设在外廊内。

橱窗框料有木、钢、铝合金、不锈钢、塑料等品种，断面尺寸根据橱窗大小和装玻璃有无填料而定。橱窗的玻璃一般厚度 6～12mm，最好选用钢化玻璃或者夹层玻璃等安全玻璃，玻璃间可平接，过高时可用铜或金属夹逐段连，也可加设中槛（横档）分隔。安装较大玻璃最好采用橡皮、泡沫塑料、毛毡等填条，以免破碎。此外，也可采用全玻璃幕墙的做法设计橱窗，橱窗只由面玻璃和肋玻璃组成橱窗的面层。

橱窗构造如图 5.24 所示。

七、金属转门

金属转门是一种装饰性较强的门，主要适用于宾馆、酒店、银行、机场候机大厅等高

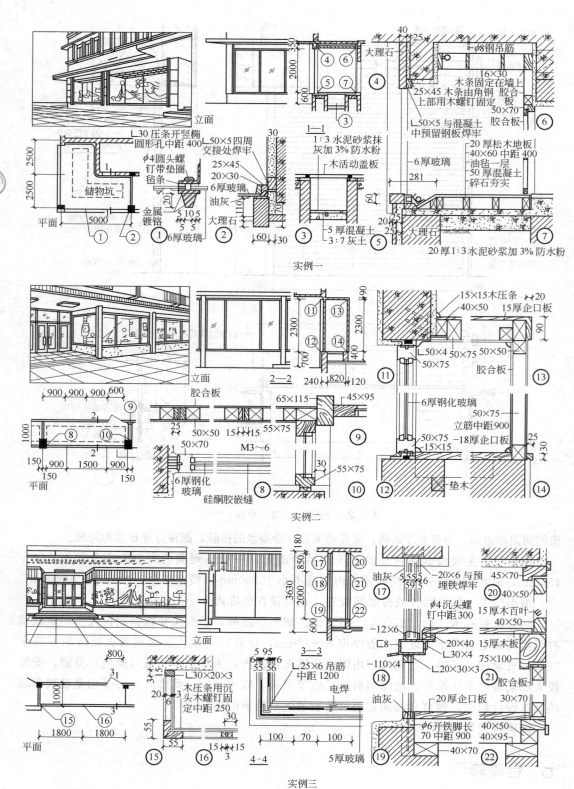

図5.24　橱窗构造示意及节点（单位：mm）

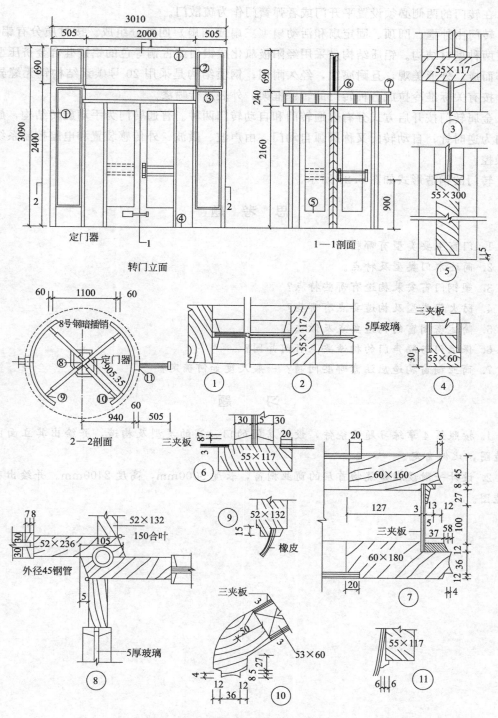

图 5.25　金属转门的构造（单位：mm）

档场所，属于高档外门装饰。但不可用作疏散门，不宜用于人流较多且集中的公共场所。
金属转门密闭性好，因而具有较好的防风、保温与隔热的功能；此外，它还具有抗震、耐
老化性强、转动平稳、转动方便和坚固耐用等特点。为了便于疏散或者满足消防安全要

求，在转门的两侧必须设置平开门或者弹簧门作为疏散门。

转门由外框、圆顶、固定扇和活动扇（三扇或四扇）四部分组成。按材质分有铝质、钢质两种型材结构。铝质结构是采用经阳极氧化成银白或古铜等色的铝镁硅合金挤压型材制作而成，外形美观，且耐腐蚀，经久耐用；钢质结构是采用 20 号碳素结构钢无缝异型管，按有关标准冷拉成各种转门的转壁框架，外表进行喷漆。

金属转门按开启方式分有普通转门和自动转门两种。普通转门为手动旋转结构，旋转方向为逆时针；自动转门又称圆弧自动门，由声波、微波、外传感装置和电脑控制系统进行操控。

转门的构造形式如图 5.25 所示。

思 考 题

1. 门窗主要类型有哪些？
2. 简述木门类型及特点。
3. 塑钢门窗安装构造有哪些特点？
4. 防火门类型及构造要点有哪些？
5. 简述密闭窗的构造要点及做法。
6. 保温门与隔声门的构造要点有何异同？
7. 商业橱窗构造应注意哪些问题？一般尺度如何确定？

习 题

1. 按照第 4 章练习题目条件，设计房间的门、窗的类型及构造，并绘出其立面图和构造图，比例自定。
2. 设计一附设在建筑物首层的商业橱窗，长度 3000mm，高度 2400mm。并绘出有关构造图。

幕墙装饰构造

幕墙是建筑物外围护结构的一种形式，自 20 世纪初使用以来，随着材料、结构和技术的不断发展，形成了自身的一套体系。本章主要介绍幕墙特点、类型及设计原则，重点叙述了玻璃幕墙的装饰构造，同时对金属幕墙、石材板幕墙的构造做了介绍。

第一节
概述

幕墙是悬挂在建筑主体外侧的轻质围护墙，幕墙一般不承受其他构件的荷载，只承受自重和风荷载，形似挂幕，又称为悬挂墙。近几年来，随着科学技术的发展，各种幕墙材料及加工工艺不断出现，幕墙的各项技术性能得到很大的改善，因而促进了幕墙的发展及其应用。

一、幕墙的特点

1. 造型美观，装饰效果好

幕墙打破了传统的建筑造型模式，窗与墙在外形上没有了明显的界线，从而丰富了建筑造型。

2. 质量轻，抗震性能好

幕墙材料的质量一般每平方米在 30～50kg，是混凝土墙板的 1/5～1/7，大大减轻了围护结构的自重，而且结构的整体性好，抗震性能明显优于其他外围护结构。

3. 施工安装简便，工期较短

幕墙构件大部分是在工厂加工而成的，因而减少了现场安装操作的工序，缩短了建筑装饰工程乃至整个建筑工程的工期。

4. 维修方便

幕墙构件多由单元构件组合而成，局部有损坏时可以很方便地维修或更换，从而延长了幕墙的使用寿命。

幕墙是外墙轻型化、工厂化、装配化、机械化较理想的形式，因此在现代大型建筑和高层建筑上得到了广泛应用。但是，幕墙造价较高，材料及施工技术要求高，有的幕墙材料如玻璃、金属等，存在着反射光线对环境的光污染问题，玻璃材料还容易破损下坠伤人等。因此，幕墙装饰的选用应慎重考虑，在幕墙装饰工程的设计与施工过程中必须严格按照有关的规范进行。

二、幕墙的类型

按照幕墙所采用的饰面材料，幕墙通常有以下类型。

1. 玻璃幕墙

玻璃幕墙主要是应用玻璃覆盖在建筑物的表面的幕墙。采用玻璃幕墙做外墙面的建筑物，显得光亮、明快、挺拔，有较好的统一感。

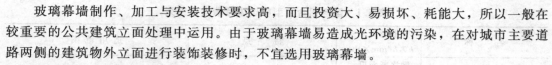

玻璃幕墙制作、加工与安装技术要求高，而且投资大、易损坏、耗能大，所以一般在较重要的公共建筑立面处理中运用。由于玻璃幕墙易造成光环境的污染，在对城市主要道路两侧的建筑物外立面进行装饰装修时，不宜选用玻璃幕墙。

2. 金属板幕墙

金属板幕墙表面装饰材料是利用一些轻质金属，如铝合金、不锈钢等，加工而成的各种压型薄板。这些薄板经表面处理后，作为建筑外墙的装饰面层，不仅美观新颖、装饰效果好，而且自重轻、连接牢靠，耐久性也较好。

金属板幕墙还常与玻璃幕墙配合使用，使建筑外观的装饰效果更加丰富多彩。

3. 铝塑板幕墙

铝塑板幕墙是利用铝板与塑料的复合板材进行饰面的幕墙。该类饰面具有金属质感、晶莹光亮、美观新颖、豪华，装饰效果好，而且施工简便、易操作，自重轻、连接牢靠，耐久、耐候性也较好，应用相当广泛。

4. 石材幕墙

石材幕墙是利用天然的或者人造的大理石与花岗岩进行外墙饰面。该类饰面具有豪华、典雅、大方的装饰效果，可点缀和美化环境。该类饰面施工简便、操作安全，连接牢固可靠，耐久、耐候性很好，因而被广泛应用在各大型建筑物的外部饰面。

5. 轻质混凝土挂板幕墙

轻质混凝土挂板幕墙是一种装配式轻质混凝土墙板系统。由于混凝土的可塑性较强，墙板可以制成表面有凹凸变化的形式，并喷涂各种彩色涂料。因此，轻质混凝土幕墙的装饰性也很强烈且易满足外墙饰面的受力要求。

三、幕墙的主要组成材料

幕墙主要由内部骨架材料、饰面板及封缝材料组成。为了安装固定和修饰完善幕墙，还应配有连接固定件和装饰件等。

1. 内部骨架材料

幕墙骨架是幕墙的支撑体系，它承受面层传来的荷载，然后将荷载传给主体结构。幕墙骨架一般采用型钢、铝合金型材和不锈钢型材等材料。

型钢多用工字形钢、角钢、槽钢、方管钢等，钢材的材质以 Q235 为主，这类型材强度高，价格较低，但维修费用高。

铝合金型材多为经特殊挤压成型的铝镁合金（LD31）型材，并经阳极氧化着色表面处理。型材规格及断面尺寸是根据骨架所处位置、受力特点和大小而决定的。表 6.1 所列为常见国产铝合金型材玻璃幕墙系列的骨架断面尺寸、特点及适用范围，这类型材价格较高，但构造合理，安装方便，装饰效果好。

不锈钢型材一般采用不锈钢薄板压弯或冷扎制造成钢框架或竖框，这类型材价格昂贵，规格少，但耐久性和装饰性很好。

2. 连接件和固定件

连接固定是幕墙骨架之间及骨架与主体结构构件（如楼板）之间的结合件。

表 6.1　国产铝合金型材玻璃幕墙常用系列

名　称	竖框断面尺寸 $h \times b/mm \times mm$	特　点	适　用　范　围
简易通用型幕墙	网格断面尺寸 同铝合金门窗	简易、经济、网格通用性墙	幕墙高度不大的部位
100 系列铝合金玻璃幕墙	100×50	结构构造简单,安装方便,连接支座可采用固定连接	楼层高≤3m,框格宽≤1.2m,使用强度≤2000N/m²,总高 50m 以下的建筑
120 系列铝合金玻璃幕墙	120×50	结构构造简单,安装方便,连接支座可采用固定连接	楼层高≤3m,框格宽≤1.2m,使用强度≤2000N/m²,总高 50m 以下的建筑
140 系列铝合金玻璃幕墙	140×50	制作容易,安装维修方便	楼层高≤3.6m,框格宽≤1.2m,使用强度≤2400N/m²,总高 80m 以下的建筑
150 系列铝合金玻璃幕墙	150×50	结构精巧,功能完善,维修方便	楼层高≤3.9m,框格宽≤1.5m,使用强度≤3600N/m²,总高 120m 以下的建筑
210 系列铝合金玻璃幕墙	210×50	属于重型、标准较高的全隔热玻璃幕墙,功能全,但结构构造复杂,造价高。所有外露型材与室内部分用橡胶垫分隔,形成严密的断冷桥	楼层高≤3.2m,框格宽≤1.5m,使用强度≤2500N/m²,总高 100m 以下建筑的大分格结构的玻璃幕墙

注:1. 120～210 系列玻璃幕墙可设单层或中空玻璃。高层建筑时应进行强度、刚度设计;

2. 根据设计需要,幕墙上可开设各种窗(如上悬、中悬、内倒、并开、推拉窗)或通风换气窗,但开窗总面积不宜大于 25%。

固定件是固定连接件或者幕墙骨架的结合件。固定件主要有金属膨胀螺栓、普通螺栓、拉铆钉、射钉等;连接件多采用角钢、槽钢、钢板加工而成,其形状因应用部位的不同和用于幕墙结构的不同而变化。连接件应选用镀锌件或者对其进行防腐处理,以保证其具有较好的耐腐蚀性、耐久性和安全可靠性。

幕墙骨架的固定一般多采用角钢连接件、垫板和螺栓,采用螺栓连接可以调节幕墙变形,如图 6.1 所示。

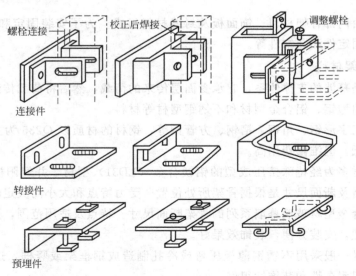

图 6.1　幕墙连接固定件

3. 饰面板

(1) 玻璃　目前,用于玻璃幕墙的玻璃主要有浮法透明玻璃、热反射玻璃(镜面玻璃或镀膜玻璃）、吸热玻璃（染色玻璃）、夹层玻璃、中空玻璃，以及钢化玻璃、夹层玻璃、夹丝玻璃（安全玻璃）等。

浮法玻璃具有两面平整、光洁的特点，比一般平板玻璃光学性能优良；热反射玻璃能通过反射掉太阳光中的辐射热而达到隔热目的；镜面玻璃能映照附近景物和天空，可产生丰富的立面效果；吸热玻璃的特点是能使可见光透过而限制带热量的红外线通过，其价格适中，应用较多；中空玻璃具有隔声和保温的功能效果。

（2）金属薄板材料　用于建筑幕墙的金属板有铝合金、不锈钢、搪瓷涂层钢、铜等薄板，其中铝板使用最为广泛，比较高级的建筑用不锈钢板。表面质感有平板和凹凸花纹板两种。铝合金幕墙板材的厚度一般在 1.5～2mm 左右，建筑的底层部位要求厚一些，这样抗冲击性能较强。

为了达到建筑外围护结构的热工要求，金属墙板的内侧均要用矿棉等材料做保温材料和隔热层。同时还必须用铝箔薄膜作为隔汽层衬在室内的一侧。

（3）铝塑板

用于建筑幕墙的铝塑板是由双层铝板和塑料复合而成，表面铝板经过氧化或者表面着色等处理后，其花色品种繁多，从而使铝塑板具有较好的耐腐蚀性、耐久性和较好的装饰性。此外，由于其可锯、可刨、易弯折、易裁割加工、固定方法简便易操作等特点，铝塑板饰面在幕墙中也是多用的一种。

（4）石材板材

用于建筑幕墙的石材板材可以为天然石材的镜面板材，也可以为人造石材的镜面板材。石材板材是幕墙饰面中用量较大的一种。但由于石材饰面的重量较大，所以应由通过计算的内部钢结构骨架支撑和固定石材饰面。在选择饰面石材时，应优先选用天然花岗岩饰面石材或者人造饰面石材。

4. 封缝材料

封缝材料是用于幕墙与框格、框格与框格相互之间缝隙的材料，如填充材料、密封材料和防水材料等。

填充材料主要用于幕墙型材凹槽两侧间隙内的底部，起填充作用，以避免玻璃与金属之间的硬性接触，起缓冲作用。一般多为聚乙烯泡沫胶、橡胶压条等。

密封材料采用较多的是橡胶密封条，嵌入玻璃两侧的边框内，起密封、缓冲和固定压紧的作用。

防水材料主要作用是封闭缝隙和粘接，常用的是硅酮系列密封胶。在玻璃装配中，硅酮胶常与橡胶密封条配合使用，内嵌橡胶条，外封硅酮胶。有关缝隙（包括饰面面层的板材间的缝隙）均应打注硅酮密封胶以进行密封处理。

5. 装饰件

装饰件主要包括后衬墙（板）、扣盖件，以及窗台、楼地面、踢脚、顶棚等与幕墙相接处的部件，起装饰、密封与防护的作用。

四、幕墙装饰构造设计原则

1. 满足强度和刚度要求

幕墙的骨架和饰面板都需要考虑自重和风荷载的作用，幕墙及其构件都必须有足够的强度和刚度。这一点应通过合理的计算来确定。

2. 满足温度变形和结构变形要求

由于内外温差和结构变形的影响，幕墙可能产生胀缩和扭曲变形，因此，幕墙与主体结构之间、幕墙元件与元件之间均应采用"柔性连接"，这样既能传递荷载，又能适应变形的要求。

3. 满足围护功能要求

幕墙是建筑物的围护构件，墙面应具有防水、挡风、保温、隔热及隔声等能力。

4. 满足防火要求

应根据防火规范采取必要的防火措施，如选择耐火材料合格的幕墙材料，设置防火窗间墙等。

5. 保证装饰效果

幕墙的材料选择、立面划分均应考虑其外观质量。玻璃幕墙构造设计还应考虑墙体擦洗和维修的方便，以保证幕墙饰面的耐久和清洁。

6. 做到经济合理

幕墙的构造设计应综合考虑上述原则，做到安全、适用、经济、美观。

第二节
玻璃幕墙

玻璃幕墙根据有无骨架体系可分为：有骨架体系与无骨架（无框式）体系两种形式。

有骨架体系主要受力构件是幕墙骨架，根据幕墙骨架与玻璃的连接构造方式，可分为明骨架（明框式）体系、暗骨架（隐框式）体系、点支撑式（点支式）体系等几种。明骨架（明框式）体系的幕墙玻璃镶在金属骨架框格内，骨架外露，这种体系又分为竖框式、横框式及框格式等几种形式，如图 6.2（a）、（b）所示。明骨架（明框式）体系玻璃安装牢固、安全可靠。暗骨架（隐框式）体系的幕墙玻璃是用胶黏剂（硅酮结构胶）直接粘贴在骨架外侧的，幕墙的骨架不外露，装饰效果好，但玻璃与骨架的粘贴技术要求高，图 6.2（c）所示。点支撑式（点支式）体系是由内侧钢结构骨架固定的连接支撑构件（不锈钢钢驳爪）直接固定面玻璃而成，由于该类幕墙有结构新颖合理、装饰效果好、对面玻璃固定牢固、施工操作简便等特点，所以近几年来点支式玻璃幕墙在工程中应用范围相对广泛。

无骨架（无框式）玻璃幕墙体系的主要受力构件就是该幕墙饰面构件本身——玻璃。该幕墙利用上下支架直接将玻璃固定在主体结构上，形成无遮挡的透明墙面。由于该幕墙玻璃面积较大，为加强自身刚度，每隔一定距离粘贴一条垂直的玻璃肋板，称为肋玻璃，面层玻璃则称为面玻璃，由肋玻璃对面层玻璃进行支撑和加固。该类幕墙也称为全玻璃幕墙，如图 6.2（d）所示。

玻璃镶嵌安装如图 6.3 所示。

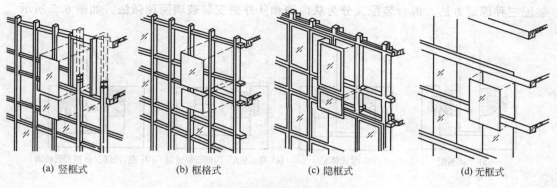

(a) 竖框式　　　　(b) 框格式　　　　(c) 隐框式　　　　(d) 无框式

图 6.2　玻璃幕墙结构体系

一、明框式玻璃幕墙

1. 明框式玻璃幕墙的形式

明框式玻璃幕墙也称为普通玻璃幕墙，是采用镶嵌槽夹持方法安装玻璃的幕墙，有整体镶嵌槽式、组合镶嵌槽式、混合镶嵌槽式、隐窗型、隔热型五种。

（1）整体镶嵌槽式　镶嵌槽和杆件是一整体，镶嵌槽外侧槽板与构件是整体连接的，在挤压型材时就是一个整体，采用投入法安装玻璃，整体镶嵌槽式普通玻璃幕墙，如图 6.4 所示。定位后有干式装配、湿式装配和混合

图 6.3　玻璃镶嵌安装

（图 6.3 标注：玻璃、聚硅氧烷密封、橡胶条填充、定位垫块、框材局部、排水孔φ5mm）

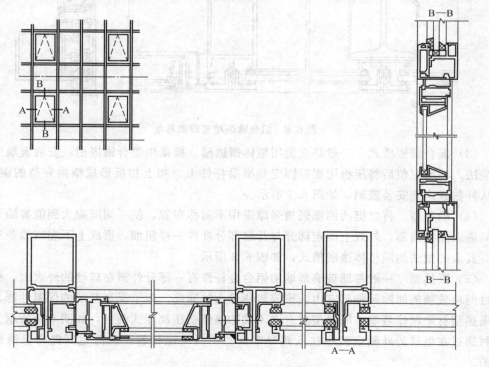

图 6.4　整体镶嵌槽式普通玻璃幕墙

163

装配三种固定方法，混合装配又分为从内侧和从外侧安装玻璃两种做法。如图 6.5 所示。

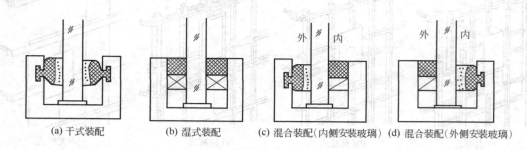

(a) 干式装配　　　(b) 湿式装配　　　(c) 混合装配(内侧安装玻璃)　(d) 混合装配(外侧安装玻璃)

图 6.5　整体镶嵌槽式玻璃幕墙固定方法

（2）组合镶嵌槽式　镶嵌槽的外侧槽板与构件是分离的，采用平推法安装玻璃，玻璃安装定位后压上压板，用螺栓将压板外侧扣上扣板装饰，如图 6.6 所示。

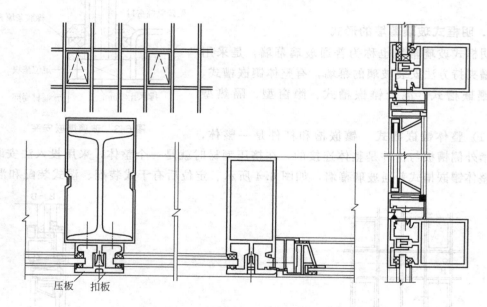

压板　扣板

图 6.6　组合镶嵌槽式玻璃幕墙

（3）混合镶嵌槽式　一般是立梃用整体镶嵌槽、横梁用组合镶嵌槽，安装玻璃用左右投装法，玻璃定位后将压板用螺钉固定到横梁杆件上，扣上扣板形成横梁完整的镶嵌槽，可从外侧或内侧安装玻璃，如图 6.7 所示。

（4）隐窗型　将立梃两侧镶嵌槽间隙采用不对称布置，使一侧间隙大到能容纳开启扇框斜嵌入立梃内部，外观上固定部分与开启部分杆件一样粗细，形成上下左右线条一样大小，其余的做法均同整体镶嵌槽式，如图 6.8 所示。

（5）隔热型　一般普通玻璃幕墙的铝合金杆件有一部分外露在玻璃的外表面，杆件壁经过两块玻璃的间隙延伸到室内，形成传热量大的通路。为了提高幕墙的保温性能，可采用隔热型材来制作幕墙，隔热型材有嵌入式和整体挤压浇注式两种，如图 6.9 所示。隔热型材通过在型材的外侧空腔中注入热导率低的塑料保温材料，从而达到提高保温性能的目的。

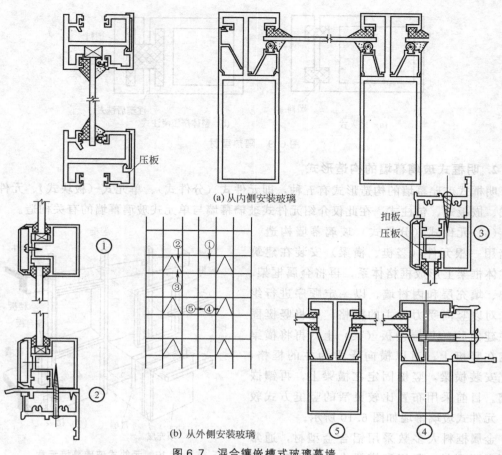

(a) 从内侧安装玻璃

(b) 从外侧安装玻璃

图 6.7 混合镶嵌槽式玻璃幕墙

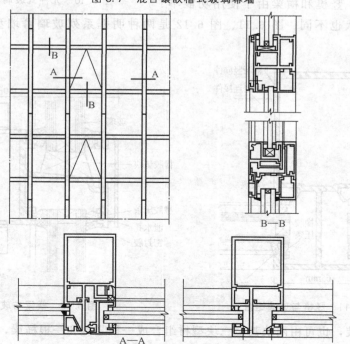

图 6.8 隐窗型普通玻璃幕墙

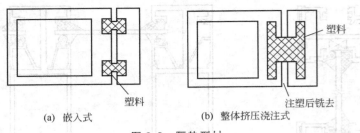

(a) 嵌入式　　　　　　　(b) 整体挤压浇注式

图 6.9　隔热型材

2. 明框式玻璃幕墙的构造形式

明框式玻璃幕墙的构造形式有五种，即元件式（分件式）、单元式（板块式）、元件单元式、嵌板式、包柱式。在此仅介绍元件式玻璃幕墙与单元式玻璃幕墙的有关构造。

（1）元件式（分件式）玻璃幕墙构造
幕墙用一根元件（竖梃、横梁）安装在建筑物主体框架上形成框格体系，再将金属框架、玻璃、填充层和内衬墙，以一定顺序进行组装。对以竖向受力为主的框格，先将竖梃固定在建筑物的每层楼板（梁）上，再将横梁固定在竖梃上；对以横向受力为主的框格，则先安装横梁，竖梃固定在横梁上，再镶嵌玻璃。目前采用布置比较灵活的竖梃方式较多。元件式玻璃幕墙如图 6.10 所示。

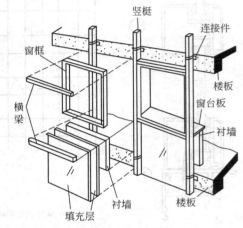

图 6.10　元件式玻璃幕墙示意

金属框料大多数采用铝合金型材，通常采用空腹型材。竖梃和横梁由于使用功能不同，其断面形状也不同。图 6.11、图 6.12 是两种明框系列玻璃幕墙型材和玻璃组合形式。

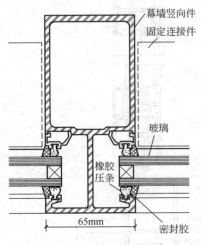

图 6.11　竖梃与玻璃组合

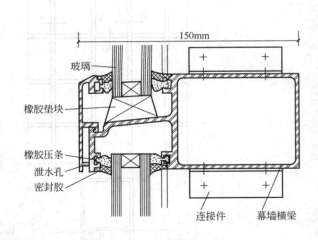

图 6.12　横梁与玻璃组合

为便于安装，也可由两块甚至三块型材组合成一根竖梃和一根横梁，如图 6.13 所示。竖梃通过连接件固定在楼板上，连接件可以置于楼板的上表面、侧面和下表面。由于要考

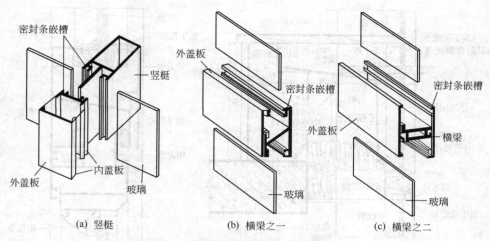

图 6.13　玻璃幕墙铝框型材断面示例

虑型材的热胀冷缩，每根竖梃之间通过一个内衬套管连接，两段竖梃之间还必须留 15～20mm 的伸缩缝，并用密封胶堵严。而竖梃与横梁可通过角形铝铸件连接。

图 6.14 表示出竖梃与竖梃、竖梃与横梁、竖梃与楼板的连接关系。

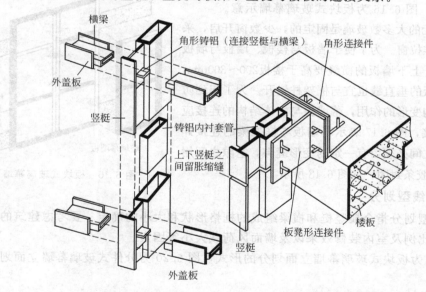

(a) 竖梃与横梁的连接　　　(b) 竖梃与楼板的连接

图 6.14　幕墙铝框连接构造

由于建筑造型的需要，玻璃幕墙通常都设计成整片的，在室内装修时，一般要在窗户上下部位做内衬墙。内衬墙的构造类似于内隔墙的做法。窗台板以下部位可以先立筋，中间填充矿棉或玻璃棉隔热层，再覆铝箔反射隔汽层，最后封纸面石膏板。也可直接砌筑加气混凝土板或成型碳化板，如图 6.15（a）所示。分件式玻璃幕墙通常横梁中隔做成向外倾斜，并留有泄水孔和滴水口，如图 6.15（b）所示。

（2）单元式（板块式）玻璃幕墙构造　板块式玻璃幕墙在工厂将玻璃、铝框、保温隔热材料组装成一块块幕墙定型单元，安装时将单元组件固定在楼层楼板（梁）上，组件的竖边对扣连接，下一层组件的顶与上一层组件的底，其横框对齐连接。每一单元一般由多

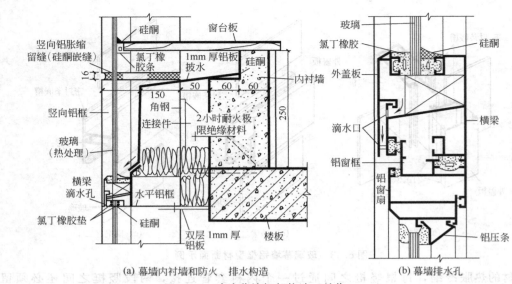

(a) 幕墙内衬墙和防火、排水构造　　　　(b) 幕墙排水孔

图 6.15　玻璃幕墙细部构造（单位：mm）

块玻璃组成，每块单元一般宽度为一个开间，高度
为一个层高。图 6.16 为板块式玻璃幕墙示意。

定型单元的大多数玻璃是固定的，少数窗开启，采
用上悬窗和推拉窗。为了便于墙板与楼板、墙板与墙板
的连接安装，上下墙板的横缝要高于楼板200～300mm，
左右两块墙板的垂直缝也宜与框架柱错开。为了起到防
震和适应结构变形的作用，幕墙板与主体结构的连接应
考虑柔性连接，图 6.17 表示幕墙板与框架梁的连接详
图。幕墙板之间必须留有一定的变形缝隙，空隙之间用
V 形和 W 形胶条封闭，如图 6.18 所示。

图 6.16　板块式玻璃幕墙

3. 立面线型划分

立面线型划分指金属竖梃和横梁组成的框格形状和大小的确定。要考虑建筑的立面造
型、尺寸、比例及室内装修效果以及墙面风荷载大小等因素。

图 6.19 为板块式玻璃幕墙立面划分的形式，图 6.20 为分件式玻璃幕墙立面划分的几
种形式。

4. 明框式玻璃幕墙的节点构造

（1）转角部位的构造

① 直角转角　图 6.21 是玻璃幕墙与其他饰面材料在转角部位的构造处理。图 6.22
是幕墙竖梃在 90°内转角部位的构造处理。

② 钝角转角　图 6.23 是外墙在钝角情况下的构造处理。

③ 外直角转角　图 6.24 是玻璃幕墙 90°外转角部位处理，用通长的铝合金板过渡。
图 6.25 所示的外转角节点构造做法大样。

（2）沉降缝部位的构造做法　玻璃幕墙在沉降缝部位的构造做法，应适应主体构造的
沉降、伸缩的要求，并要使该部位既美观又具有良好的防水性能。沉降缝的构造处理，可
根据实际情况确定。图 6.26 是沉降缝处理做法的构造大样。

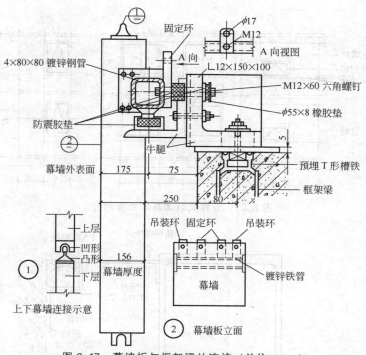

图 6.17　幕墙板与框架梁的连接（单位：mm）

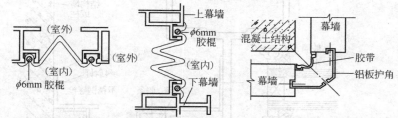

(a) V 形胶带用于垂直方向　(b) W 形胶带用于水平方向　(c) V 形胶带用于转角方向

图 6.18　幕墙板之间的胶带封闭构造

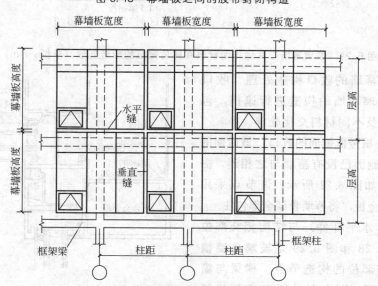

图 6.19　板块式玻璃幕墙立面划分形式

169

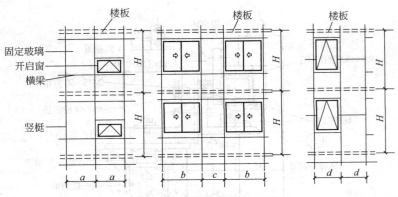

图 6.20　分件式玻璃幕墙立面划分

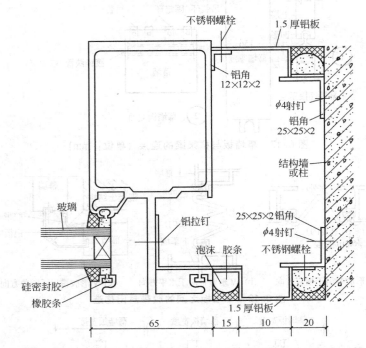

图 6.21　玻璃幕墙与其他饰面材料在转角部位的构造处理（单位：mm）

（3）玻璃幕墙的收口构造处理　收口处理是指对玻璃幕墙的构造进行遮挡，包括幕墙在洞口及不同材料交接处等。

① 最后一根竖梃侧面的收口　最后面的一根竖梃的一侧面已没有幕墙与之相连，需要进行封固。如图 6.27 所示，该节点采用1.5mm 厚铝合金板，将幕墙骨架全部包住。

② 横梁（水平杆件）与结构相交部位的收口　图 6.28 和图 6.29 是玻璃幕墙横梁与结构相交部位的构造节点。横梁与窗下墙、横梁最下一排与结构的相交等均属

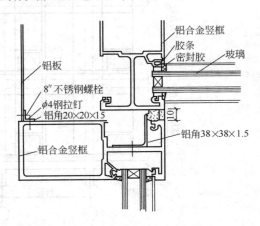

图 6.22　90°内转角部位构造（单位：mm）

于此种情况。

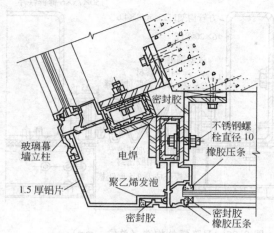

(a) 转角处理

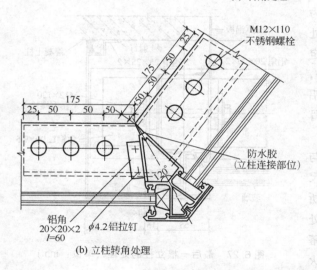

(b) 立柱转角处理

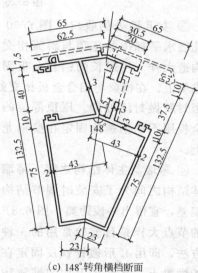

(c) 148°转角横档断面

图 6.23 墙面转角钝角部位处理（单位：mm）

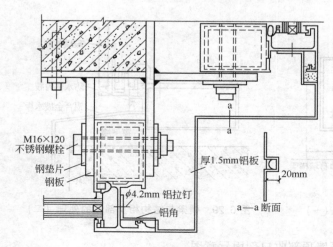

图 6.24 90°外转角构造处理

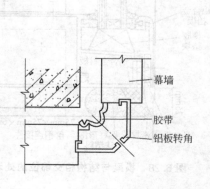

图 6.25 外转角节点构造

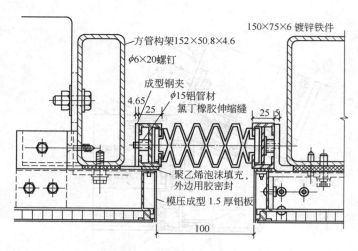

图 6.26　沉降缝处构造（单位：mm）

③ **女儿墙处的收口**　图 6.30 为女儿墙水平部位的压顶与斜面相交处的构造大样。用通长的铝合金板固定在横梁上。在横梁与铝合金板相交处，用密封胶做封闭处理。压顶部位的铝合金板用不锈钢螺栓固定在型钢龙骨架上。

④ **幕墙与主体结构之间**　幕墙与主体结构之间为了安装时调节结构尺寸偏差，宜留出一段距离，图 6.31 所示的节点大样是目前较常用的一种处理方法，即用 L 形镀锌铁皮固定在幕墙的横梁上，在铁皮上均匀铺放防火材料。

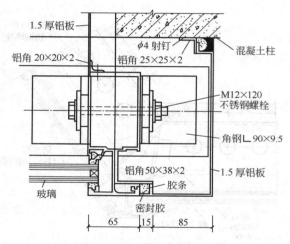

图 6.27　最后一根立柱的处理（单位：mm）

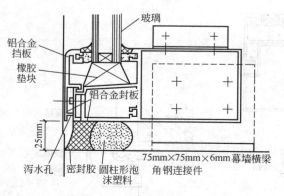

图 6.28　横梁与结构相交部位的处理（一）

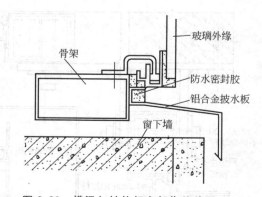

图 6.29　横梁与结构相交部位的处理（二）

⑤ **幕墙顶部收口**　图 6.32 是幕墙顶部收口剖面示意图。

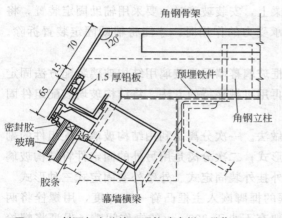

图 6.30　斜面与女儿墙压顶构造大样（单位：mm）

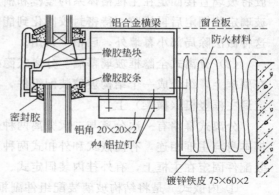

图 6.31　铺放防火材料的构造大样（单位：mm）

（4）幕墙的防火构造　《高层民用建筑设计防火规范》（GB 50045—93）对玻璃幕墙的防火做了专门规定：窗间墙、窗槛墙的填充材料应采用非燃材料，如其外墙面采用耐火极限不低于 1h 的非燃材料，则其墙内填充材料可采用难燃材料；无窗间墙和窗槛墙的玻璃幕墙，应在每层楼板外沿设置不低于

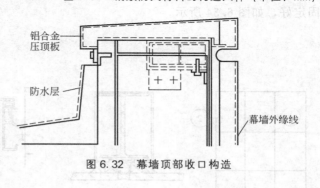

图 6.32　幕墙顶部收口构造

80cm 高的实体墙裙，或在玻璃幕墙内侧每层设自动喷水装置，且喷头间距不应大于 2m；玻璃幕墙与每层楼梯、隔断处的缝隙，必须用非燃材料严密填实。

二、隐框式玻璃幕墙

1. 隐框玻璃幕墙形式

隐框玻璃幕墙有半隐框玻璃幕墙和全隐框玻璃幕墙两种形式。

半隐框玻璃幕墙利用硅酮密封胶为玻璃相对的两边提供结构的支持力，另两边则用框料和机械性扣件进行固定，垂直的金属竖梃是标准的结构玻璃装配，而上下两边是标准的镶嵌槽夹持玻璃。结构玻璃装配要求硅酮密封胶对玻璃与金属有良好的粘接力。这种体系看上去有一个方向的金属线条，不如全隐型玻璃幕墙简洁，且立面效果稍差，但安全度比较高。

全隐框玻璃幕墙玻璃四边都用硅酮密封胶将玻璃固定在金属框架的适当位置上，其四周用强力密封胶全封闭，玻璃产生的热胀冷缩变形应力全由密封胶给予吸收，而且玻璃面受的水平风压力和自重也更均匀地传给金属框架和主结构件。由于在建筑物的表面不显露金属框，而且玻璃上下左右结合部位尺寸也相当窄小，因而产生全玻璃的艺术感觉，受到目前旅馆和商业建筑的青睐。全隐框玻璃幕墙从构造上有整体式和分离式两大类。

2. 全隐框玻璃幕墙构造

（1）整体式全隐框玻璃幕墙　整体式隐框玻璃幕墙（如图 6.33 所示）是用硅酮密封

胶将玻璃直接固定在主框格体系的竖梃和横梁上，安装玻璃时，要采用辅助固定装置，将玻璃定位固定后再涂胶，待密封胶固化到能承受力的作用时，才能将辅助固定装置拆除。这种做法除局部小幕墙外，已很少采用。

（2）分离式全隐框玻璃幕墙　分离式隐框玻璃幕墙是将玻璃用结构玻璃装配方法固定在副框上，组合成一个结构玻璃装配组件，再用机械夹持的方法，将结构玻璃装配组件固定到主框竖梃（横梁）上。

分离式幕墙有一次分离与二次分离两种做法。一次分离是利用结构玻璃装配组件的副框本身与主框相连，有内嵌式和外扣式两种形式；二次分离是用另外的固定件将结构玻璃装配件固定在主框上，有外挂内装固定式、外挂外装固定式、外磴外装固定式三种形式。

① 内嵌式　是将结构玻璃装配组件副框的框脚嵌入主框凸脊一定深度，用螺栓将两者固定。玻璃内侧与建筑物的梁（柱）之间要有不小于 300mm 的操作间隙，保证将螺栓固定好，如图 6.34 所示。

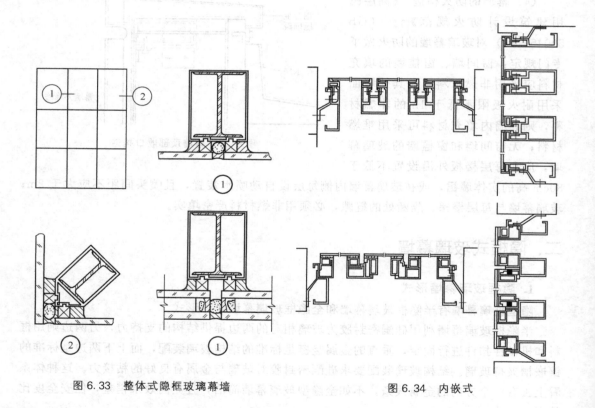

图 6.33　整体式隐框玻璃幕墙　　　　　　　图 6.34　内嵌式

② 外扣式　在安装方法上改为外扣，在主框凸脊的位置上（一般间距不大于 500mm），用螺栓固定 $\phi 8mm$ 的圆铝管，在副框框脚的相应位置上做一开口长圆形槽，安装时将结构玻璃装配组件推到主框凸脊内圆管的上方，将组件固定。如图 6.35 所示。

③ 外挂内装固定式　在安装结构玻璃组件时，先将组件挂在横梁下方的横钩上，再在内侧将组件其余三面用固定片固定到主框上。如图 6.36 所示。

④ 外挂外装固定式　将组件挂在横梁的挂钩上，组件其余三面用固定片固定到主框上，安装固定片全部在外侧进行。如图 6.37 所示。

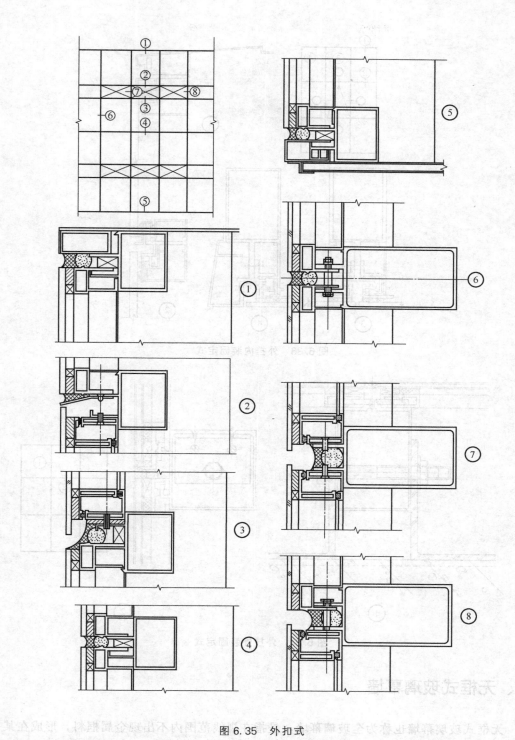

图 6.35 外扣式

⑤ 外碰外装固定式　组件下端放在横梁伸出的牛腿上，其余三面的固定方法和要求
与外挂外装固定式相同。如图 6.38 所示。

（3）隐框玻璃幕墙转角部位构造　一般采用玻璃挑出框外的方式处理，图 6.39 为几
种典型转角处理实例。

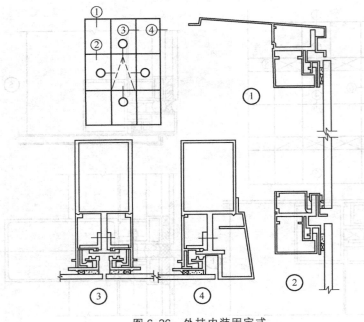

图 6.36　外挂内装固定式

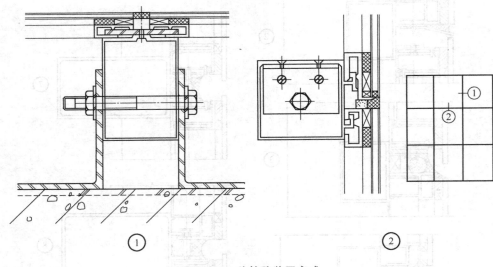

图 6.37　外挂外装固定式

三、无框式玻璃幕墙

无框式玻璃幕墙也称为全玻璃幕墙，是指在视线范围内不出现金属框料，形成在某一层范围内幅面比较大的无遮挡透明墙面。玻璃本身既是饰面材料，又是承重构件。

由于该类幕墙无支撑骨架，为此玻璃可以采用大块饰面，以便使幕墙的通透感更强，视线更加开阔，立面更为简洁生动。为了保证玻璃幕墙的牢固与安全，无骨架玻璃幕墙多采用强度较高的钢化玻璃或夹层玻璃，玻璃应有足够的厚度。因受到玻璃本身强度的限

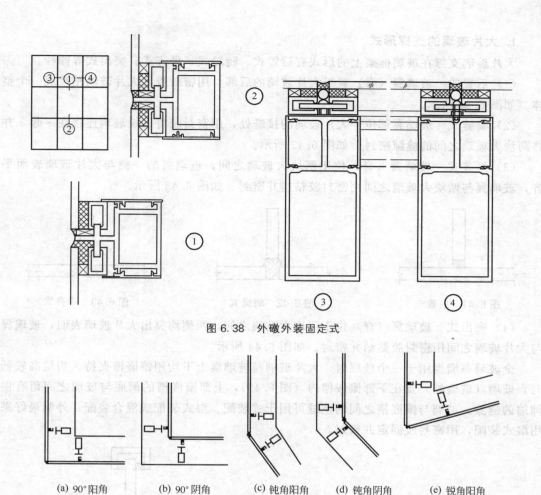

图 6.38　外碰外装固定式

(a) 90°阳角　　(b) 90°阴角　　(c) 钝角阳角　　(d) 钝角阴角　　(e) 锐角阳角

图 6.39　隐框玻璃幕墙转角部位构造

制，此类幕墙一般只用于首层，高度不宜超过 4m；当高度超过 4m 后，应由金属框架或者金属吊架支撑或者固定全玻璃幕墙。这种悬挂式玻璃幕墙除了设有大面积的面部玻璃外，为了增强玻璃墙面的刚度，必须每隔一定的距离加设与面部玻璃相垂直的条型肋玻璃作为加强肋板，以保证玻璃幕墙整体在风压作用下的稳定性。

全玻璃幕墙的支撑系统分为悬挂式、支撑式和混合式，如图 6.40 所示。

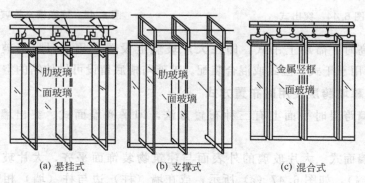

(a) 悬挂式　　(b) 支撑式　　(c) 混合式

图 6.40　全玻璃幕墙的支撑系统示意

1. 大片玻璃的支撑形式

大片玻璃支撑在玻璃框架上的形式有后置式、骑缝式、平齐式、突出式等四种。

（1）后置式　玻璃翼（脊）置于大片玻璃的后部，用密封胶与大片玻璃粘接成一个整体。如图6.41所示。

（2）骑缝式　玻璃翼部位于大片玻璃的接缝处，用密封胶将三块玻璃连接在一起，并将两块大玻璃之间的缝隙密封。如图6.42所示。

（3）平齐式　玻璃翼（脊）位于两块大玻璃之间，玻璃翼的一侧与大片玻璃表面平齐，玻璃翼与两块大玻璃之间用密封胶粘接并密封。如图6.43所示。

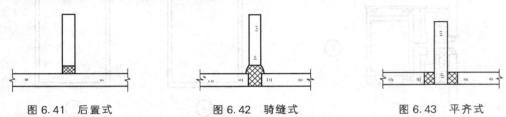

图6.41　后置式　　　　图6.42　骑缝式　　　　图6.43　平齐式

（4）突出式　玻璃翼（脊）位于两块大玻璃之间，两侧均突出大片玻璃表面，玻璃翼与大片玻璃之间用密封胶黏结并密封。如图6.44所示。

全玻璃幕墙当用于一个楼层时，大片玻璃与玻璃翼上下均用镶嵌槽夹持。当层高较低时，玻璃（玻璃翼）安在下部镶嵌槽内（图6.45），上部镶嵌槽的槽底与玻璃之间留有供伸缩的缝隙。玻璃与镶嵌槽之间的空缝可用干式装配、湿式装配或混合装配。外侧最好采用湿式装配，用密封胶固定并密封。

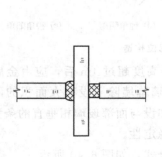

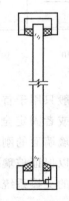

图6.44　突出式　　　　　　　　图6.45　镶嵌槽夹持玻璃构造

当层高较高时，需用上吊式，即在大片玻璃上设置专用夹具，将玻璃吊起来（图6.46）。镶嵌槽用于干式、湿式或混合装配。玻璃与槽底留设可供伸缩的空隙。

2. 全玻璃幕墙跨层使用时布置方式

全玻璃幕墙跨层时平面上有三种布置方法，即平齐墙面式、突出墙面式、内嵌墙体式。

（1）平齐墙面式　大片玻璃的外表面与建筑物装饰面平齐，大片玻璃从玻璃翼挑出，盖住柱（墙），如图6.47（a）所示；或在墙（柱）边与柱（墙）相交，如图6.47（b）所示。交接处均需用密封胶填缝。垂直玻璃翼上下两片间设水平玻璃支撑，均用

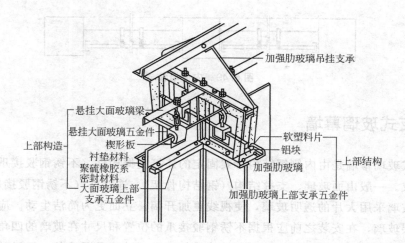

上部构造
- 悬挂大面玻璃梁
- 悬挂大面玻璃五金件
- 楔形板
- 衬垫材料
- 聚硫橡胶系密封材料
- 大面玻璃上部支承五金件

加强肋玻璃吊挂支承

软塑料片
铝块
加强肋玻璃
加强肋玻璃上部支承五金件
上部结构

玻璃墙面构成
- 加强肋玻璃
- 大面玻璃

硅酮密封胶
大面玻璃
玻璃构成
加强肋玻璃
软发泡塑料
铅固定块
加强肋玻璃端部固定
下部构造

图 6.46　全玻璃幕墙上吊式构造

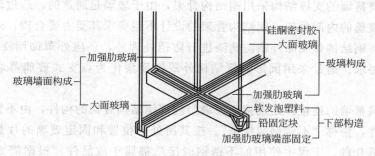

(a)

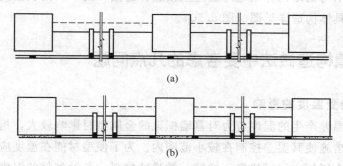

(b)

图 6.47　平齐墙面式

密封胶黏结密封。

　　（2）突出墙面式　建筑物的楼板（梁）与柱平齐时，玻璃翼挑出楼板（梁），大片玻璃离楼板一定距离，玻璃与端柱之间出现的空隙用斜面玻璃封闭。如图 6.48 所示。

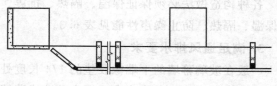

图 6.48　突出墙面式

　　（3）内嵌墙体式　大片玻璃的外表面在墙体中间，楼板（梁）要比柱（墙）外侧后退一段距离，在楼板（梁）上支撑垂直玻璃。垂直玻璃翼的上下两片间设水平玻璃翼，均用硅酮结构密封胶黏结固定并密封，如图 6.49 所示。

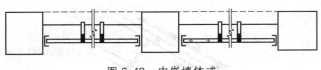

图 6.49　内嵌墙体式

四、点支式玻璃幕墙

　　点支式玻璃幕墙是由内侧钢结构骨架固定的连接支撑构件（不锈钢驳接爪）直接固定面玻璃而成。一般由面玻璃、支撑结构（钢结构骨架）、连接件（不锈钢驳接爪）等组成。

　　饰面玻璃采用大片的透明玻璃，使视线更加开阔，立面更为简洁生动。应采用钢化玻璃或者夹层，在安装之前应根据不锈钢驳接爪的位置和尺寸在玻璃的四角进行打孔。

　　点支式玻璃幕墙的支撑结构采用钢结构骨架，由于玻璃是通透的，透过玻璃可以很清晰地看到支撑玻璃的内部骨架。钢结构骨架的设计不但要求其受力要合理，还要求其造型也一定要美观。钢结构骨架除外刷防锈漆进行防锈处理外，还应外罩饰面漆以进行修饰，以满足其感官要求。通常采用圆形钢管结构外罩饰面漆作为点支式玻璃幕墙的内部支撑结构。

　　点支式玻璃幕墙的连接件是连接面玻璃与内部钢结构骨架的构件，由不锈钢加工而成的带爪的固定件，俗称"不锈钢驳接爪"。按其所处的位置和固定玻璃的片数，可分为单爪、两爪、四爪几种。工程中使用的不锈钢驳接爪都属于成品件，根据需要直接购买即可。不锈钢驳接爪与钢结构骨架之间通过丝接进行连接，由不锈钢驳接头将玻璃固定在不锈钢驳接爪上。具体构造详见图（图 6.50）。

五、玻璃幕墙构造做法中要考虑的几点问题

1. 幕墙框架受温度的影响

　　由于室内外温差产生的温度应力对幕墙框架的金属型材影响较大，构造上应使型材自由胀缩，或采取措施使其温差控制在较小范围内。为了使型材能在温度应力影响下自由伸缩，应在玻璃与金属框之间衬垫氯丁橡胶一类弹性材料。各种型材的温度应力见表 6.2。

2. 建筑功能要求

　　各种构造做法必须保证保温、隔热、抗震、防止噪声的建筑功能要求。不同幕墙类型的保温、隔热、防止噪声性能见表 6.3。

3. 满足通风排水要求

　　一般在玻璃幕墙的下端橡胶垫的 1/4 长度处切断留孔，留置某种缝隙，使内外空气相通而不产生风压差，以防止由于压力差造成幕墙上因有缝隙而渗水（图 6.51）。幕墙双层采光部分在墙框的适当位置留排水孔，以便排出结露水（图 6.52）。

4. 排气窗的设置

　　排气窗一般面积较小，可布置在大块的固定扇上，也可布置在幕墙转角部位或其他单扇较小的部位设置。排气窗多采用上悬式。

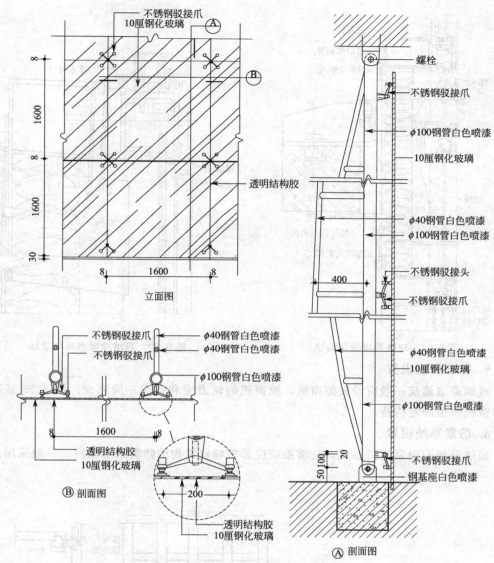

图 6-50 点支式玻璃幕墙（单位：mm）

表 6.2 各种型材的温度应力

型 材 种 类	$\Delta T=1℃$ 时的温度应力/MPa	$\Delta T=50℃$ 时的温度应力/MPa
铝	1.61	80.14
铜	1.81	90.12
钢	2.11	105.45
不锈钢	3.47	171.18
木	0.05	2.61

表 6.3 不同幕墙类型的保温、隔热、防止噪声性能

幕 墙 类 型	间隔宽度/cm	K 值/[$W/(m^2 \cdot K)$]	降低噪声/dB
单层玻璃（6mm 厚）	—	5.9	30
普通双层玻璃	1.2	3.0	39～49
普通双层玻璃加一涂层	1.2	1.9	—
热反射中空玻璃	—	1.6	—
混凝土墙	厚 15	3.3	48
砖墙	厚 23	2.8	50

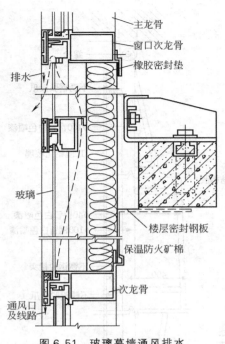

图 6.51 玻璃幕墙通风排水

图 6.52 幕墙冷凝水排水管线

5. 擦窗机的设置

玻璃幕墙建筑一般应设置擦窗机，擦窗机的轨道应和骨架一同完成。图 6.53 是某高层擦窗机轨道固定构造。

6. 防雷系统设置

玻璃幕墙应设置防雷系统，防雷系统应和整幢建筑物的防雷系统相连。一般采用均压

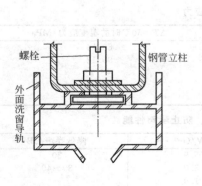

图 6.53 擦窗机导轨固定构造

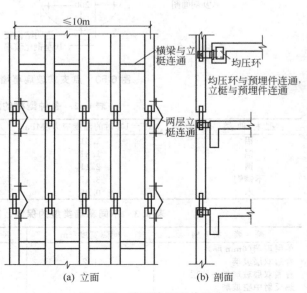

(a) 立面   (b) 剖面

图 6.54 防雷均压环处系统

环做法，每隔数层设一条均压环。均压环是利用梁的主筋，采用焊接连接，再与柱子钢筋焊接连通。玻璃幕墙的骨架与均压环连通。幕墙防雷系统的构造做法应按有关规定执行，其接地电阻也必须符合规定要求。要求幕墙避雷系统的接地电阻不大于 4Ω。图 6.54 为均压环设置构造图。

第三节
金属板幕墙和石材板幕墙

一、金属薄板幕墙的组成和构造

金属薄板幕墙类似于玻璃幕墙，它是由工厂定制的折边金属薄板作为外围护墙面，与窗一起组合成幕墙，形成闪闪发光的金属墙面，有其独特的现代艺术感。

金属薄板幕墙有两种体系，一种是幕墙附在钢筋混凝土墙体上的附着型金属薄板幕墙，即附着式体系；另一种是自成骨架体系的骨架型薄板金属幕墙，即骨架式体系。

附着型金属薄板幕墙的特点是幕墙体系纯是作为外墙的饰面而依附在钢筋混凝土墙体上，连接固定件一般采用角钢，混凝土墙面基层用金属膨胀螺栓来连接 L 形角钢，再根据金属板材的尺寸，将轻型钢材焊接在 L 形角钢上。而金属薄板之间用"〔"形压条把板边固定在轻钢龙骨型材上，最后在压条上再用防水填缝密封胶填充。

窗框与窗内木质窗头板也是由工厂加工后在现场装配的，外窗框与金属板之间的缝也必须用防水密封胶填充，如图 6.55 所示。

骨架型体系金属幕墙基本上类似于隐框式玻璃幕墙，即通过骨架等支撑体系，将金属薄板与主体结构连接。骨架式金属幕墙是较为常见的做法，其基本构造为：将幕墙骨架，如铝合金型材等，固定在主体的楼板、梁或柱等结构上；也可以将金属薄板先固定在框格型材上，形成框板，再按照玻璃幕墙的安装方式，将框板固定在主骨架型材上。这种金属幕墙结构可以与隐框式玻璃幕墙结合使用，只要协调好金属薄板和玻璃的色彩，并统一划分立面，即可得到较理想的装饰效果。如图 6.56 所示。

二、铝板幕墙构造

铝板幕墙是用铝板取代玻璃制作幕墙结构的装配组件。常在窗间墙部分使用铝板，在窗洞口部分使用玻璃，两种镶板交叉使用。铝板又有单层铝板、复合铝板、蜂窝铝板三种。

1. 单层铝板
单层铝板的基本构造如图 6.57（a）所示，它是用 2.5mm（3mm）厚的铝板在中部

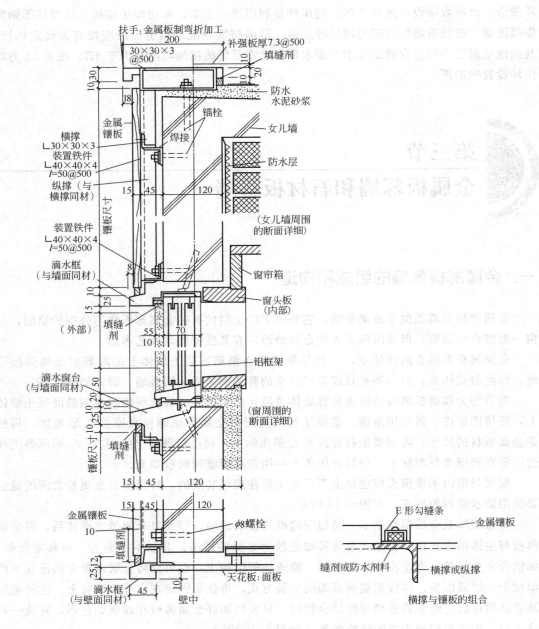

图 6.55 附着型金属薄板幕墙（单位：mm）

适当的部位设加固角铝（槽铝），加强肋的铝螺栓用电焊焊接于铝板上，用角铝槽套上螺栓并紧固。也有将铝管用结构胶固定在铝板上做加强肋的，如图 6.57（b）所示。

单层铝板与各种类型的隐框玻璃幕墙共用杆系时，其节点做法有整体式（图 6.58）、内嵌式（图 6.59）、外挂内装固定式（图 6.60）、外挂外装固定式（图 6.61）、外碱外装固定式（图 6.62）和外扣式（图 6.63）等固定方式。

2. 复合铝板

复合铝板是用铝板与聚乙烯泡沫塑料层制造的夹层板。泡沫塑料与两层 0.5mm 厚的铝板紧密粘接，常用的有 3mm、4mm、6mm 三种规格。外层铝板表面喷涂聚氟碳酯涂

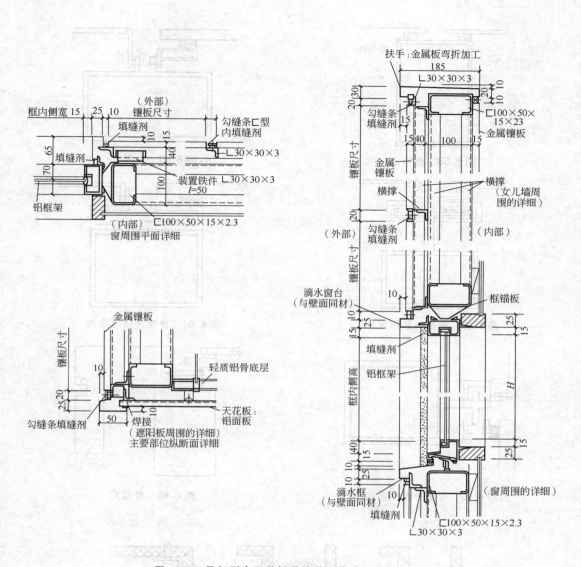

图 6.56 骨架型金属薄板幕墙节点构造（单位：mm）

层，内层铝板表面喷涂树脂涂层。在用于幕墙时采用平板式、槽板式与加肋式。如图 6.64 所示。

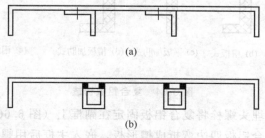

图 6.57 单层铝板构造

复合铝板与幕墙框格的连接有以下几种形式。

（1）铆接　用铆钉将复合铝板固定在副框上（图 6.65）。

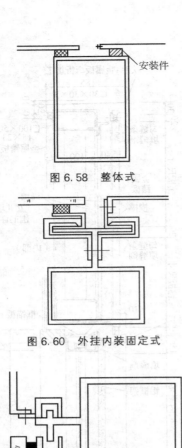

图 6.58　整体式

图 6.59　内嵌式

图 6.60　外挂内装固定式

图 6.61　外挂外装固定式

图 6.62　外磁外装固定式

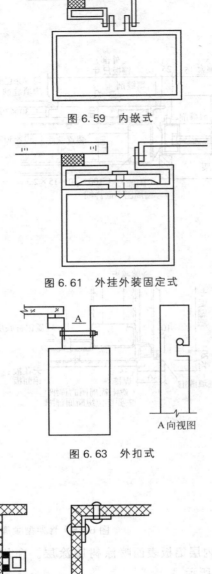

A 向视图

图 6.63　外扣式

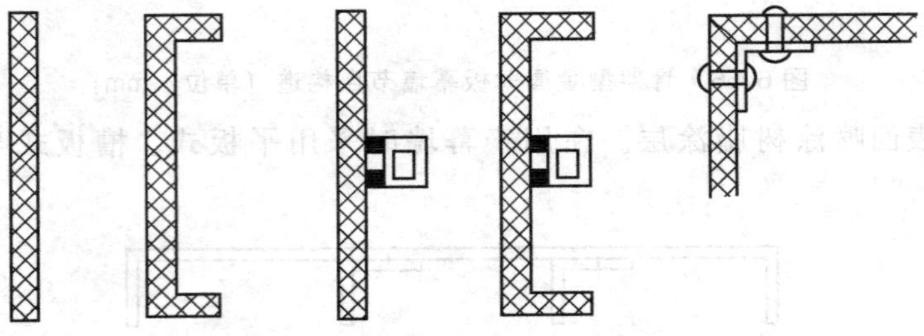

(a) 平板式　(b) 槽板式　(c) 平板加肋式　(d) 槽板加肋式　　(e) 铝角码固定

图 6.64　复合铝板构造

　　(2) **螺栓连接**　用埋头螺栓将复合铝板固定在副框上 (图 6.66)。

　　(3) **折弯接**　将复合铝板四边弯折成槽形板，嵌入主框后用螺钉固定 (图 6.67)。

　　(4) **扣接**　在主框上用螺栓固定 8mm 圆管于主框的铝脊上，在槽形复合铝板折边相应的位置上冲出开口长圆形槽，将槽板扣在主框圆管上 (图 6.68)。

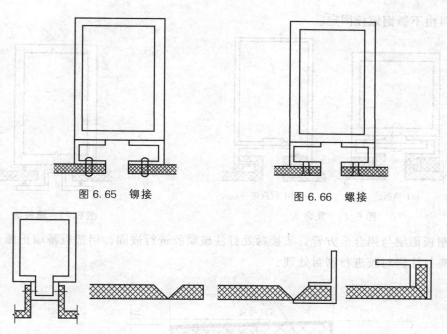

图 6.65 铆接   图 6.66 螺接

图 6.67 折弯接

（5）结构装配式连接 采用结构密封胶将复合铝板与副框粘接成结构装配组件，用机械固定方法将组件固定在主框上，其做法与结构玻璃装配组件一样（图 6.69）。

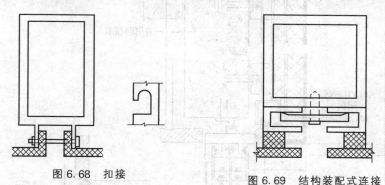

图 6.68 扣接   图 6.69 结构装配式连接

（6）复合式连接 将折边与副框用螺钉（铆钉）连接成组件，再用结构装配方法将组件安装在主框上。有单折边 [图 6.70（a）] 和双折边 [图 6.70（b）] 两种形式。安装时将复合铝板用胶结与副框组合成组件，用包外层铝板折边的做法与副框锚固。

（7）槽夹法连接 相邻两块复合铝板用"∏"形铝盖板，用螺钉与主框连接，这种做法一般与半隐框玻璃幕墙相匹配使用（图 6.71）。

3. 铝塑板幕墙

铝塑板幕墙是利用铝板与塑料的复合板材进行饰面的幕墙，铝塑板幕墙的构造做法见图 6.72。铝塑板幕墙是由角钢连接件、铝合金方管骨架和铝塑板面层组成。

角钢连接件由金属膨胀螺栓固定于主体结构上。

铝合金方管骨架一般是由 25mm×40mm 的铝合金方管加工而成，方管之间用铝角码连接，方管与铝角码由抽芯拉铆钉固定。铝合金方管骨架与角钢连接件之间可由铝角码连接，也可由不锈钢螺栓固定。

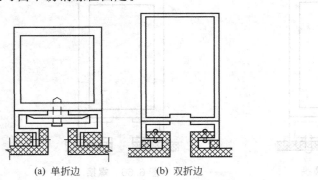

(a) 单折边　　　(b) 双折边

图 6.70　复合式

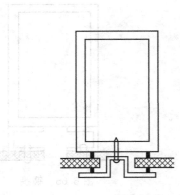

图 6.71　槽夹法

铝塑板面层与铝合金方管骨架接触处打注玻璃胶进行嵌固。铝塑板幕墙正面上板块间的缝隙应打注密封胶进行密封处理。

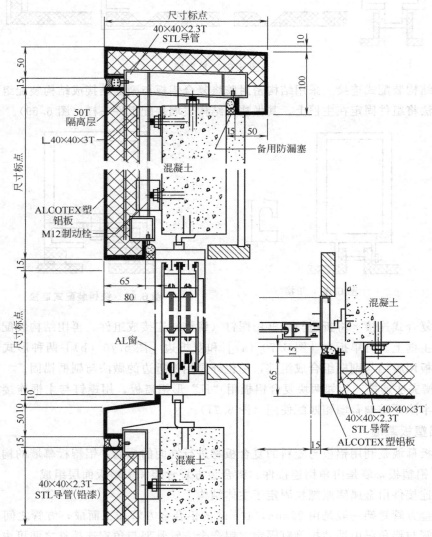

图 6.72　复合铝塑板幕墙构造（单位：mm）

4. 蜂窝铝板

蜂窝铝板是由两层铝板与蜂窝芯粘接的一种复合材料。面板一般用 LD 引铝材，蜂窝材常用 LF2Y、LF5Y、LY12 等铝箔，幕墙用蜂窝铝板大都采用正六角形芯材，六边形边长有 2mm、3mm、4mm、5mm、6mm 几种，厚度为 20mm。除铝箔外，还可采用玻璃蜂窝和纸蜂窝。

三、不锈钢板幕墙构造

不锈钢幕墙是用厚 0.8～2mm 不锈钢薄板冲压成槽形镶板制成的幕墙嵌板。它需要在板中部用肋加强，其典型构造如图 6.73 所示。将不锈钢板的四边折成槽形，中部用结构胶将铝方管胶接在铝板适当部位成为加强肋。不锈钢幕墙使用的是厚度小于或等于 4mm 的不锈钢薄板，表面处理方法有磨光（镜面）、拉毛面、蚀刻面，用得最多的不锈钢品种有 Cr18Ni18、Cr17Ti 和 1Cr17Mo2Ti。

不锈钢板嵌板的安装构造可参照铝板幕墙。

四、石材板幕墙构造

石材幕墙是用加工好的天然石板材或者人造石材板材作为饰面板的幕墙。常用的有天然大理石镜面板材和天然花岗岩镜面板材、人造大理石镜面板材、人造花岗岩镜面板材等。大部分石板幕墙是和隐框玻璃幕墙配合使用于一个建筑立面上，窗间墙部分使用石材幕墙，窗洞部分使用玻璃幕墙。

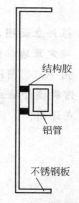

图 6.73 不锈钢幕墙构造

用结构装配的方法将石材镜面板材进行饰面装修，采用与隐框幕墙结构玻璃装配组件相同的施工工艺。即将石板材用硅酮密封胶固定在铝框上成为结构装配组件，用机械固定方法将结构装配组件固定在主框（竖梃、横梁）上，在副框的下框有一顶钩将石板顶住。石材幕墙结构装配典型节点如图 6.74 所示。

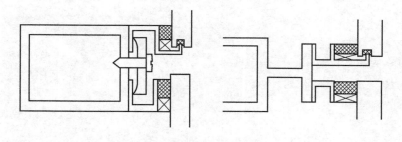

图 6.74 石材幕墙结构节点构造

思 考 题

1. 幕墙的设计原则是什么？

2. 幕墙有哪几种类型？

3. 玻璃幕墙有哪几种骨架体系？

4. 简述元件式与单元式明框玻璃幕墙的构造特点。

5. 外墙幕墙的金属骨架如何与墙体基层固定连接？

6. 隐框玻璃幕墙与明框玻璃幕墙各有何特点？

7. 全玻璃幕墙的结构支撑方式及玻璃支撑形式有哪些？

8. 简述复合铝板（铝塑板）幕墙的构造特点。

9. 简述石材幕墙的构造特点。

10. 简述玻璃幕墙构造做法中要注意的几点问题。

习　题

结合具体情况，选择当地某宾馆群楼，对其外墙面进行幕墙饰面装饰构造设计。要求如下：

1. 根据立面图，设计幕墙类型及幕墙的组合排列形式，选择材料类型、色彩及规格。

2. 确定幕墙饰面的固定方案体系及连接构造。

3. 用 A3 制图纸，绘制下列图样，比例自定：

宾馆群楼外墙立面图；选择适当位置绘制幕墙面的剖面图；针对剖面图中绘制各主要部位节点详图。

第七章

其他装饰工程构造

本章主要介绍了其他装饰工程及其有关细部的装饰构造做法和构造特点。这些装饰工程在整个装饰工程中相对比较独立，装饰构造也各有特点，其设计和处理的好坏将直接影响室内外装饰装修工程的整体效果与使用安全。在设计和施工的过程中对这部分构造问题也应有足够的重视。

第一节
花格装饰构造

花格用在建筑空间中，有一种既分又合的效果。它既可以分隔、限定空间，又能使两边空间存在一定的交流。所以，经常用于室外空间的围墙、隔墙等处，作为建筑内部或外部空间的局部点缀，或者用于室内空间的隔断以及交通过渡空间如门厅、楼梯与电梯厅等附近。

花格在形式上可以是整幅的自由花式，更多的是采用既有变化又有规律的几何图案。这些花式或图案可以是整齐的平面式样，也可以组成富有阴影的立体形态。设计成幅的花式，应既要考虑分块制作的灵活性，又要考虑不能影响拼接后的整体效果。

近年来，花格制品的各种新产品不断涌现，进一步扩大了花格的装饰功能和应用范围。如钛金膜层技术的出现、TC 系列离子镀膜设备的开发，使金属饰面增添了雍容华贵、流光溢彩、永不磨损的仿金色，给室内外带来金碧辉煌的效果；各种艺术装饰玻璃的普及和广泛应用又为花格增添了魅力，用于室内也增添了室内装饰效果的清新和高雅。

作为建筑整体的一个组成部分，花格的设计和安装，必须从建筑的总体要求出发，保持与空间、环境的协调配合。从图案比较、选用材料、体积大小、色调和谐、制作安装质量等各方面必须做到精益求精、考虑充分，才能综合发挥花格的装饰装修效果。

一、砖瓦花格

1. 砖花格

砖花格就是用砌块、实心砖、空心砖等砌筑的花格墙。砌块、砖要求质地坚固、大小一致、平直方正。一般多用 1:3 水泥砂浆砌筑，其表面可做成清水勾缝或做抹灰饰面处理。根据立面效果可分为平砌砖花、凹凸面砖花，如图 7.1 所示。

砖花格的厚度有 120mm 和 240mm 两种。前者的高度和宽度宜控制在 1500mm×3000mm 范围内，后者的可达 2000mm×3500mm。砖花格必须与实墙、柱连接牢固。砖花格用于围墙、隔墙、栏板等处，具有朴素大方的风格。

2. 瓦花格

瓦花格是用蝴蝶瓦砌筑的花格，在我国具有悠久的历史。它生动、雅致、变化多样，且尺寸较小，多用于小型庭院。瓦花格常与建筑的不同部位结合而形成传统式样建筑中的花墙、漏窗、屋脊等，能够丰富建筑形象，使建筑平添活泼的情趣，如图 7.2 所示。

瓦花格一般以白灰麻刀或青灰砌筑结合，高度不宜过大，顶部应加钢筋砖带或混凝土

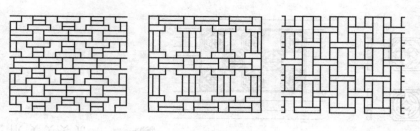

(a) 平砖砖花

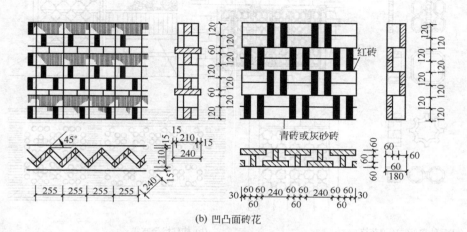

红砖

青砖或灰砂砖

(b) 凹凸面砖花

图 7.1 砖花格（单位：mm）

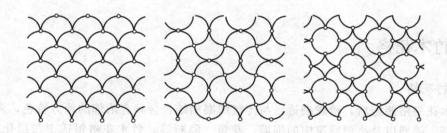

图 7.2 瓦花格

压顶进行固定。

二、琉璃花格

琉璃花格是我国传统装饰配件之一，它色泽丰富多彩、经久耐用。近年来经过改进和创新，其应用范围和领域不断扩大。琉璃构件和花式可按设计进行浇制，成品古朴高雅，但造价较高，且易受撞破损。琉璃花格一般用 1：2.5 水泥砂浆砌筑结合，在必要的位置宜采用镀锌铁丝或钢筋锚固，然后用 1：2.5 水泥砂浆填实。琉璃花饰基本构件及组合形式如图 7.3 所示。

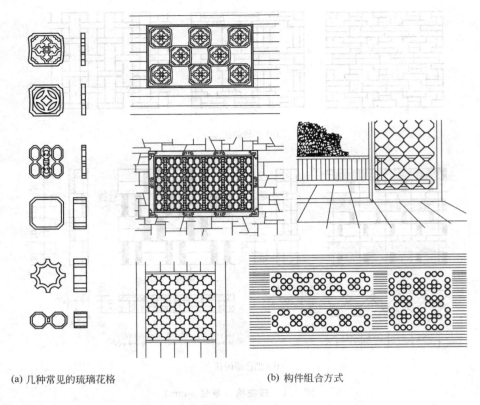

(a) 几种常见的琉璃花格　　　　　　(b) 构件组合方式

图 7.3　琉璃花饰基本构件及组合示例
注：断面厚度＞10mm 时均为空腹。

三、 竹木花格

1. 竹花格

竹木花格格调清新，玲珑剔透，与传统图案相结合会具有浓郁的地方特色，多用于室内的隔断、隔墙以及小型庭院中的围墙、花窗、隔断等。竹木花格很适于与绿化相配合，从而满足人们迫切希望"回归自然"的心理。

竹材易生虫，在制作前应做防蛀处理。竹材表面可涂清漆，烧成斑纹、斑点，刻花、刻字等。利用竹材本身的色泽和形象特点，可获得清新自然、生动典雅的装饰效果。竹花格如果与木材、花盒等相结合，可形成丰富的立面造型及空间的层次感。

竹的结合方法，通常以竹销（或钢销）为主，还可用套、塞、穿等方法，或者将竹材烘弯，或者用胶进行结合，如图 7.4 所示。

2. 木花格

木花格多用各种硬木或杉木制作。由于木材加工方便、制作简单，构建断面可做得纤细，又可雕刻成各种花纹，自重小，方便装卸，常用于室内的活动隔断、博古架、门罩等。

木花格根据不同使用情况，可采用榫接、胶结或榫接与胶结并用，也可加钉或螺栓连

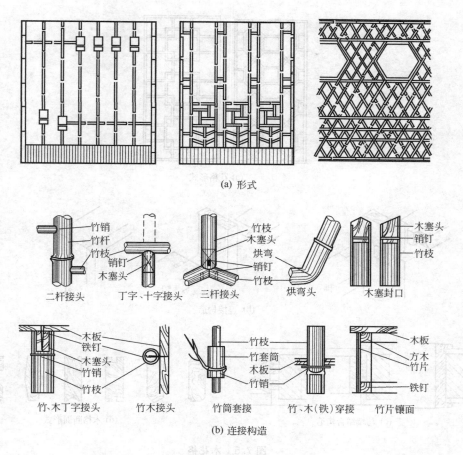

(a) 形式

二杆接头　　丁字、十字接头　　三杆接头　　烘弯头　　木塞封口

竹、木丁字接头　　竹木接头　　竹筒套接　　竹、木(铁)穿接　　竹片镶面

(b) 连接构造

图 7.4　竹花格

接固定。其形式与构造，如图 7.5 所示。

四、金属花格

　　金属花格是较为精致的一种花格，适用于室内外，用于窗栅、门扇、围墙、栏杆等。金属花格可嵌入硬杂木、有机玻璃、彩色玻璃，其表面还可进行油漆、烤漆、镀铬、镏金等处理，使其装饰效果更鲜艳夺目、变化无穷、富丽堂皇。金属花格的造型效果随着图案、材料的不同而情调各异，装饰效果极好，如图 7.6 所示。金属花格的成型方法有以下两种。

1. 浇铸成型

　　对于铸铁、铜、铝合金等，可借助模型，浇铸成整幅的花式，多用于大型复杂的花格。

2. 弯曲成型

　　采用型钢、扁钢、钢管、钢筋等做构件，可预先弯成小花格，再将其拼装而成，或直接弯曲形成花格。

　　金属花格的拼接安装可用焊、铆或螺钉等方法。图 7.7 是几种花格的连接方法示例。

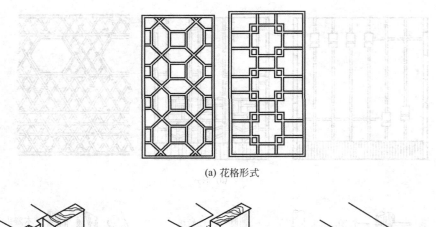

(a) 花格形式

(b) 连接构造

榫　　销　　钉

(c) 与墙结合构造　　　　　　(d) 木格断面形式

图 7.5　木花格

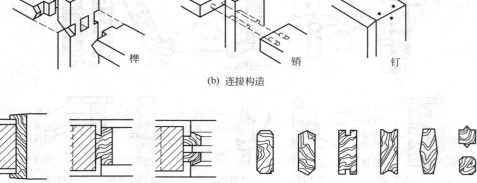

有机玻璃花饰
用502胶粘接

5×50 铝合金
圈铝条电焊

① 圆形铝合金花格

1—1　局部立面

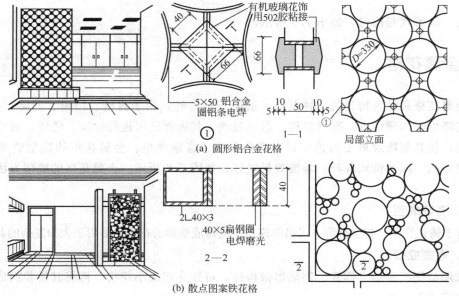

2L40×3
40×5扁钢圈
电焊磨光

2—2

(b) 散点图案铁花格

图 7.6　金属花格（单位：mm）

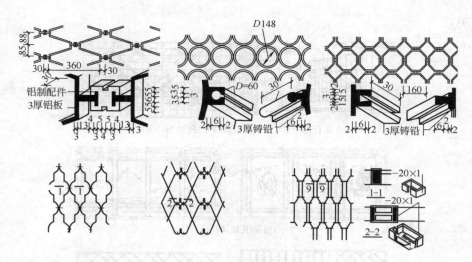

图 7.7　几种花格的连接方法（单位：mm）

五、玻璃花格

玻璃花格是建筑室内装饰最常用的一种形式。玻璃花格具有一定的透光性，表面清洁而光滑，色彩鲜艳明亮，多用于室内隔断、门窗扇等部位。玻璃花格可采用平板玻璃进行各种加工，如磨砂、银光刻花、夹花、喷漆等，也可采用玻璃厂生产的玻璃砖、玻璃管、压花玻璃、彩色玻璃等，或者采用具有一定的透光和遮挡视线的性能的玻璃。

玻璃花格多以木或金属作为框架，根据结合方式不同形成丰富的造型效果。图 7.8 是几种玻璃花格的立面效果和节点构造。

玻璃砖即特厚玻璃，有凹形和空心两大类。玻璃砖侧面有凹槽，以便嵌入白色水泥砂浆或灰白色水泥石子浆，把单块玻璃砖砌筑在一起。当面积较大时，玻璃砖的凹槽中应另加通长钢筋或扁钢，并将钢筋或扁钢同周围的建筑构件连接起来，以增强稳定性。

六、混凝土及水磨石花格

混凝土及水磨石花格均为水泥制品，因此又可称为"水泥制品花格"，它是一种经济美观、适用普遍的建筑装饰配件，可浇捣成各种不同造型的单体，如三角形、方形、长方形等构件进行组合。拼接灵活，坚固耐久，适用于室外大片围墙、遮阳、栏杆等。

混凝土花格浇捣时用 1:2 水泥砂浆一次浇成。若花格厚度大于 25mm 时可用 C20 细石混凝土。

花格用 1:2.5 的水泥砂浆拼砌，但拼装最大高度与宽度均不应超过 3m，否则需加梁柱固定。混凝土花格表面可用白色胶灰水刷面、水泥色刷面、无光油涂面等进行上色处理。

要求较光洁的花格可用水磨石制作。水磨石花格用 1:1.25 白水泥或配色水泥大理石屑一次浇筑。初凝后可进行粗磨，拼装后用乙酸加适量清水进行细磨至光滑并用白蜡罩面。

混凝土及水磨石花格的造型一般由竖板和花饰组成，花饰、竖板及连接节点构造如图

7.9 所示。

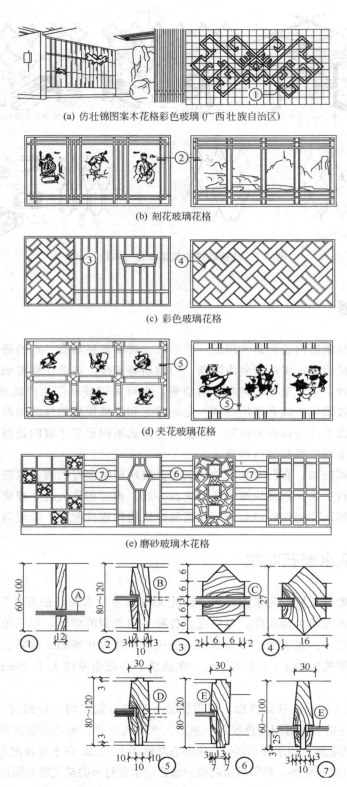

(a) 仿壮锦图案木花格彩色玻璃 (广西壮族自治区)

(b) 刻花玻璃花格

(c) 彩色玻璃花格

(d) 夹花玻璃花格

(e) 磨砂玻璃木花格

图 7.8　玻璃花格的立面效果和节点构造（单位：mm）

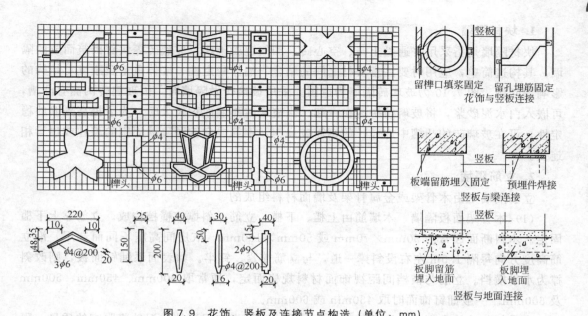

图 7.9 花饰、竖板及连接节点构造（单位：mm）

第二节
隔墙与隔断的装饰构造

隔墙与隔断是为了满足使用功能的需要，对建筑物内部空间做更深入、细致的划分，使得空间更丰富，功能更完善，更具装饰性。

隔墙和隔断均为非承重构件。隔墙和隔断的区别在于分隔空间的程度和特征上，一般隔墙是到顶的实墙，不仅能限制空间的范围，还能在很大程度上满足隔声、阻隔视线等要求；而隔断不到顶，是漏空的或活动的，它限定空间的程度比较小，但是在空间上，可以产生丰富的意境效果，增加空间的层次与深度，使空间既分又合，互相连通。另外，隔墙与隔断的拆装灵活性不同。隔墙一旦设置，往往不能经常变动的，而隔断多数是比较容易移动和拆装的，可以在必要时重新组织划分空间。

隔墙和隔断的构造要求是：①自重轻，有利于减轻楼板荷载，满足结构的承载力要求；②厚度薄，少占空间，增加建筑空间的有效使用面积；③用于厨房、厕所等特殊房间时，应满足防火、防水、防潮等要求；④便于移动、拆卸，能随使用功能的改变而变化，且拆除而又不损坏其他构配件；⑤隔墙应有一定的隔声能力，以保证各房间使用过程中互不干扰。

一、隔墙

根据其材料和构造方法的不同，隔墙可分为块材隔墙、立筋隔墙和条板隔墙等类型。

1. 块材隔墙

块材隔墙是指采用普通黏土砖、空心砖、加气混凝土块、玻璃砖等块材砌筑而成的隔墙，其构造简单，应用时要注意块材之间的结合、墙体稳定性、墙体重量及刚度对结构的影响等问题。图 7.10 为玻璃砖隔墙构造图。采用玻璃砖做隔墙时，因玻璃砖两侧有凸槽，可嵌入白水泥砂浆，将玻璃砖拼装在一起。当玻璃砖隔墙面积较大时，为了提高隔墙的稳定性，可在玻璃砖的凸槽中加通长的钢筋或扁钢，钢筋或扁钢同隔墙周围的墙柱或过梁相连接。

2. 立筋隔墙

立筋隔墙是由木骨架或金属骨架及墙面材料组成的。

（1）木骨架面板隔墙　木墙筋由上槛、下槛、立筋、斜撑或横挡构成。立筋靠上下槛固定。木料断面通常为 50mm×70mm 或 50mm×100mm，依房间高度不同而选用。沿立筋高度方向每隔 1.5m 左右设斜撑一道，与立筋撑紧、钉牢。如表面系铺钉面板，则改斜撑为水平横档。立筋与横档间距视饰面材料规格而定，通常取 400mm、450mm、500mm 及 600mm。一般铺钉饰面时取 450mm 或 600mm。

木骨架与墙体和楼板应牢固连接，为了防水、防潮和保证抹水泥砂浆踢脚的质量，隔墙下面可先砌 2～3 层普通黏土砖，同时对木骨架应做防火防腐处理。

隔墙饰面是在木骨架上（一面或两面）铺钉纸面石膏板、水泥刨花板、钙塑板、装饰吸声板及各种胶合板、纤维板等。有两种装钉方式（图 7.11）：一种是将面板镶嵌在骨架内，或者将面板用木压条固定于骨架中间，称为嵌装式；另一种是将面板铺钉于木骨架之外，并将木骨架全部掩盖，称为贴面式。贴面式面板隔墙的面板，要在立筋上拼缝。常见的拼缝方式有明缝、暗缝、嵌缝和压缝。明缝的缝隙可以是凹形，也可以是 V 形；压缝和嵌缝是指在拼缝处钉木压条或嵌装金属压条；暗缝的做法是将石膏板边缘刨成斜面倒角，安装后拼处填腻子，待初凝后再抹一层较稀的腻子，粘贴嵌缝带（绷带嵌缝带、牛皮纸嵌缝带、塑料穿孔嵌缝带等），待水分蒸发后，再用石膏腻子将纸带压住并与墙面抹平。如图 7.12 所示。

（2）金属骨架面板隔墙　金属骨架面板隔墙是在金属骨架外铺钉面板而制成的隔墙，金属骨架一般采用薄壁型钢、铝合金或拉眼钢板制作，如图 7.13 所示。

金属骨架一般由沿顶龙骨、沿地龙骨、竖向龙骨、横撑龙骨和加强龙骨及各种配件组成。构造做法是用沿顶、沿地龙骨与沿墙（柱）龙骨构成隔墙边框，中间设竖龙骨，如需要还可加横撑龙骨和加强龙骨，龙骨间距一般为 400～600mm，具体间距根据面板尺寸而定。

安装固定沿地、沿顶龙骨的构造方式：一种是在楼地面施工时上下设置预埋件；另一种是采用膨胀螺栓或射钉来固定，墙筋、横档之间则靠各种配件或抽心拉铆钉相互连接。面板与骨架的固定方式有钉、粘、卡三种（图 7.14）。

金属骨架面板隔墙的主要优点是强度高、刚度大、变形小、防火性能好、自重轻、整体性好，易于加工和大批量生产，还可根据需要拆卸和组装，近几年来得到了广泛的应用。图 7.15 为轻龙骨石膏板隔墙构造。

3. 条板隔墙

条板隔墙是不用骨架，而用厚度比较厚、高度相当于房间净高的板材拼装而成的隔墙

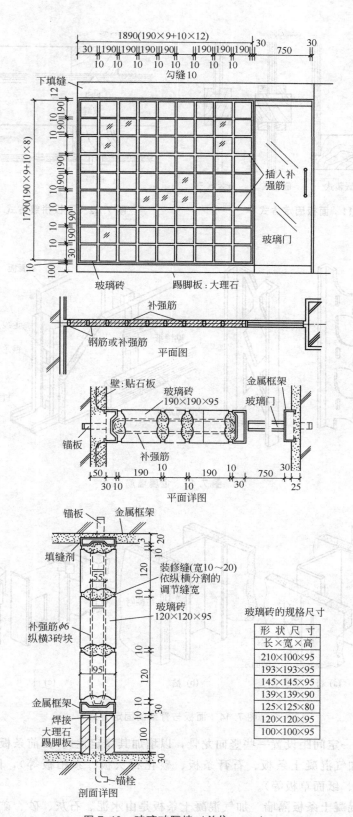

图 7.10　玻璃砖隔墙（单位：mm）

玻璃砖的规格尺寸

形状尺寸
长×宽×高
210×100×95
193×193×95
145×145×95
139×139×90
125×125×80
120×120×95
100×100×95

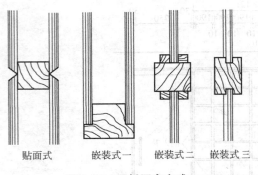

图 7.11 面板固定方式

贴面式　嵌装式一　嵌装式二　嵌装式三

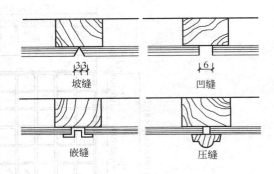

图 7.12 面板拼缝方式（单位：mm）

坡缝　凹缝　嵌缝　压缝

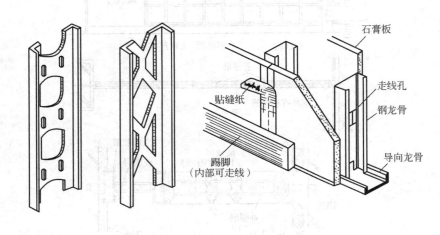

图 7.13 金属墙筋

石膏板　走线孔　钢龙骨　导向龙骨　贴缝纸　踢脚（内部可走线）

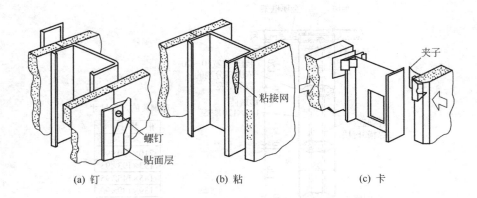

图 7.14 面板与骨架的固定方式

(a) 钉　(b) 粘　(c) 卡

螺钉　贴面层　粘接网　夹子

（在必要时可按一定间距设置一些竖向龙骨，以增加其稳定性）。目前条板隔墙采用各种材料的条板（如加气混凝土条板、石膏条板、碳化石灰板、泰柏板等），以及各种复合板（如纸面蜂窝板、纸面草板等）。

（1）加气混凝土条板隔墙　加气混凝土条板是由水泥、石灰、砂、矿渣、粉煤灰等加发气剂铝粉，经原料处理、配料、浇筑、切割及蒸压养护等工序制成。其热导率低，保温

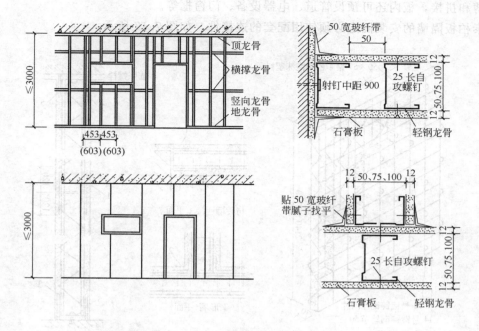

图 7.15　轻龙骨石膏板隔墙构造（单位：mm）

性能、抗震性能和防火性能好，可锯、可刨、可钉，可加工性佳。但加气混凝土吸水性大、耐腐蚀性差、强度较低，运输、施工过程中易损坏，不宜用于具有高温、高湿或有化学及有害空气介质的建筑中。常用加气混凝土条板常用的规格是：长 1500～6000mm，宽度为 600mm，厚度为 150mm、175mm、180mm、200mm、240mm、250mm 等多种。

加气混凝土隔墙的两端板与建筑墙体的连接，可采用预埋插筋做法；条板顶端与楼面或梁下用黏结砂浆做刚性连接，下端用一对对口木楔在板底将板楔紧。再用细石混凝土将木楔空隙填实；隔墙板之间用水玻璃砂浆或 108 胶水泥砂浆黏结。

当加气混凝土隔墙设门窗洞口时，门窗框与隔墙连接，多采用胶黏圆木的做法。在条板与门窗框相连接的一侧钻孔，孔径 25～30mm，孔深 80～100mm，孔内用水湿润后将涂满 108 胶水泥砂浆的圆木塞入孔内，然后用圆钉或木螺钉将门窗框紧固在圆木上，如图 7.16 所示。

（2）泰柏板隔墙　泰柏板是由 φ3mm 低碳冷拔镀锌钢丝焊接成三维空间网笼，中间填充聚苯乙烯泡沫塑料构成的轻质板材，一般厚 70mm、宽 1200～1400mm、长 2100～4000mm。它自重轻，强度高，保温、隔热性能好，具有一定隔声能力和防火性能，易

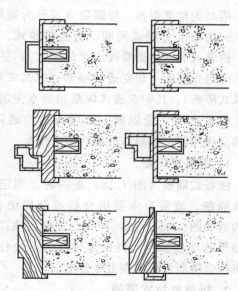

图 7.16　条板与门框连接构造

于裁剪和拼接，板内还可预设管道、电器设备、门窗框等。

泰柏板隔墙的安装固定必须使用配套的连接件，如图 7.17 所示。

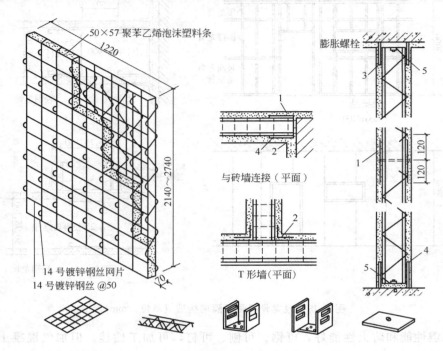

图 7.17　泰柏板隔墙（单位：mm）
1—盖接缝网片；2—转角网片；3—U 形码；4—可拆 U 形码；5—垫板

二、隔断

隔断的种类很多，按固定方式分为固定式隔断和移动式隔断；从限定程度上分为两类；一类是全分隔式隔断（折叠推拉式、镶板式、拼装式和软体折叠式或手风琴式）；另一类是半分隔式隔断（如空透式隔断、家具式隔断、屏风式隔断），其中空透式隔断包括水泥制品隔断、竹木花格空透隔断、金属花格空透隔断、玻璃空透隔断、隔扇、屏风、博古架等。

1. 镶板式隔断

镶板式隔断（图 7.18）是一种半固定式的活动隔断，墙板有木质组合板或金属组合板，其构造如图 7.19 所示，预先在顶棚、地面、承重墙等处预埋螺栓，再固定特制的五金件，然后将组合隔断板固定在五金件上。

2. 折叠推拉式隔断

折叠推拉式隔断属于一种硬质隔断，由木

图 7.18　镶板式隔断透视

隔扇或金属隔扇构成，通常适用于较大的房间。

硬质隔断的隔扇是由木框或金属框架，两面各贴一层木质纤维板或其他轻质板材，在

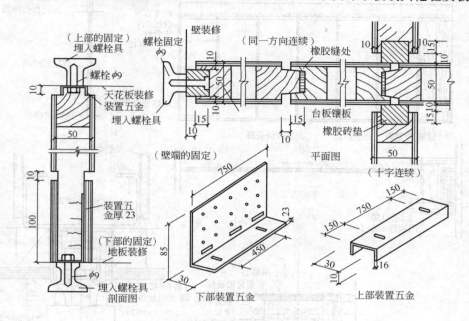

图 7.19　镶板隔墙构造（单位：mm）

两层板的中间加隔声层而组成，隔扇之间用铰链连接；在顶棚上装槽钢轨道，在折叠式的每块隔断板上部装两副滑轮吊轴。活动隔断在收折起来时，可放入房间旁边的壁橱内。壁橱里可分为双轨，以便隔断板的两个滑轮分轨滑动，达到隔断板重叠储藏的目的。隔断板的下部可用弹簧卡顶着地板，以免晃动。折叠推拉式隔断如图 7.20 所示。

3. 拼装式隔断

拼装式隔断由若干独立的隔扇拼成，不设导轨和滑轮。其拼装方法是将四个方向都有卡口的铝合金竖框先用上槛和下槛固定。一般下部可用膨胀螺栓，上部用木螺钉固定在顶棚格栅上。然后可将隔断板或玻璃插入铝框的卡口内，玻璃要用橡胶密封条固定。

隔扇多用木框架，两侧粘贴纤维板或胶合板，在其上还可贴面料饰面或包人造革，在两面板之间还可设隔声层。相邻两扇的侧边做成企口缝相拼。为装卸方便，隔断的上部设置一个通长的上槛，断面为槽形或丁字形。采用槽形时，隔扇的上部较平整，采用丁字形时，隔扇上部应设一道较深的凹槽。不论采用哪一种上槛，都要使隔断的顶端与顶棚保持 50mm 左右的间隙，以保证装卸的方便。隔扇的下部做踢脚，底下可加隔声密封条或直接将隔扇落到地面上，能起到较好的隔声效果。图 7.21 是拼装式隔断的立面图和主要节点图。

4. 直滑式隔断

直滑式隔断也有若干扇，这些扇可以各自独立，也可用铰链连接到一起。独立的隔扇可以沿各自的轨道滑动，但在滑动中始终不改变自身的角度，沿着直线开启与关闭。

直滑式隔断单扇尺寸较大，扇高 3000～4500mm，扇宽 1000mm 左右，厚度为 40～60mm，做法与拼装式隔扇相同。隔扇的固定方式有悬吊导向式固定和支撑导向式固定

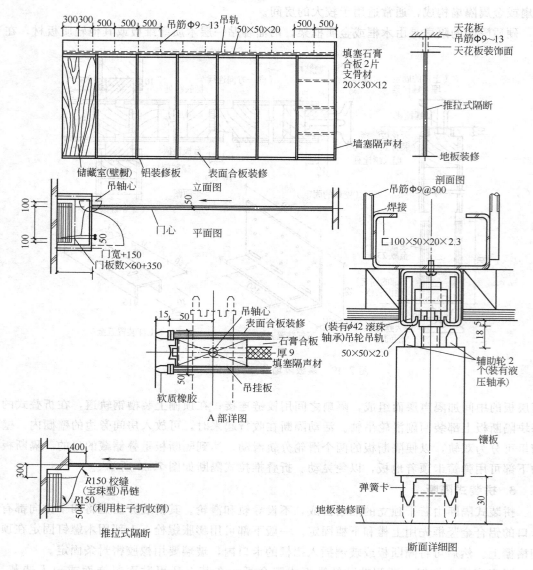

图 7.20 折叠推拉式隔断构造 (单位: mm)

（如图 7.22 所示）。支撑导向式固定方式的构造相对简单、安装方便。因为支撑构造的滑轮固定在格扇下端，与地面轨道共同构成下部支撑点，并起到转动或移动隔扇的作用，而上部仅安装防止隔扇摆动的导向杆。

悬吊导向式固定隔扇与地面间的缝隙可用适当方法来掩盖，常用两种方法：一是在隔扇下端设两行橡胶密封刷；二是将隔断的下端做成凹槽形，在凹槽内分段放置密封槛，密封槛借隔扇的自重紧压在地面上。

5. 软体折叠式（手风琴式）隔断

软体的折叠式隔断的轨道可以任意弯曲，适合于层高不是很高的空间，其构造比一般隔断复杂，它的每一折叠单元是由一根长螺杆来串联若干组 "X" 形的弹簧钢片铰链与相邻的单元相连形成的骨架，骨架的两边包软质的织物或人造皮革，可以像手风琴一样拉伸

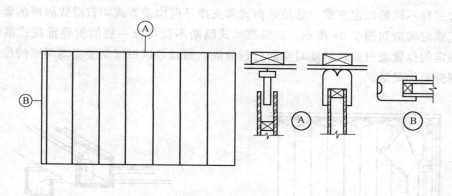

图 7.21　拼装式隔断立面和主要节点

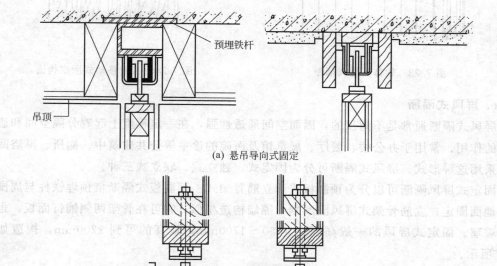

(a) 悬吊导向式固定

(b) 支撑导向式固定

图 7.22　直滑式隔断隔扇的固定

和折叠。软体折叠式隔断一般是在开口部的两边各装一半，关闭时，在交合处用磁铁吸引。

软体折叠式隔断通常用双滑轮悬吊在顶棚轨道，上下面也可装滑轮，如果开口部较大时，地面上也应做轨道。

软体折叠式隔断主要是由轨道、滑轮和隔扇三个部分组成。软质折叠移动式隔断的面层可为帆布或人造革，面层的里面加设内衬。软质隔断的内部一般设有框架，采用木立柱或金属杆，木立柱或金属杆之间设置伸缩架，面层固定于立柱或立杆上，如图 7.23 所示。

软体折叠式隔断根据滑轮和导轨的不同设置，又可分为悬吊导向式、支撑导向式和二维移动式三种不同的固定方式。悬吊导向式和支撑导向构造方式同直滑式隔断的做法。二维移动式固定构造如图 7.24 所示。二维移动式隔断不仅可像一般的折叠推拉式隔断一样在某一特定的位置通过线性运动对空间进行分隔，而且可以根据需要变动隔断的位置，对空间的划分更加灵活。

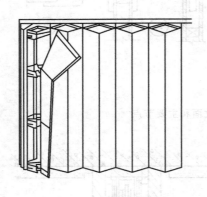

图 7.23　软体折叠式隔断

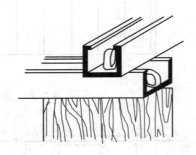

图 7.24　二维移动式固定构造

6. 屏风式隔断

屏风式隔断通常是不到顶的，因而空间通透性强，在一定程度上起着分隔空间和遮挡视线的作用，常用于办公楼、餐厅、展览馆及医院的诊室等公共建筑中。厕所、淋浴间等也多采用这种形式。屏风式隔断可分为固定式、独立式、联立式三种。

固定式屏风隔断可以分为预制板式和立筋骨架式。预制板式隔断借预埋铁件与周围墙体、地面固定；立筋骨架式屏风隔断则与隔墙构造相似，它可在骨架两侧铺钉面板，也可镶嵌玻璃。固定式屏风的一般高度在 1050～1700mm，最高的可到 2200mm，构造如图 7.25 所示。

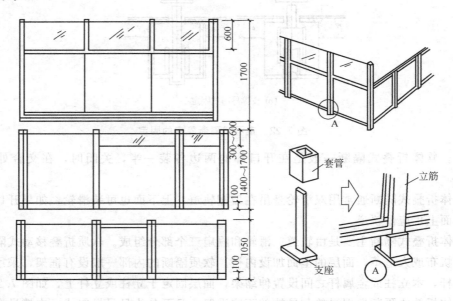

图 7.25　固定式屏风隔断（单位：mm）

独立式屏风隔断一般采用木骨架或金属骨架，骨架两侧钉胶合板、纤维板或硬纸板，外面以尼龙布或人造革包衬泡沫塑料，周边可以直接利用织物做缝边，也可另加压条。最简单的支撑方式是在屏风扇下安装一金属支架，支架可以直接放在地面上；也可以在支架下安装橡胶滚动轮或滑动轮。

联立式屏风隔断的构造做法与独立式基本相同。不同之处在于联立式屏风隔断无支架，而是靠扇与扇之间连接形成一定形状站立，使平面成锯齿形或十字形、三角形。一般采用顶部连接件连接，保证随时将联立式屏风拆成单独屏风扇，如图 7.26 所示。

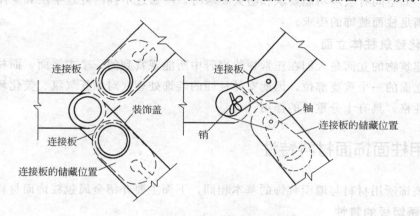

图 7.26　联立式屏风隔断连接件

7. 隔扇、罩、博古架

隔扇一般是用硬木精工制作的隔框，隔心可以裱糊纱、纸，群板可雕刻成各种图案，它最大的特点是开闭方便，自重轻，而且有装饰性。

罩是梁、柱的附着物，用罩分隔空间，能够增加空间的层次，构成一种有分有合、似分似合的空间环境。

博古架是一种陈放各种古玩和器皿的架子，其分格形式和精巧的做工又使其具有装饰价值。

第三节
柱面装饰构造

一、柱面装饰的功能及构造特点

柱面，是指柱体的四个表面。它是建筑物室内外空间的侧界面，是以垂直面的形式出现的。柱面分室外柱面和室内柱面两大类，因而柱面装饰也就相应地划分为室外柱面装饰和室内柱面装饰两大类。柱面装饰的基本功能有以下几方面。

1. 保护柱体

室内外柱体作为建筑结构的主要竖向承重结构，要承担结构的竖向荷载以保证建筑物的安全可靠。室外柱面的装饰，在一定程度上能保护柱体不受外界的侵袭和影响，提高柱体防潮、防老化、抗腐蚀的能力。所以，柱体装饰应具有一定的坚固性和耐久性。

2. 改善柱体的物理性能

柱面装饰应根据空间的不同及其相应功能的不同来进行设计和施工，以满足各空间的功能要求。如空间有吸声功能要求和防火要求时，应通过不同的处理手法和采用不同的饰面材料来满足柱面装饰的要求。

3. 美化建筑柱体立面

由于建筑物的立面是人们在正常视线视野中所能观赏到的一个主要面，而柱体立面又是建筑物立面的一个重要部位，因此室外柱面的装饰处理，对烘托气氛、美化环境、体现建筑物的性格，具有十分重要的作用。

二、常用柱面饰面材料特性

柱面装饰所用材料与墙面装饰的基本相同，下面主要介绍金属包柱饰面材料的特性。

1. 不锈钢板的特性

装饰不锈钢板的规格种类很多，应根据使用部位、供应条件和加工制作等方面综合考虑选择，包柱饰面不锈钢板厚度一般在1mm左右，经常采用的镜面不锈钢板具有光亮如镜、耐腐蚀、耐火、耐潮湿、不会破碎、施工安装简便等特点，因此在公共建筑中应用广泛。

2. 铝合金板的特性

作为包柱的铝合金饰面板要具有较高的强度和刚度，同时应便于加工。通常多选用较厚纯铝板（2.5mm以上）及塑铝板。

3. 铜合金板的特性

铜合金饰面板饰面光滑，光泽中等，可加工性能好，切削制作成型方便，通过不同的工艺处理后，可制作成镜面、布面、纱面、腐蚀面、凹凸面等不同的装饰效果。常用的铜合金有黄铜（铜锌合金）、青铜（铜锡合金）、白铜（铜镍合金）、红铜（铜金合金）等。

4. 钛金板的特性

钛金实际上是将钛合金镀在不锈钢等基层表面，使基层表面达到金光灿烂的装饰效果。该类板材具有超硬度、耐磨、不掉色等优点，但制品大小受限，现场再加工困难，使包柱用钛金的尺寸受到限制。

三、柱面装饰的基本构造

（一）一般柱面的基本构造

1. 常见柱面基本构造

常见柱面的基本构造如木板贴面、大理石贴面、玻璃镜贴面等构造与墙面构造基本相同，如图 7.27 所示。

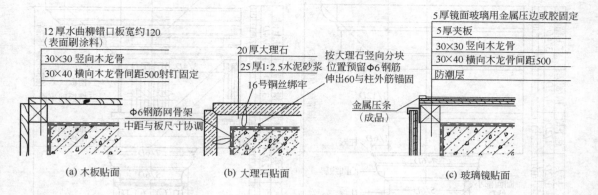

12 厚水曲柳错口板宽约120
（表面刷涂料）
30×30 竖向木龙骨
30×40 横向木龙骨间距500射钉固定
Φ6钢筋网骨架
中距与板尺寸协调

20 厚大理石
25 厚1:2.5水泥砂浆
16 号铜丝绑牢
按大理石竖向分块
位置预留Φ6钢筋
伸出60与柱外筋锚固

5 厚镜面玻璃用金属压边或胶固定
5 厚夹板
30×30 竖向木龙骨
30×40 横向木龙骨间距500
防潮层
金属压条
（成品）

(a) 木板贴面　　　　(b) 大理石贴面　　　　(c) 玻璃镜贴面

图 7.27　常见柱面装饰构造（单位：mm）

2. 整木材柱

整体木材柱是由一根木材做成，在仿古建筑及单层居民建筑中用得较多。粗大的整体木材柱也可由数根木材拼接组成。柱的上端一般开榫与木梁连接，柱的下端与柱底石连接，如图 7.28 所示。

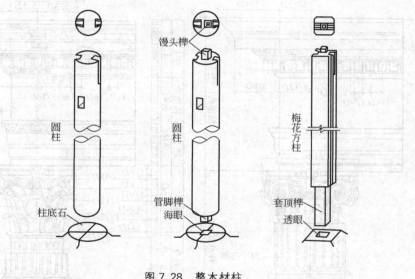

馒头榫

圆柱

圆柱

梅花方柱

柱底石

管脚榫
海眼

套顶榫

透眼

图 7.28　整木材柱

3. 整石材柱

整石材柱即整个柱子均由一块石头开凿而成，一般采用花岗岩。石柱由柱基、柱身与柱帽三部分组成，较粗大的石材柱在长度方向可由数段拼接，用高强度等级的水泥砂浆砌缝，缝的外侧用同类石材的粉末搅拌和水泥勾缝，以保持接缝处的质地、颜色与石材一致，整石材柱构造如图 7.29 所示。

（二）造型柱的基本构造

在实际工程中经常由于造型要求，需将原结构柱装饰成一定尺寸和形状的造型柱，造

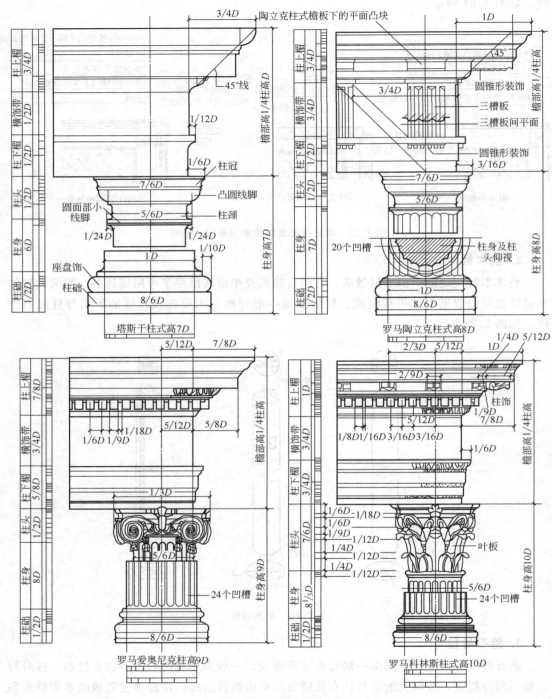

图 7.29　整石材柱构造

型柱的装饰构造基本要求概括为三个方面：骨架成型、基层板固定、饰面板安装。

1. 骨架成型

首先应制作包柱骨架，然后拼装成所需形状。制作骨架的外形尺寸，应根据测量好的柱子实际尺寸并考虑建筑误差后确定；骨架结构材料一般为木和型钢两种。木结构骨架一般采用 40mm×40mm 方木，通过用木螺钉或榫槽连接成框体，主要用于粘贴不锈钢饰面板、钛合金饰面板和铜合金饰面板等，如图 7.30 所示；型钢骨架通常采用∟50mm×50mm 的角钢，通过焊接或螺栓连接而成，主要用于铝合金板的安装，图 7.31 为装饰圆柱铁骨架构造。

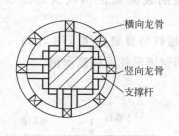

图 7.30 装饰圆柱木骨架

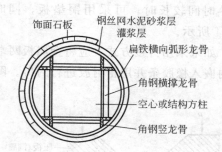

图 7.31 装饰圆柱铁骨架构造

2. 基层板固定

基层板主要作用是便于粘贴面层，增加柱体骨架的刚度。基层板一般采用胶合板，直接用铁钉或螺钉固定在骨架上，围贴在木骨架上时应先在木骨架上刷胶液，再钉牢。为了保证饰面板的准确安装，要求基层板表面平滑，尺寸准确。

3. 饰面板安装

造型柱的饰面板主要有金属板、石材、木质饰面板等。金属板的安装方法主要有三种：胶粘、焊接和钉接。石材的安装方法主要采用干挂法连接或采用背栓连接的方法进行固定；木质饰面板安装方法主要有胶粘与钉接。

柱面上安装的饰面板的形状有平面式和圆柱式两种方式。

平面式主要用于方柱体，在柱的大平面上用万能胶把金属板粘贴到基层木板上，在转角处用成型角压边，再用少量密封胶封口，如图 7.32 所示。

圆柱式主要用于圆柱体上，通常是金属板在工厂内将圆柱面加工成两片或三片曲面，然后进行组装。根据金属板的安装方法不同，片与片之间的对口处理构造不同。胶粘方式是广泛采用的一种安装方法，采用胶粘方式安装时有直接卡口式和嵌槽压口式两种对口处理方法。直接卡口式是在两片金属板对口处先安装一卡口槽，然后将金属板的弯曲部压入卡口槽，如图 7.33（a）所示。嵌槽压口式是先把金属板在对口处的凹槽部用螺钉或铁钉

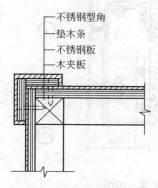

图 7.32 方柱转角收口构造

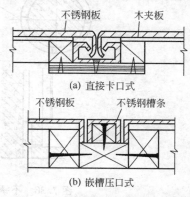

图 7.33 圆柱胶粘方式收口构造

固定，再把一根宽度小于凹槽的木条固定在槽中间，木条两侧间隙1mm左右，再在木条上涂万能胶，待万能胶不沾手时，向木条上嵌入金属槽条，如图7.33（b）所示。

如果采用焊接方式，应先在骨架中预埋垫板，如在不锈钢薄板的焊接中，一般采用垫板宽20～25mm与母材材料相同的钢带，沿焊缝顺长布置。当焊接温度较高，加热时间较长时，可采用铜垫板，同时在不锈钢板的表面加设钢或铜的压板，如图7.34所示。

如果采用钉接方式，应将金属板两端的折边通过螺钉与骨架连接（图7.35），然后在缝内嵌入橡胶条并用密封胶进行封口。图7.36为不锈钢圆形柱面构造示例。

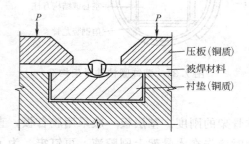

图7.34 焊接板垫板和压板构造

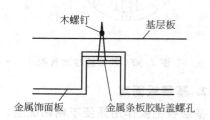

图7.35 钉接式的收口构造

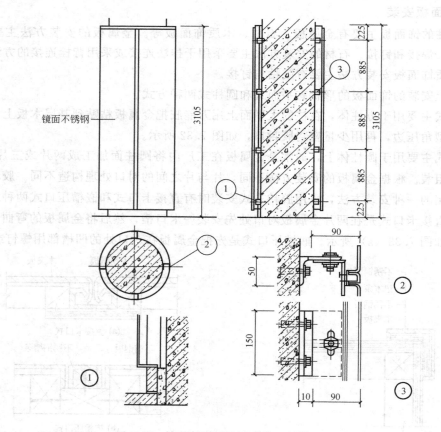

图7.36 不锈钢圆形柱面构造（单位：mm）

第四节
柜台、吧台、收银台构造

　　柜台、吧台、收银台是商业建筑、旅馆建筑、邮局、银行、车站等公共建筑中必不可少的设施，是服务人员接待顾客，同顾客进行交流的地方，其构造设计首先必须满足使用功能要求。

　　一般商业建筑的柜台只考虑商品陈列美观、牢固即可，商店柜台为了商品展示的需要，常采用不锈钢或铝合金型材构架，正立面和柜台面面层则多采用玻璃，甚至柜台面和四周均采用玻璃；银行柜台与收款柜台等则应满足保密、防盗、防抢要求，为此，应采用钢筋混凝土结构基层，面层材料多采用不透明的石材、胶合板材、金属面板；酒吧是西餐厅和夜总会的构成部分，一般吧台、酒柜的选材及制作均需符合人体的基本尺度。柜台、吧台的造型、色彩、质感必须与室内整体协调统一。

　　由于柜台、服务台、吧台等设施必须满足防火、防烫、耐磨、结构稳定和使用的功能要求，以及满足创造高雅、华贵的装饰效果的要求，因此，这些设施多采用混合结构组合构成：钢结构、砖结构或混凝土结构作为基础骨架，可保证上述台、架的稳定性；木结构、厚玻璃结构可组成台、架功能使用部分；大理石、花岗岩、防火板、胶合饰面等作为这些设施的表面装饰；不锈钢槽、管、钢条、木线条等则构成其面层点缀。

　　各部分结构之间的连接方式为：石板与钢管骨架之间采用钢丝网水泥镶贴，石板与木结构之间采用环氧树脂粘接；钢骨架与木结构之间采用螺钉，砖、混凝土骨架与木结构之间采用预埋木砖、木楔钉接；厚玻璃结构间及厚玻璃与其他结构采用卡脚和玻璃胶固定；不锈钢管、铜管架采用法兰座和螺栓固定，线脚类材料常用钉接、粘接固定；钢骨架与墙、地面的连接用膨胀螺栓或预埋铁件焊接。

一、零售柜台

　　一般零售柜台兼有商品展览、商品挑选、服务人员与顾客交流等功能，所以柜台常用玻璃做面板，骨架可采用木、铝合金、型钢、不锈钢等制作。一般高度为 900～1100mm，台面宽根据经营商品的种类决定，普通百货柜为 600mm 左右。如图 7.37 所示。

二、收银台或接待服务台

　　收银台或接待服务台主要作用是问讯、接待、登记等，由于兼有书写功能，所以比一般柜台高，约 1100～1200mm。接待服务台总是处于大堂等显要位置，设计与施工过程中应重点考虑，着重处理，以突出其重要性。所以装饰装修的档次要求很高，所用的材料及构造作法都需考虑周到。接待服务台的具体尺度和选材要求与吧台柜台基本相同。柜台上端的天棚经常局部降低，与柜台及后部背景一起组成厅堂内的视觉中心。设计时应处理好灯光的选择、布置，并应与大堂的总体效果相协调。

图 7.38 为服务台构造示意。

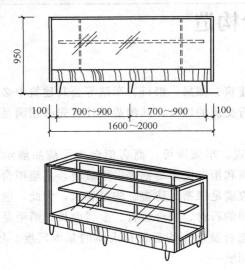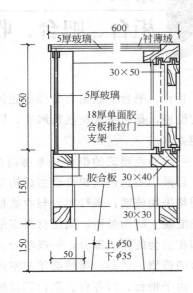

(a) 普通百货柜台

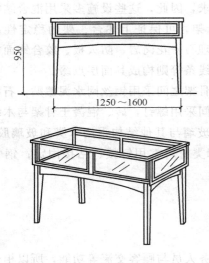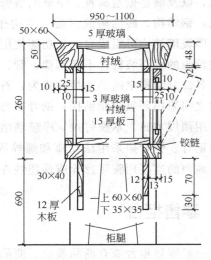

(b) 布匹柜台构造

图 7.37 零售柜台构造（单位：mm）

三、酒吧柜台

酒吧柜台是酒吧和咖啡厅内的核心设施。吧台的上翼台面兼作散席顾客放置酒具用，应采用耐磨、抗冲击、易清洁的材料，多选用高档的饰面材料如大理石、花岗岩、铝塑板、不锈钢板、高档的木质板材和高档的木制胶合板等，具体的饰面材料可根据设计的档

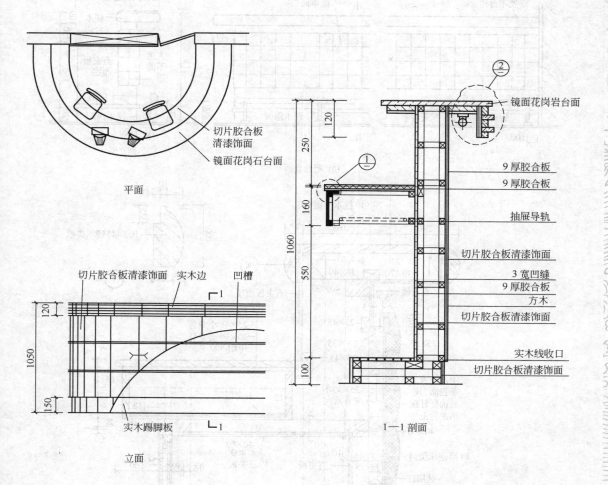

平面

立面

1—1 剖面

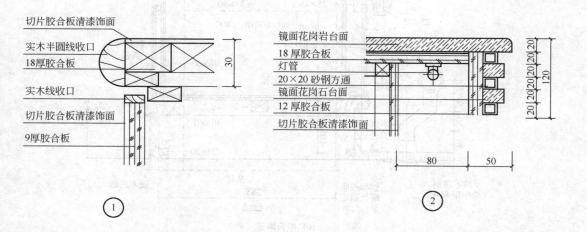

① ②

图 7.38　服务台构造示意（单位：mm）

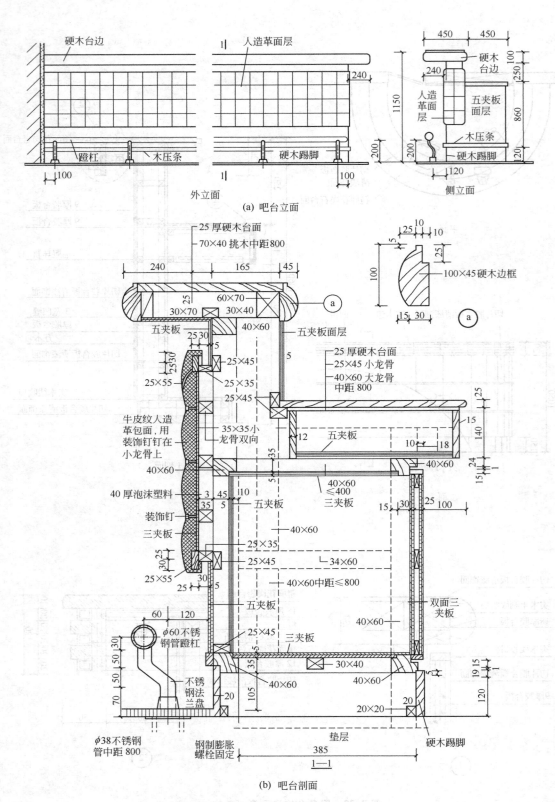

（a）吧台立面

外立面

侧立面

硬木台边

人造革面层

蹬杠　木压条

硬木踢脚

硬木台边

人造革面层

五夹板面层

木压条

硬木踢脚

25 厚硬木台面

70×40 挑木中距800

100×45硬木边框

五夹板

牛皮纹人造革包面，用装饰钉钉在小龙骨上

40 厚泡沫塑料

装饰钉

三夹板

五夹板面层

25 厚硬木台面

25×45 小龙骨

40×60 大龙骨中距 800

五夹板

五夹板

三夹板

双面三夹板

φ60不锈钢管蹬杠

不锈钢法兰盘

φ38不锈钢管中距 800

钢制膨胀螺栓固定

垫层

硬木踢脚

（b）吧台剖面

图 7.39　吧台构造（单位：mm）

次、总体效果要求和工程造价的控制等情况来确定。材料的表面宜选用深色，避免光反射。吧台的功能按延伸长面可划分为加工区、储藏区和清洗区。吧台上方应有集中照明，照度一般取100～1500lx，照明灯具应有防光设施，防止眩光。

酒吧柜台的布置形式有直线型、转角型、半岛型、中心岛型等，柜台宽度为550～750mm，柜台的高度客人一侧为1100～1150mm，服务员一侧为750～800mm，吧台的长度按需要设计。吧台的构造如图7.39所示。

第五节
广告招牌装饰构造

广告招牌作为店面的重要组成部分，起着标志店名、装饰店面、吸引和招徕顾客的作用。招牌一般附设在商业建筑外立面的重要部位，如设置在店堂入口的雨篷上、下或门前的墙面上，或采用悬挑的方式突出设置。

招牌的外观形式多种多样，按外形、体量可分为平面招牌和箱体招牌；按安装方式又可分为附贴式、外挑、悬挂式、直立式等。

一、广告招牌的构造要求

广告招牌包括内部骨架、基层板、面板等，其具体构造要求如下。

① 广告招牌的内部骨架有钢结构骨架（用角钢制作）、木制骨架、铝合金骨架，其材料的断面和间距可据具体情况进行确定。钢结构骨架与墙体的固定可通过将骨架与金属膨胀螺栓进行焊接来实现，钢结构骨架在安装前应事先进行防锈处理；铝合金骨架的固定应通过金属连接件进行固定，金属连接件由金属膨胀螺栓固定于墙上，铝合金方管与金属连接件之间由螺栓进行固定连接；木制骨架在室外很少使用，如选用木制骨架本身应做好防腐处理，原结构基层应做好防潮处理。

② 广告招牌的基层板多采用中密度板和细木工板（大芯板），它应通过螺钉或者螺栓与骨架进行连接固定。在使用前应事先进行防腐处理和防火处理。

③ 广告招牌的面板多采用玻璃、铝塑板、铝合金扣板、不锈钢板、彩色钢板等，通过胶黏剂与基层板连接。在选用面层材料时，应考虑材料的耐久性、耐候性。

④ 广告招牌处于室外环境，易受到雨水的侵蚀，应进行防水处理。通常的做法是在广告招牌的顶部用白铁皮或者薄钢板进行覆盖，其外部应用密封胶或玻璃胶将周围缝隙进行密封，也可以采用卷材防水材料进行防水处理，以保证其密封而不渗漏。

⑤ 在广告招牌的设计与施工过程中，还应注意其内部的电气线路的设计与布置的安全性和可靠性，应正确选择有关的电器设备。

二、普通字牌式广告招牌构造

普通字牌式广告招牌属于平面招牌的类型，其基本组成有美术字、图案、店徽等，常用的材料有木材、有机玻璃片加聚氨酯泡沫、钢板、不锈钢镜面板、钛金板、铜板等。

美术字的安装因制作所采用的材料和字体安装的招牌基层面板的不同而不同。无泡沫塑料衬底的有机玻璃字安装在有机玻璃面板上时，用氯仿或502胶黏剂；大型钢板凹形字固定在立式招牌的彩色钢扣板或铝合金扣板面上时用螺栓固定；有泡沫塑料衬底的有机玻璃安装在金属板、木板、有机玻璃面板及墙面上时用白乳胶、环氧树脂或氯丁胶粘贴，同时用铁钉固定，并将钉尾插入泡沫塑料；带有侧缘的铜、不锈钢、铝合金板和塑料等字安装在招牌面板和墙面上时，一般采取在招牌面板或墙面上先固定在字和底板之间起连接作用的镶嵌木块或铝合金连接角，再在字的侧缘钻孔，用木螺钉或自攻螺钉将字侧缘和已固定的镶嵌木块或铝合金连接角连接。

三、雨篷式广告招牌构造

雨篷式招牌属箱体式招牌，一般外挑或附贴在建筑物入口处墙面上。它是以金属型材和木材做骨架，以木板、铝合金扣板、PVC扣板、铝塑板、花岗石薄板等材料作为面板而制作招牌基层，再镶以用金属板、有机片、塑料等制作的美术字、店徽、饰件等进行装饰，如图7.40所示。

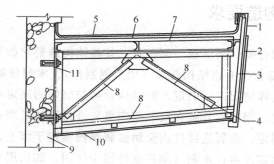

图 7.40　雨篷式招牌的构造示例

1—招牌面板；2—美术字；3—招牌基层；4—吊顶木龙骨；5—防水层；6—细石混凝土；
7—钢筋混凝土薄板；8—角钢；9—混凝土墙；10—吊顶面层；11—金属膨胀螺栓

四、灯箱式广告招牌构造

灯箱是以悬挂、悬挑或附贴方式支撑在建筑物上，其内部装有灯具，面板用透明材料制成。通过灯光效果，强烈地显示出店徽、店面或广告内容，从而突出店面的识别性、装饰性，更有效地吸引顾客。

灯箱式广告招牌按照灯箱大小不同，其骨架一般用金属型材（如角钢或铝合金型材）

或木方制作，以有机灯箱片、玻璃贴窗花及时贴等材料做面板，再以铝合金角线和不锈钢角线包覆装饰灯箱边缘。灯箱的构造要充分考虑灯具维修及更换的需要，能方便地打开面板，如图 7.41 所示。

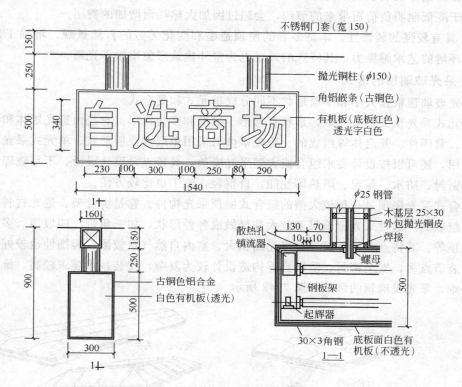

图 7.41　灯箱构造实例（单位：mm）

第六节

采光屋顶

一、采光屋顶的特点

采光屋顶是指建筑物的屋顶材料全部或部分被玻璃、塑料、玻璃钢等透光材料所取代，从而形成兼有装饰和采光功能的顶部结构构件。

1. 采光屋顶的特点

① 使建筑室内同时兼有内外空间的双重环境特征。采光屋顶既可以提供遮风避雨的室内环境，同时又可将室外的自然光线和天空景色引入室内，使人们身在室内，却有一种

接近大自然的感觉。

② 充分利用自然光，减少室内照明的费用，通过温室效应，也降低采暖费用，节约能源。经测量，玻璃顶的采光率是同样面积侧窗照度的五倍以上，一个设计得好的玻璃顶，由于降低照明负荷而带来的节约，会超过因加大热耗而增加的费用。

③ 具有较强的装饰性。丰富多彩的屋顶造型和变化无穷的自然景观，增强了建筑室内空间环境的艺术感染力，其特殊的外观也为室外建筑形象增添了光彩。

2. 采光玻璃顶的形式

采光玻璃顶根据大小和平面形状不同分成单元式和复合式。

单元式采光顶又称采光罩，形状有穹形、拱形和多角锥形。它是由透光罩体和各种防水围框、紧固件、开启体等组成的。透光罩体可采用单层或双层形式。单元式采光罩可以单独使用，还可以按设计要求组合成大型采光屋顶，其特点是设计灵活，不易破碎，且有良好的密封、防水、保温、隔热等性能，自重轻，施工也比较方便。

复合式采光屋顶是一种较大型的组合式屋顶采光构件。它是由骨架、透光材料及密封材料等组成的。这种采光屋顶尺度较大并可做成各种形状，如三角带、四坡顶、多边形及大型穹顶等。其特点是设计灵活、采光面积大、室内自然气氛较浓、装饰性也较好，但由于其安装节点多，安全密封、防结露等构造设计较为复杂，安装技术要求较高，维修也有一定困难。采光玻璃顶的形式如图 7.42 所示。

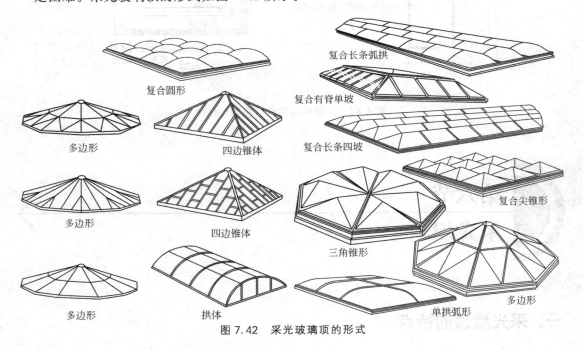

复合长条弧拱

复合圆形

复合有脊单坡

多边形

四边锥体

复合长条四坡

多边形

四边锥体

复合尖锥形

三角锥形

多边形

多边形

拱体

单拱弧形

图 7.42 采光玻璃顶的形式

二、采光屋顶构造设计要求

采光屋顶由于所处的位置特殊，技术要求比较高，构造设计应满足以下技术要求。

1. 满足结构安全要求

采光屋顶需要抵抗风荷载、雪荷载、自重荷载及地震作用等。因此，采光屋顶的所有构配件均必须满足强度、刚度等力学性能要求，并应采取必要的防护措施，玻璃顶要求有良好的抗冲击力，以确保屋顶结构的安全。

2. 满足水密性要求

作为屋顶构件，防水与排水是采光屋顶的基本要求，因此，屋顶构配件必须有良好的密封性能，采光屋顶常设不小于 1/3 排水坡度，采用性能优越的封缝材料，通常在室内金属型材上加设排水槽，以便将漏进内侧的少量雨水排走，解决防渗漏问题。

图 7.43 为大型玻璃顶及排水系统构造，图 7.44 为玻璃顶节点构造。

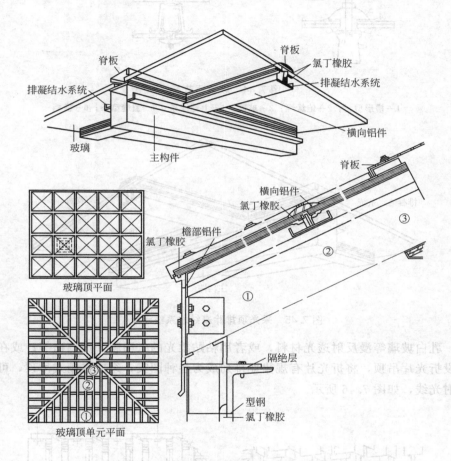

图 7.43　大型玻璃顶及排水系统

3. 满足防结露的要求

当室内外温差较大时，在采光屋顶的内侧容易产生结露现象，所形成的冷凝水滴落，会影响室内使用。在采光屋顶周围加暖水管或吹送热风，提高采光屋顶内侧表面温度，以防止凝结水的产生；利用其骨架材料上所设的排水槽将雨水排掉，也可以专门设置排冷凝水的水槽，纵横双向均设，排水路径不宜过长，否则可能会因积水过多而导致滴落，如图 7.45 所示。

4. 满足防眩光要求

采光屋顶所处的顶部位置，很容易引入太阳的直射光线，在室内形成眩光。可使用磨

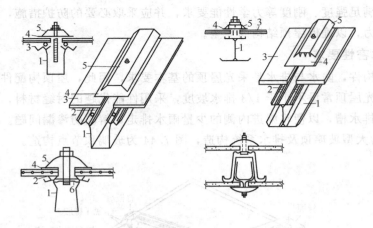

图 7.44　玻璃顶节点

1—槽形型材；2—绝缘绳；3—玻璃；4—上绝缘条；5—盖缝型条；6—横档

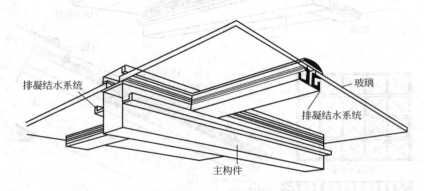

图 7.45　采光顶排除凝结水系统示意

砂玻璃、乳白玻璃等漫反射透光材料，或者用粘贴柔光的太阳膜、玻璃贴等；或在采光屋顶下加设折光片吊顶，将折光片有规律地排列成为各种图案，组成格栅式吊顶，可遮挡顶部的直射光线，如图 7.46 所示。

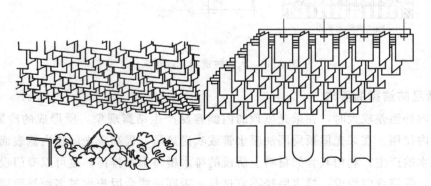

图 7.46　格栅折光片吊顶示意

5. 满足防火要求

在一些大型公共建筑中使用采光屋顶，容易给建筑防火、排烟设计造成一定困难。例如，公共建筑中庭，往往贯穿多层楼层，楼层间相互通透，因此，应严格按照有关建筑设计防火规范的要求进行室内外空间防火安全设计，对采光屋顶的金属骨架采用自动灭火设备或喷涂防火涂料等措施加以保护，并在屋顶设计中考虑防排烟构造措施等。

6. 满足防雷要求

采光屋顶骨架构件多采用金属制造，防雷问题也非常突出。主要措施是将采光屋顶部分设置在建筑物防雷装置的 45°线范围以内，并保证该防雷系统的接地电阻小于 4Ω。

7. 满足屋顶的保温隔热要求

可通过采用中空安全的屋顶玻璃或者采用双层玻璃顶来解决。图 7.47 为双层空心丙烯酸酯有机玻璃顶构造。

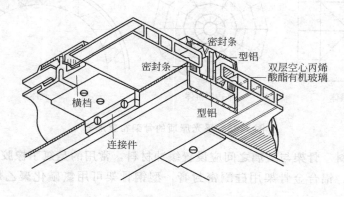

图 7.47 双层空心丙烯酸酯有机玻璃顶

三、采光屋顶装饰构造

1. 采光屋顶的材料选择

采光屋顶主要是由骨架、透光材料连接件和胶结密封材料组成，骨架之间以及骨架与主体之间的连接一般要采用专用连接件。

（1）透光材料 采光屋顶透光材料的选择，主要是从安全方面考虑，应有良好的抗冲击性。同时也应具有较好的保温、防水等性能。常用的透光材料有以下类型。

夹层安全玻璃是将两片或两片以上的平板玻璃，用聚乙烯塑料粘合在一起制成的，其强度很高，且能碎而不落，并有良好的吸热性能，透光系数为 28%～55%。

钢化玻璃又称强化玻璃，是利用加热到一定温度后又迅速冷却的方法，或者用化学方法进行特殊钢化处理的玻璃，它强度高、耐磨损，且破碎后不形成具有锐利棱角的碎块，较为安全。钢化玻璃透光率较高，可达 87%。

有机玻璃，又称增塑丙烯酸甲酯聚合物，耐冲击性能和保温性能良好，透光率也较高，可达 90%以上，并能加工成各种曲面形状，是单元式采光罩的主要制作材料。

聚碳酸酯片，又称透明塑料片，它和玻璃有相似的透光性能，透光率通常在 82%～89%，耐冲击性能是玻璃的 250 倍左右，保温性能优于玻璃，且能冷弯成型，缺点是耐磨性差，易老化，线膨胀系数是玻璃的 7 倍左右。

玻璃钢，强度大、耐磨损、光线柔和、装饰性较好。

（2）**骨架材料**　采光屋顶的骨架主要有金属型材和钢筋混凝土梁架等结构体系。金属型材骨架体系是采用钢型材或铝合金型材做成的采光屋顶结构，用以支撑玻璃饰面。钢筋混凝土梁架体系是采用钢筋混凝土梁架做成网格型结构，可用来支撑复合式采光屋顶构件，也可以在每个网格上直接安装单元式的采光罩，形成组合采光罩屋顶，有很强的装饰性。

骨架材料的截面形状和尺度不但要适合玻璃的安装固定，还必须经过结构计算。常见采光屋顶的骨架布置形式如图 7.48 所示。

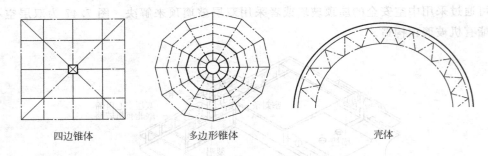

四边锥体　　　　　　多边形锥体　　　　　　壳体

图 7.48　采光屋顶的骨架布置形式

（3）**封缝材料**　骨架与玻璃之间应设置缓冲材料，常用的是氯丁橡胶衬垫，各接缝处应以密封膏密封，铝合金骨架用硅酮密封膏，型钢骨架可用氯磺化聚乙烯或丙烯酸密封膏等。

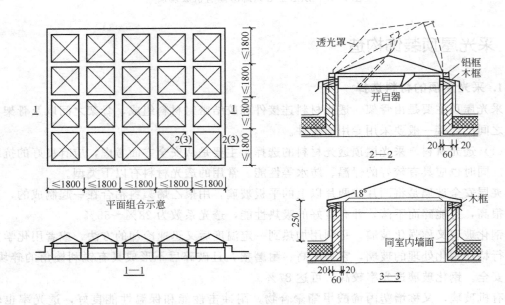

图 7.49　四角锥形采光罩装饰构造（单位：mm）

2. 常见采光屋顶的基本构造做法

（1）**采光罩单元组合式采光屋顶**　采用钢筋混凝土井字梁架作为屋顶结构支撑体系，梁的上端加宽翼缘，并在梁架组成的方格四周的翼缘上做成井壁，即可形成采光罩的结构基层。

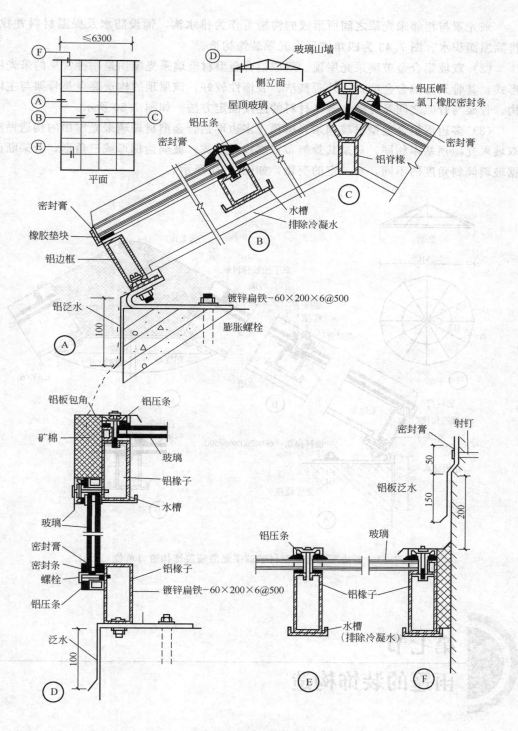

图 7.50　双坡铝合金玻璃采光屋顶装饰构造（单位：mm）
注：铝椽子等骨架断面尺寸应根据实际情况选择标准图集或经过计算确定。

　　采光罩的安装构造是先在井壁上安装木框，用螺栓固定，然后在木框上表面或侧面做橡胶衬垫，安装采光罩。如需安装开启式采光罩则需加设铝框及相应配件作为开合构件。

采光罩与相邻采光罩之间所形成的沟槽可作为排水沟，铺设防水及保温材料并找坡，排除屋面积水。图7.49为四角锥形采光罩装饰构造。

（2）双坡铝合金玻璃采光屋顶　双坡铝合金型材玻璃采光屋顶是一种常见的采光屋顶形式，其骨架为铝合金型材，外观整洁、装饰性较好。该屋顶的构造要点是骨架与主体结构、骨架与骨架之间及骨架与透光材料的连接固定方法。如图7.50所示。

（3）多边形铝合金型材玻璃采光屋顶　多边形铝合金型材玻璃采光屋顶的构造做法与双坡采光屋顶基本相同，只是其骨架布置成放射形式，玻璃为梯形或三角形，骨架断面根据玻璃倾斜角度的不同，有一定的变化，如图7.51所示。

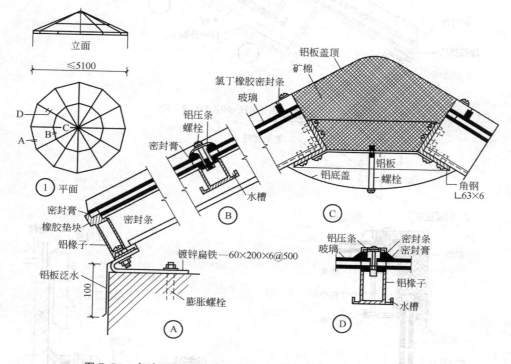

图 7.51　多边形铝合金型材玻璃采光屋顶装饰构造（单位：mm）

第七节
雨篷的装饰构造

一、雨篷装饰构造要求

① 应反映建筑物的功能、性质和特征，起到标志和引导的作用。

② 要与建筑物外立面和建筑物的周围环境相协调，满足其装饰性的要求。雨篷的选材、造型、色调和空间尺度应考虑功能要求，使它具有特色和个性。

③ 满足安全功能要求。雨篷的骨架应具有足够的强度和刚度，能够抵抗有关外部荷载的作用；雨篷骨架应于建筑结构固定牢固，以确保雨篷的安全可靠；雨篷骨架应具有较好的耐腐蚀性和耐久性；雨篷的面层材料应满足耐冲击、耐腐蚀、耐紫外线、耐冻等性能，以确保雨篷具有适当的耐久年限。

④ 满足遮阳、遮雨和排水等功能要求。其顶面应做好防水处理和排水设施，10°～15°坡度的流水面，并在周围设置流水槽和排水孔，确保雨篷排水畅通且不渗漏。

⑤ 应考虑出入口的照明和渲染店面的要求。通过各种灯光的选用和搭配以满足其相应功能的要求。

二、雨篷的形式

雨篷属于凸出于主体结构的构件，按其结构及材料有钢筋混凝土结构雨篷、钢结构雨篷、玻璃采光雨篷、传统垂花雨篷、软面折叠雨篷等。

1. 钢筋混凝土结构雨篷

钢筋混凝土结构雨篷具有结构牢固、造型浑厚有力、坚固耐久、不受风雨影响、造价经济等优点，通常应用于装饰效果要求不高的建筑物出入口处。在实际工程中，通常另做饰面进行装饰。其装饰材料可采用石材板材、铝塑板、铝合金饰面板、不锈钢饰面板等，也可涂刷外墙用乳胶漆进行饰面，具体的施工方法同外墙面饰面的相应做法。图 7.52 为铝合金饰面板雨篷饰面的构造示例。

2. 钢结构雨篷

钢结构雨篷是由支撑或者悬吊系统、钢结构骨架系统和雨篷饰面板系统三部分组成。它采用悬挑或者悬吊的方式与主体结构相连，形成雨篷的支撑系统，钢结构骨架与主体结构的连接可采用与主体结构上的预埋件进行焊接连接或者采用金属膨胀螺栓进行固定连接，施工时要求固定牢固可靠，以确保钢结构雨篷的整体安全。其结构形式如图 7.53 所示。

钢结构雨篷骨架系统可采用不锈钢型材、铝合金型材或者角钢、槽钢等普通型钢组成的钢构架。优先选用不锈钢型材或者铝合金型材，以提高骨架的耐腐蚀能力；如采用普通型钢骨架，则必须对骨架进行防锈处理，对型钢进行镀锌或者表面涂刷防锈漆。

钢结构雨篷的饰面板系统可采用玻璃（钢化玻璃、夹层玻璃或者夹丝玻璃）、铝塑板、金属饰面板（不锈钢板、铝合金饰面板、彩色涂层钢板等）或者直接采用由不锈钢钢管与不锈钢空心球组成的装饰性球节点网架直接作为饰面层。玻璃面层可做成平面也可做成曲面，玻璃面层可位于钢结构骨架的顶面也可位于其底面，玻璃面层与钢结构骨架的连接固定可用胶黏剂粘贴固定也可采用不锈钢驳爪进行连接固定。玻璃间的缝隙应打注硅酮密封胶进行密封处理。图 7.54 金属条板饰面雨篷装饰构造、图 7.55 玻璃饰面雨篷装饰构造举例。

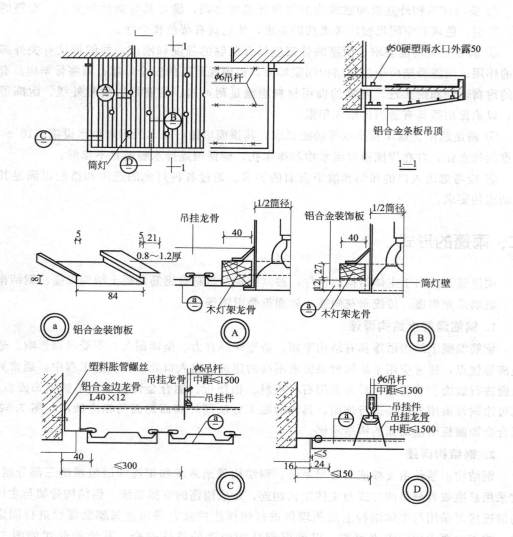

图 7-52 钢筋混凝土结构雨篷装饰装修构造示例（单位：mm）

3. 玻璃采光雨篷

玻璃采光雨篷的构造，除由骨架、透
光材料、连接件和胶结密封材料组成外，
还要设置支撑或者悬吊结构。骨架结构的
固定要求同钢结构雨篷，其他部分同玻璃
采光屋顶。

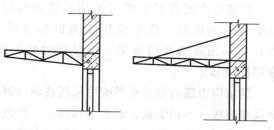

图 7.53 钢筋混凝土雨篷的结构形式

4. 传统垂花雨篷

传统垂花雨篷在仿古建筑中用的最多，具有独特的装饰个性与特点，能与仿古建筑的
整体外观协调统一。传统垂花雨篷通常采用钢结构与木结构作为雨篷的支撑骨架，雨篷顶
面通过挂贴各色的琉璃瓦进行饰面，雨篷底面垂挂传统垂花进行修饰，垂花可采用实木制
作也可采用木制框架外贴装饰胶合板或者铝塑板进行饰面，具体构造如图 7.56 所示。

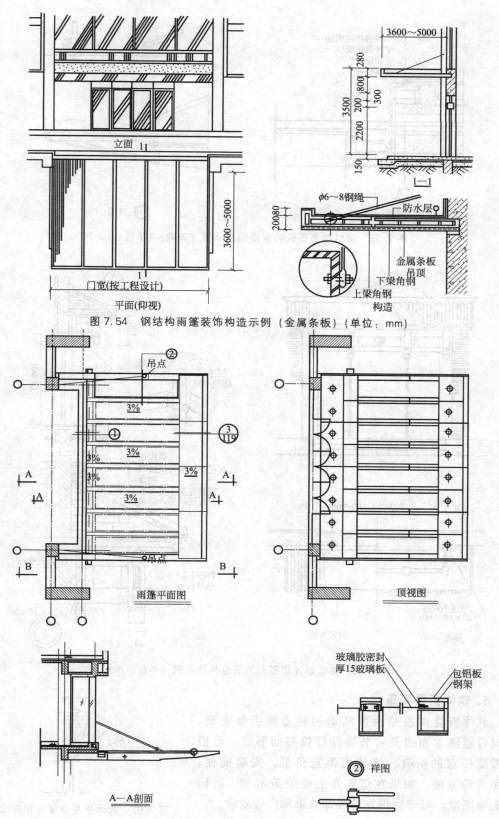

图 7.54　钢结构雨篷装饰构造示例（金属条板）（单位：mm）

图 7.55

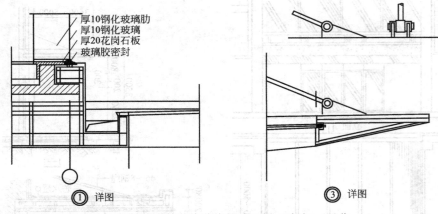

厚10钢化玻璃肋
厚10钢化玻璃
厚20花岗石板
玻璃胶密封

① 详图

③ 详图

图 7.55　钢结构雨篷装饰装修构造示例（玻璃）（单位：mm）

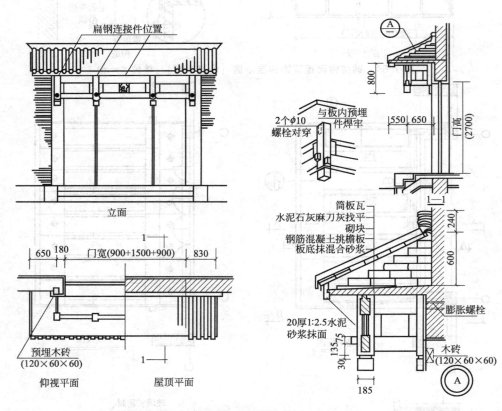

扁钢连接件位置

立面

2个φ10
螺栓对穿

与板内预埋
件焊牢

550 650

门高
(2700)

800

筒板瓦
水泥石灰麻刀灰找平
砌块
钢筋混凝土挑檐板
板底抹混合砂浆

240

600

1—1

20厚1:2.5水泥
砂浆抹面

膨胀螺栓

木砖
(120×60×60)

135
30 5

A

185

650 180
门宽(900+1500+900) 830

1

1

预埋木砖
(120×60×60)

仰视平面

屋顶平面

图 7.56　传统垂花雨篷装饰装修构造示例（单位：mm）

5. 软体折叠雨篷

软体折叠雨篷是由可活动的轻金属折叠支架、外罩普通防水布或具有装饰性灯箱布而形成，可根据需要任意的折叠。该类雨篷造价低、安装简便、使用灵活方便。如果在灯箱布上喷绘美术字、店标及装饰图案，可起到很好的装饰效果和广告效应。

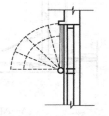

图 7.57　软体折叠雨篷结构形式

轻金属折叠支架可采用金属方管、型钢、型铝等加工而成。钢制方管和型钢必须进行防锈处理，软体折叠雨篷通常采用金属膨胀螺栓进行固定，也可采用与预埋件进行焊接方法进行固定，其结构形式如图 7.57 所示。

第八节
楼梯栏杆、栏板和扶手的装饰构造

楼梯装饰内容主要有踏步、栏杆、栏板和扶手。电梯装饰主要是电梯的门套装饰构造。

一、楼梯踏步饰面构造

踏步面层的饰面，包括楼梯踏面与踢面的饰面处理，踏面与踢面的饰面处理要求是相同的，但应重点处理好踏面的饰面构造。

1. 梯踏面层的种类及构造

梯踏面层分为抹灰类饰面、贴面类饰面、铺钉类饰面和地毯饰面等，其构造做法和要求基本上与楼地面的相同。

（1）抹灰类饰面 抹灰类饰面多用于钢筋混凝土楼梯面层的饰面，其做法是在楼梯面层直接抹 20～30mm 厚的水泥砂浆面层或者做成水磨石面层。造价便宜，易起尘、不易清洁、装饰效果一般，通常用作普通楼梯面层的饰面。

（2）贴面类饰面 贴面类饰面是将天然石材板材、人造石材板材、预制水磨石板材及陶瓷墙地砖等铺贴在楼梯面层上而成。其具体做法是：先在楼梯面层上做 10～15mm 厚的水泥砂浆找平层，而后用水泥砂浆将面层材料粘贴在找平层上即可。此类面层饰面耐磨性好、耐冲击、便于清洁、装饰性较好，在楼梯面层饰面中应用较多。

（3）铺钉类饰面 铺钉类饰面通常使用硬木地板、塑料地板、复合地板等材料作为楼梯面层的饰面，饰面层的固定方法有格栅架空铺设和实铺两种方法。格栅架空铺设是先在楼梯踏面面层上固定木龙骨（25mm×40mm），而后将饰面板固定于木龙骨架上即可；实铺是先在楼梯踏面上做 10～15mm 厚的水泥砂浆找平层，而后将饰面层直接铺设固定在找平层上即可。

（4）地毯类饰面 地毯类饰面是将地毯铺设在楼梯面层做饰面。地毯的铺设形式有连续式和间断式两种，连续式铺设是指地毯从一个楼层不间断的顺踏步铺设至另一个楼层；间断式铺设是指楼梯踏面饰面为地毯饰面，踢面饰面为另外一种材料的饰面。如图 7.58 所示。

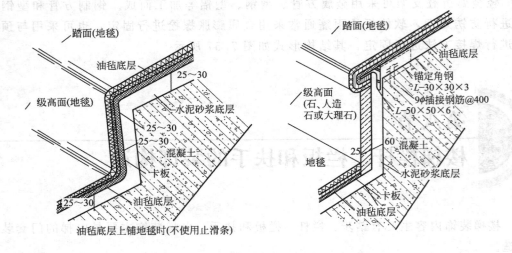

图 7.58　楼梯地毯饰面的铺设形式及构造（单位：mm）

　　楼梯地毯饰面有粘贴式固定和浮云式固定两种方法。粘贴式固定是将地毯直接用胶黏剂粘贴在已进行找平处理的楼梯面层上，在踏面端部固定铜条、铝条、不锈钢压条、塑料压条等进行包角处理；浮云式固定是指地毯由倒刺板卡固在楼梯踏步上。如图7.59所示。

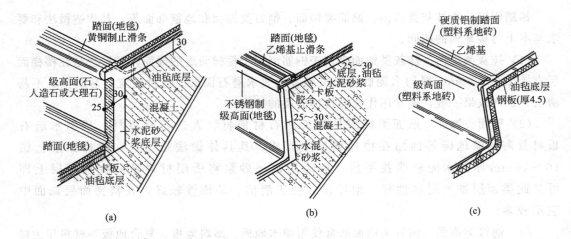

(a)　　　　　　　　　　　(b)　　　　　　　　　　(c)

图 7.59　楼梯地毯饰面中地毯的固定构造（单位：mm）

2. 楼梯面层饰面的防滑处理及要求

　　楼梯的面层饰面必须具有较好的防滑性能，防滑处理方法与饰面材料有关。

　　（1）抹灰类饰面的防滑处理构造　抹灰类饰面的防滑处理有以下几种方法：①在离踏面前端30～40mm处用金刚砂做出一条或者两条高出踏面5～8mm、宽度为10mm的防滑条；②在离踏面前端30～40mm处做出两道或者三道宽度为10mm防滑凹槽；③在楼梯踏面的前端用带防滑凹槽的钢板包角。如图7.60所示。

　　（2）贴面类饰面的防滑处理构造　板材贴面类饰面的防滑处理有以下方法：①在离踏

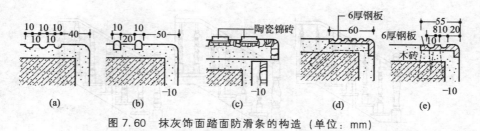

图 7.60 抹灰饰面踏面防滑条的构造（单位：mm）

面前端 20～40mm 处进行开槽，而后将铜质或铝质防滑条用胶黏剂黏结嵌固与凹槽内，防滑条应高出楼梯踏面 5mm；②在离踏面前端 20～40mm 处开出二～三道防滑凹槽，凹槽宽度为 10mm；③将踏面饰面板材前端局部进行凿毛或者烧毛处理。如图 7.61 和图 7.62 所示。

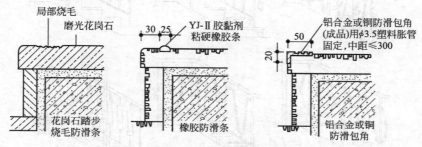

图 7.61 板材贴面饰面踏面防滑条的构造（单位：mm）

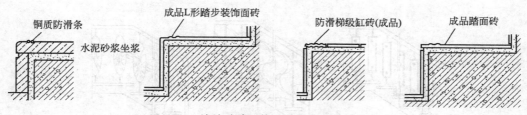

图 7.62 墙地砖贴面饰面踏面防滑条的构造

（3）楼梯地毯类饰面的防滑处理构造 楼梯地毯类饰面的防滑处理是在楼梯踏面饰面的前端固定铜质或者铝质防滑条来进行防滑的。具体构造详见前图 7.58 所示。

二、楼梯栏杆、栏板的装饰构造

1. 楼梯栏杆的装饰构造

（1）楼梯栏杆的形式 根据所用材料可分为普通圆钢或者扁钢栏杆、普通钢管栏杆、铁艺栏杆和不锈钢管栏杆等。铁艺栏杆可由铸铁或者铸钢的成品楼梯栏杆花饰（在工厂中铸造而成）组装而成，也可用扁钢经过铁艺加工加工而成。铁艺栏杆和不锈钢管栏杆的装饰效果很好且造价较高，一般应用于装饰装修档次较高的空间中；普通圆钢或者扁钢栏杆、普通钢管栏杆的装饰装修效果一般且造价较低，一般应用于普通空间中。常用楼梯栏杆的形式如图 7.63 所示。

所用材料的断面尺寸一般为：圆钢直径为 16～25mm；方钢为 15mm×15mm～25mm×

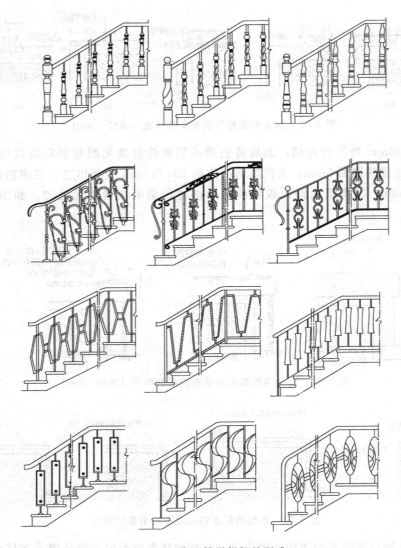

图 7.63　常用楼梯栏杆的形式

25mm；扁钢为(20～40)mm×(3～6)mm，通常采用 40mm×4mm；矩形钢为(20～40)mm ×(20～40)mm；圆钢管侧直径为 20～50mm。

（2）楼梯栏杆的固定　楼梯栏杆与楼梯梯段和休息平台的连接方式有：①预留孔埋设固定法，在楼梯梯段和休息平台外侧边缘处预留孔洞，而后用水泥砂浆或者细石混凝土将楼梯栏杆埋入预留孔洞内进行嵌固；②焊接固定法，在楼梯梯段和休息平台外侧边缘处预埋铁件，如果没有预埋铁件可在梯梯段和休息平台外侧边缘处埋置金属膨胀螺栓，而后将楼梯栏杆与预埋铁件或者埋置的金属膨胀螺栓进行焊接固定；③丝扣套接固定法，在楼梯梯段和休息平台外侧边缘处预埋带螺杆的铁件，而后通过连接法兰盘将楼梯栏杆有螺栓进行连接固定等。楼梯栏杆的连接固定方法如图 7.64 所示。

2. 楼梯栏板的装饰装修构造

栏板形式有钢筋砖砌体栏板、钢筋混凝土栏板、钢板网水泥栏板、塑料饰面板栏板、不锈钢管安全玻璃栏板（玻璃栏板）和不锈钢板栏板等。其构造形式类似于隔墙与隔断，其饰面做法与墙面、墙裙或者踢脚板等的饰面做法基本相同。以下仅介绍不锈钢管安全玻璃栏板（玻璃栏板）的有关构造特点。

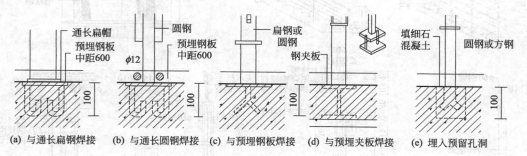

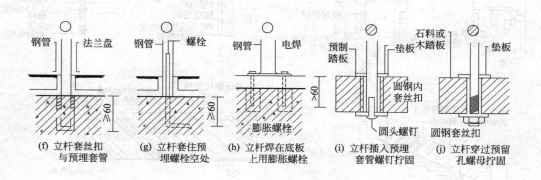

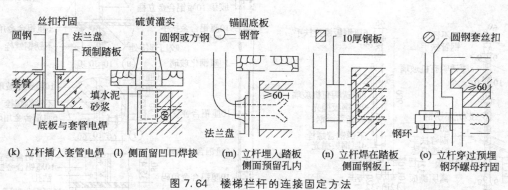

图 7.64　楼梯栏杆的连接固定方法

　　不锈钢管安全玻璃栏板（玻璃栏板）是由不锈钢圆管或者方管与有机玻璃板或者安全玻璃（钢化玻璃、夹层玻璃、夹丝玻璃）组成的楼梯或者有关平台的安全防护设施，具有通透、简洁明快与极富装饰功能的特点，造价较高，常应用于装饰装修档次较高的空间中，如公共建筑或者旅馆建筑中的楼梯栏板及有关大厅中回廊（跑马廊）的防护栏板等。构造如图 7.65 所示。

　　玻璃栏板中的玻璃可采用有机玻璃、8～12mm 厚的钢化玻璃或者夹层玻璃，玻璃与玻璃之间及玻璃与其他材料之间均不应靠得太紧，均应留置 10mm 左右的缝隙。有关缝

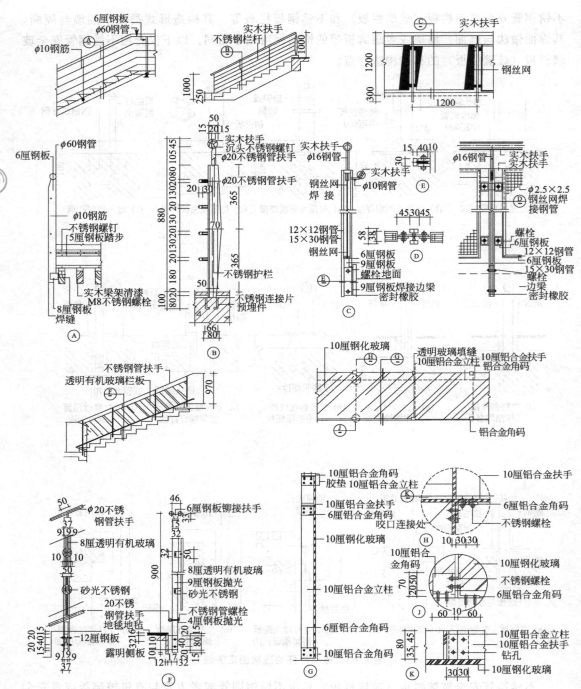

图 7.65　楼梯栏板（栏杆）的装饰装修构造（单位：mm）

隙应由中性的硅酮密封胶进行嵌缝处理。玻璃的固定通常由铝合金角码或者不锈钢角码进行嵌固，铝合金角码或者不锈钢角码应事先与不锈钢管立柱固定好，而后将玻璃固定于角码上。玻璃与角码的固定可采用中性硅酮结构胶黏结固定也可采用螺钉进行固定。如采用螺钉进行固定，玻璃应事先按照角码的位置打好孔，且玻璃与金属角码之间应用氯丁橡胶进行衬垫，以避免玻璃与金属直接接触。

3. 转角处楼梯栏杆、栏板的处理构造

楼梯梯段转弯处其栏杆或栏板必须向前外伸 1/2 踏步宽，上下扶手方可交合在一起。但为了节省平台空间，栏杆或者栏板往往随梯段一起转角，从而使上下梯段的栏杆或者栏板形成了高差，此高差必须进行处理。转角处上下梯段的栏杆或者栏板间的高差可采用如下的处理手法进行处理：①将平台处栏杆伸出踏步口线半步（望柱式扶手）；②将下行楼梯的最后一级踏步退缩一步（鹤颈嘴式扶手）；③将上下行扶手在转弯处断开各自收头，互不连接（断开式扶手）。如图 7.66 所示。

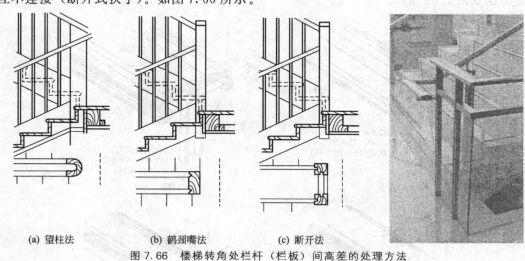

(a) 望柱法　　　　　　(b) 鹤颈嘴法　　　　　　(c) 断开法

图 7.66　楼梯转角处栏杆（栏板）间高差的处理方法

三、楼梯扶手的装饰构造

1. 楼梯扶手种类

扶手的形式、材质、色调、尺度等必须与楼梯栏杆或者栏板相适应。常用楼梯扶手可采用硬木扶手、普通钢管扶手、不锈钢管扶手、铜管扶手、硬质塑料扶手等，楼梯栏板的扶手也可采用水泥砂浆、水磨石、天然石材、人造石材等材料制作。楼梯扶手的断面形式有矩形、圆形、梯形、多边形等，如图 7.67 所示。

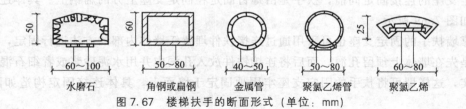

图 7.67　楼梯扶手的断面形式（单位：mm）

2. 楼梯扶手与栏杆或栏板间的连接构造

楼梯扶手与楼梯栏杆或栏板的连接方法，随扶手材料的不同而不同。普通钢管扶手、铜管或者不锈钢管扶手，可采用与栏杆进行焊接的方法连接固定；硬木扶手或者硬质塑料扶手，应楼梯栏杆或者栏板的顶部焊接固定一根通长的带有螺孔的扁钢，而后用螺钉将扶手固定在扁钢上，最终使扶手与栏杆或者栏板进行固定；栏板上的水磨石、天然石材或者人造石材等扶手，则可直接用水泥砂浆进行粘贴固定即可。楼梯扶手与楼梯栏杆间的连接固定方法如图 7.68 所示。

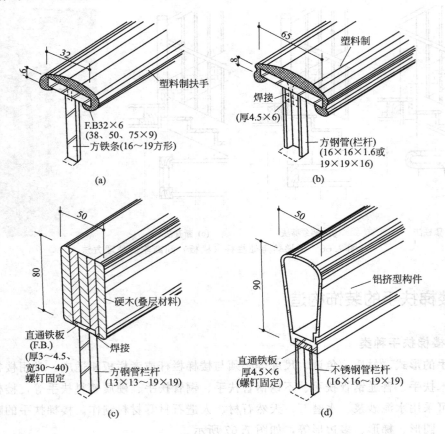

图 7.68　楼梯扶手与楼梯栏杆的连接固定方法（单位：mm）

3. 靠墙扶手的构造处理

不锈钢管扶手或者铜管扶手，应通过法兰盘与螺钉将扶手的固定支座固定连接在墙体的预埋件上，扶手与固定支座之间通过焊接进行连接固定；硬木扶手或者硬质塑料扶手，其固定支座的连接固定同前，扶手是由螺钉固定在固定支座上方的扁钢上。具体连接固定构造如图 7.69 所示。

靠墙扶手的固定支座也可采用通过连接铁件埋置于墙体内部的方法进行固定，其固定方法是先在墙体上预留孔洞，而后将连接铁件放入孔洞内并用水泥砂浆或者细石混凝土填嵌密实，这样即可将扶手的固定支座牢固地固定于墙面上，具体连接固定构造如图 7.70 所示。

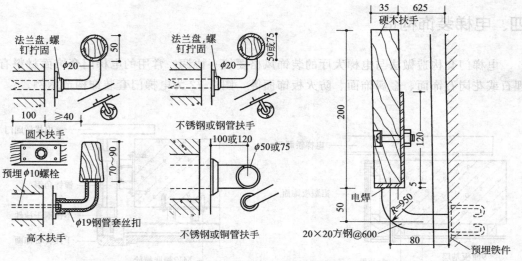

图 7.69　靠墙扶手的连接固定构造（法兰盘与螺钉固定）（单位：mm）

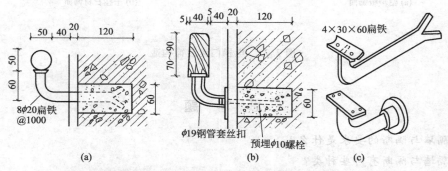

图 7.70　靠墙扶手的连接固定构造（埋置法固定）（单位：mm）

4. 楼梯扶手始末端的处理构造

楼梯扶手始末端的处理构造如图 7.71 所示。

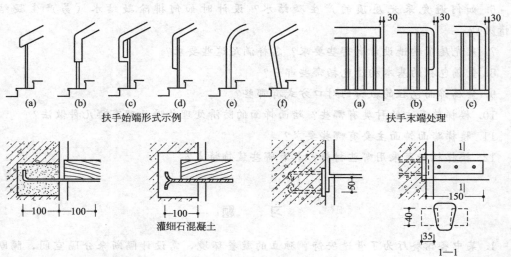

图 7.71　楼梯扶手始末端的处理构造（单位：mm）

四、电梯装饰构造

电梯门套构造做法与电梯大厅的装饰风格要统一协调。常用的电梯门套饰面材料有大理石或花岗石饰面、金属饰面、防火板饰面等，图7.72为电梯门套装饰构造示例。

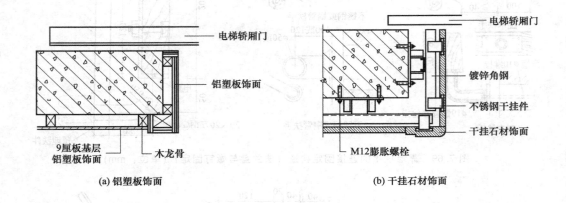

(a) 铝塑板饰面　　　　　　　　　　　　　(b) 干挂石材饰面

图7.72　电梯门套装饰构造

思 考 题

1. 隔墙与隔断的要求是什么？

2. 隔墙与隔断有哪些种类？

3. 花格有哪些种类？其形式和特点如何？

4. 立筋式隔墙的骨架有哪几种形式？其骨架应如何固定和连接？

5. 在设计酒吧柜台时应考虑哪些问题？

6. 如何避免采光屋顶的产生凝结水？设计时如何排除凝结水（易产生凝结水的情况）？

7. 采光屋顶构造设计有哪些要求？怎样满足这些要求？

8. 金属包柱的基本构造包括哪些部分？

9. 金属饰面包柱的板材的对口方式有哪些？

10. 楼梯饰面主的种类有哪些？踏面饰面的防滑处理构造处理有哪几种做法？

11. 楼梯踏面饰面主要有哪些要求？

12. 楼梯栏杆可采用哪些材料？各有哪些装饰特点？

习 题

1. 某中餐馆餐厅为了营造安静、独立的就餐环境，需设计隔断来分隔空间，隔断高为1200～1500mm，长为2400～3000mm，隔断可以是固定式的，也可以是活动式的。结

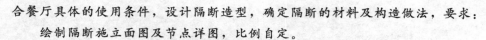

合餐厅具体的使用条件，设计隔断造型，确定隔断的材料及构造做法，要求：

绘制隔断施工立面图及节点详图，比例自定。

2. 某营业大厅内柱柱面采用不锈钢装饰，原柱子为 800mm×800mm 方柱，装饰改为圆柱。进行圆柱造型设计，画出柱子装饰立面图、剖面图及构造详图。比例自定。

第八章

建筑装饰构造实例

　　建筑装饰构造是一门实践性很强的课程，需要通过大量的实践活动来加深对构造理论的理解，本章提供了一个 KTV 房间的构造设计实例，提供一种实践方式。该实例内容丰富，其装饰构造做法具有一定的代表性。

一、学习本实例的目的

学习本实例的目的是帮助学生理解构造原理，巩固和掌握已学内容，在应用已有知识理解本章内容的过程中培养三种能力。

(1) 识读装饰施工图的能力。

(2) 绘制装饰施工图的能力。包括根据已有施工图放大样、补充设计、变更材料或做法等。

(3) 审核装饰施工图的能力。能够发现施工图中的错误、疏漏以及与实际不符之处。

二、读图的程序和方法

当要阅读一套图纸时，如果不注意方法，不分先后，不分主次，无法快速准确获取施工图纸的信息和内容。根据实践经验，读图的方法一般是：从整体到局部，再由局部到整体；互相对照，逐一核实。按照以下程序进行。

(1) 先看图纸目录，了解本套图纸的设计单位、建设单位及图纸类别和图纸数量。

(2) 按照图纸目录检查各类图纸是否齐全，图纸编号与图名是否符合，是否使用标准图，标准图的类别等。

(3) 通过设计说明，了解工程概况和工程特点，并应掌握和了解有关的技术要求。

(4) 阅读建筑施工图。在看装饰施工图之前，一般应先看懂建筑施工图，大中型装饰工程还有必要对照结构施工图、设备施工图的有关内容。

在建筑施工图中，平面图中的技术信息很多，应首先了解房屋的长度、宽度、轴线设置位置、轴线间尺寸（开间与进深等）、平面形状、各房间相邻关系等，然后以平面图为主，对照看立面图和剖面图，搞清楼层标高、门窗标高、顶棚标高以及各结构构件和装饰构件的形状、尺寸、材料等。通过阅读建筑施工图，想象出建筑的规模和轮廓。

(5) 阅读建筑装饰施工图。装饰施工图分为室内装饰施工图和室外装饰施工图。建筑装饰施工图一般包括平面图（家具设备布置图）、地坪平面图、顶棚平面图（含灯具、空调、消防位置）、放样图（局部平面图）、房间展开立面图、节点大样图（详图）及其他（说明、门窗表图）。

在按照上述顺序通读的基础上，反复互相对照，以保证理解无误。

三、本实例的主要图纸组成

图 8.1　KTV 包房总平面图

图 8.2　KTV 包房地面平面图

图 8.3　KTV 包房顶棚图

图 8.4　走廊 A 立面图、B 立面图

图 8.5　走廊 C 立面图、D 立面图

图 8.6　走廊 E 立面图、F 立面图

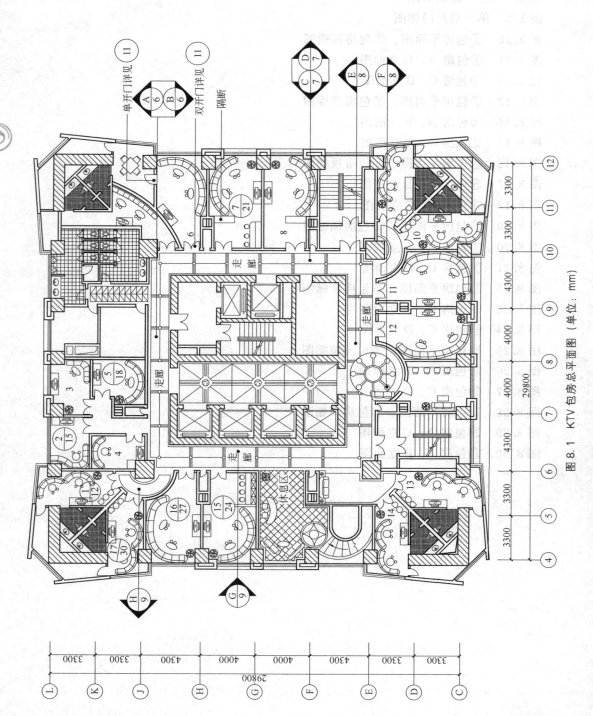

图 8.1 KTV 包房总平面图（单位：mm）

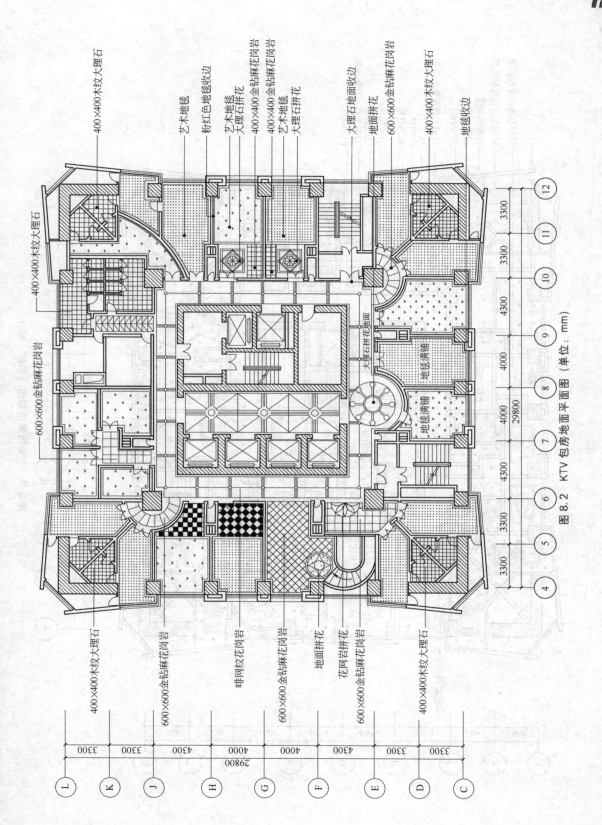

图 8.2 KTV 包房地面平面图（单位：mm）

400×400木纹大理石
400×400木纹大理石
艺术地毯
粉红色地毯收边
艺术地毯
大理石拼花
400×400金钻麻花岗岩
400×400金钻麻花岗岩
艺术地毯
大理石拼花
大理石地面收边
地面拼花
600×600金钻麻花岗岩
400×400木纹大理石
地毯收边

400×400木纹大理石
600×600金钻麻花岗岩
咖啡网纹花岗岩
600×600金钻麻花岗岩
地面拼花
花网岩拼花
600×600金钻麻花岗岩
400×400木纹大理石

大理石拼花地面
地毯满铺
地毯满铺

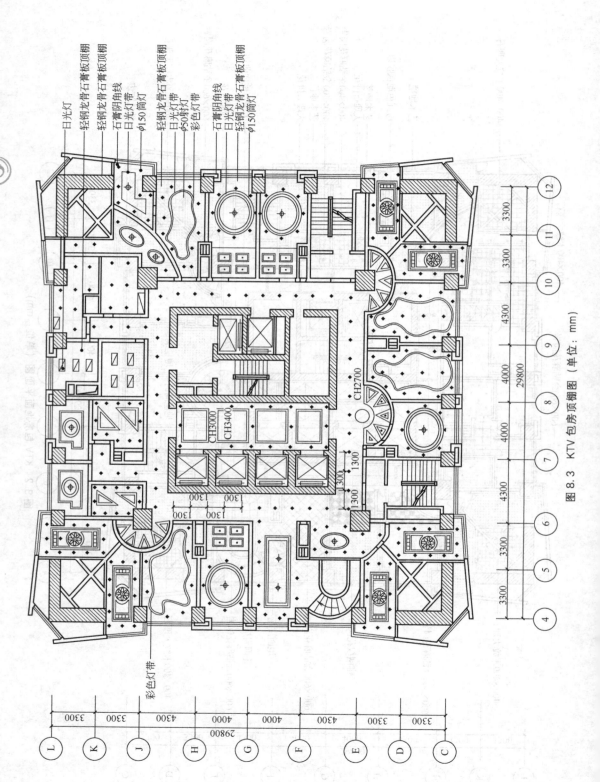

日光灯
轻钢龙骨石膏板顶棚
轻钢龙骨石膏板顶棚
石膏阴角带
日光灯带
φ150筒灯
轻钢龙骨石膏板顶棚
日光灯带
φ50射灯
彩色灯带
石膏阴角线
日光灯带
轻钢龙骨石膏板顶棚
φ150筒灯

彩色灯带

图 8.3　KTV 包房顶棚图（单位：mm）

CH2700
CH3000
CH3400

3300　3300　4300　4000　4000　4300　3300　3300　3300
29800

L　K　J　H　G　F　E　D　C

3300　3300　4300　4000　4000　4300　3300
29800

12　11　10　9　8　7　6　5　4

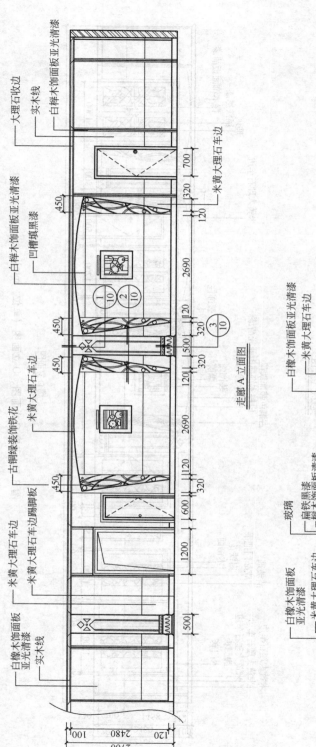

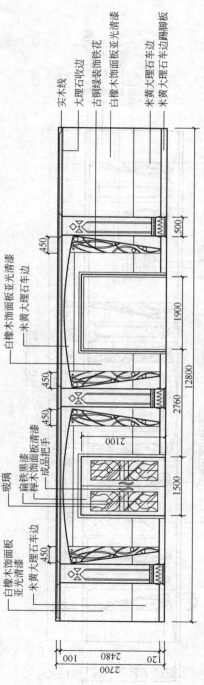

走廊 A 立面图

走廊 B 立面图

图 8.4 走廊 A 立面图、B 立面图（单位：mm）

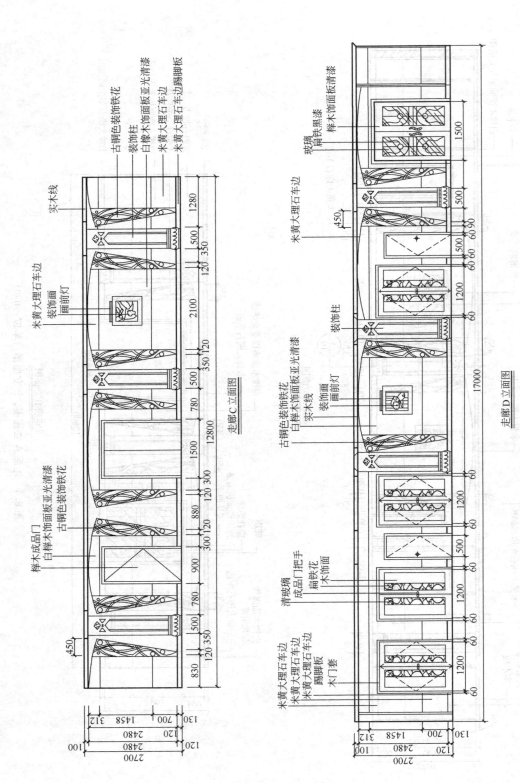

图 8.5　走廊 C 立面图、D 立面图（单位：mm）

走廊 C 立面图

走廊 D 立面图

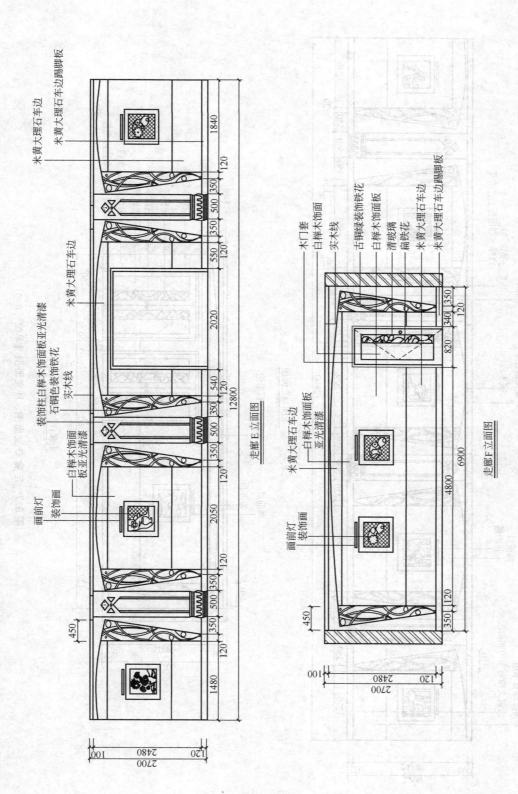

走廊 E 立面图

走廊 F 立面图

图 8.6 走廊 E 立面图、F 立面图（单位：mm）

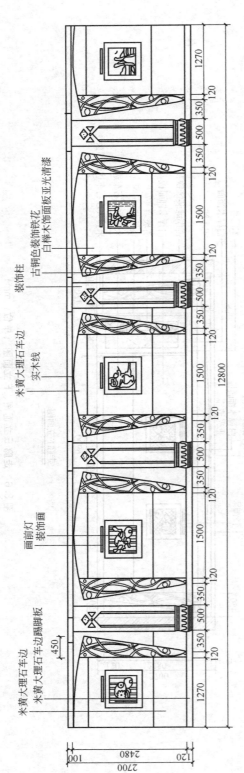

米黄大理石车边
米黄大理石车边踢脚板

画前灯
装饰画

米黄大理石车边
实木线

装饰柱

古铜色装饰铁花
白桦木饰面板亚光清漆

走廊 G 立面图

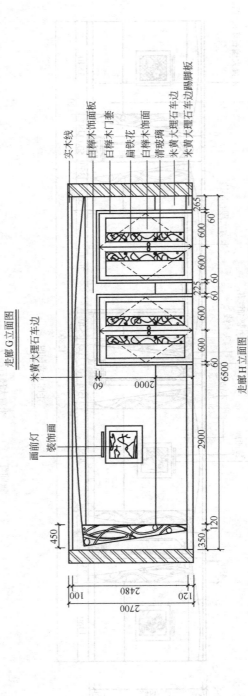

实木线
白桦木饰面板
白桦木门套
扁铁花
白桦木饰面
青玻璃
米黄大理石车边
米黄大理石车边踢脚板

画前灯
装饰画

米黄大理石车边

走廊 H 立面图

图 8.7　走廊 G 立面图、H 立面图（单位：mm）

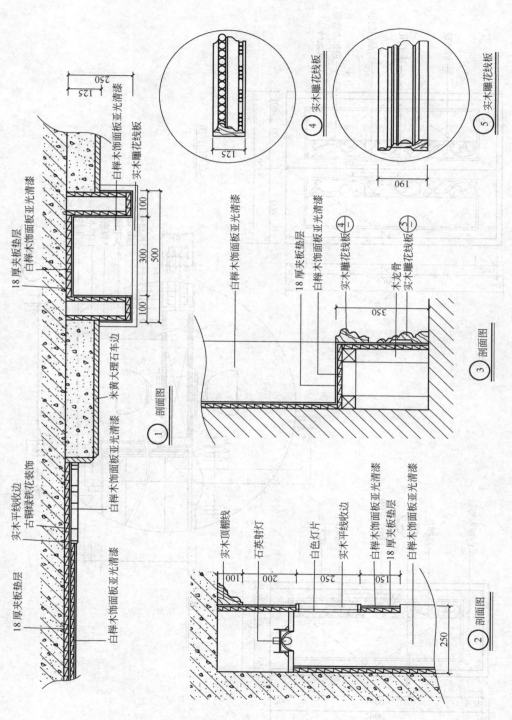

图 8.8 ①~③剖面图（单位：mm）

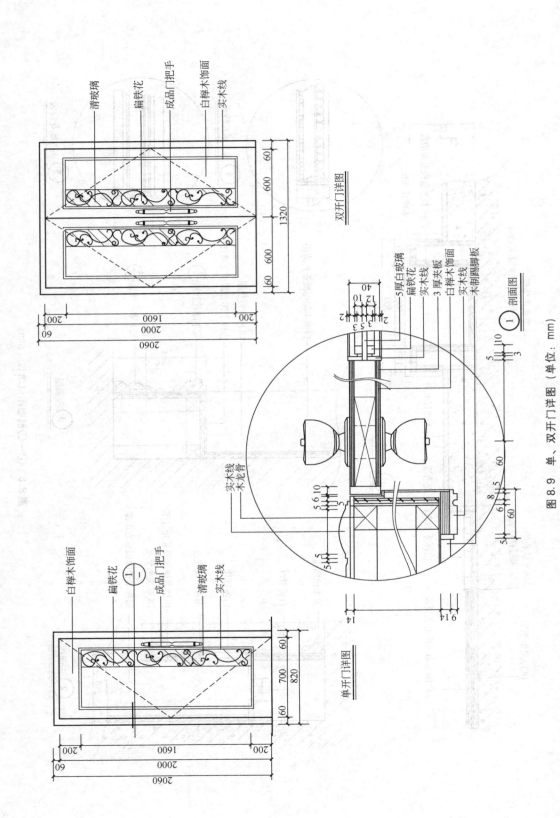

图 8.9　单、双开门详图（单位：mm）

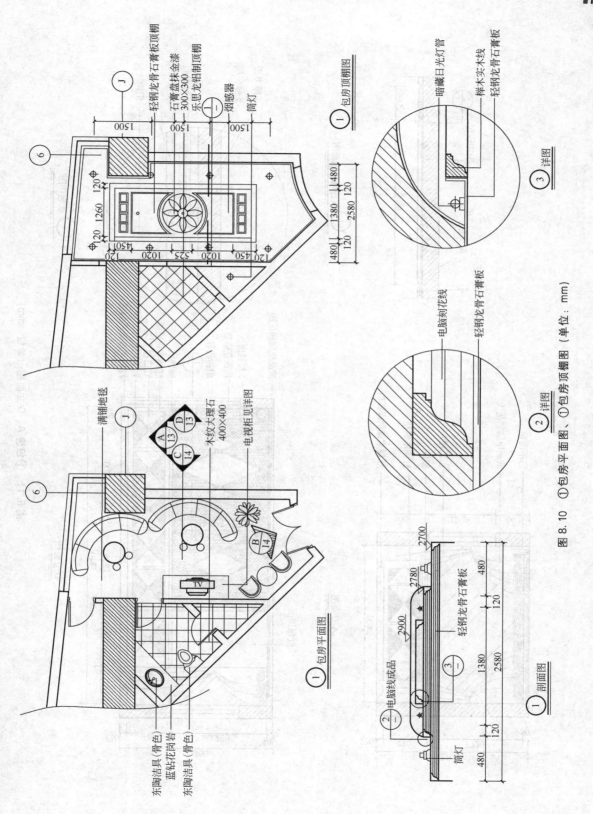

图 8.10 ①包房平面图、①包房顶棚图（单位：mm）

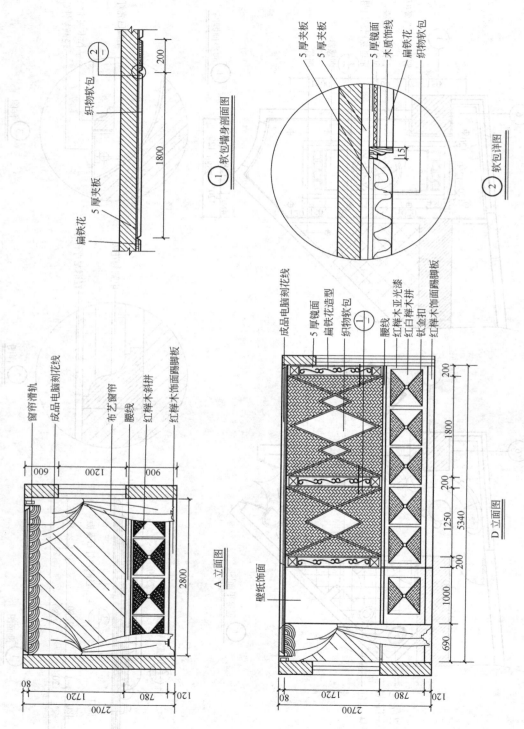

织物软包
⑦

5厚夹板

扁铁花

织物软包
5厚夹板
扁铁花

① 软包墙身剖面图

5厚夹板
5厚夹板
5厚镜面
木质饰线
扁铁花
织物软包

① 软包墙身剖面图

② 软包详图

窗帘滑轨
成品电脑刻花线
布艺窗帘
腰线
红榉木斜拼
红榉木饰面踢脚板

A 立面图

壁纸饰面

成品电脑刻花线
5厚镜面
扁铁花造型
织物软包
①
腰线
红榉木亚光漆
红白榉木拼
钛金扣
红榉木饰面踢脚板

D 立面图

图 8.11 ①包房 A、D 立面图（单位：mm）

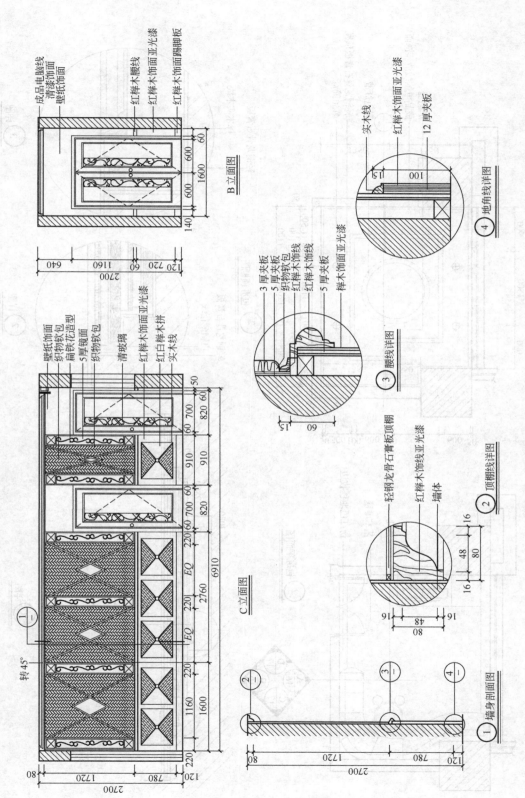

B 立面图

成品电脑线
清漆饰面
壁纸饰面
红榉木腰线
红榉木饰面亚光漆
红榉木饰面踢脚板

实木线
红榉木饰面亚光漆
12 厚夹板

④ 地角线详图

3 厚夹板
5 厚夹板
织物软包
红榉木饰线
红榉木饰线
5 厚夹板
榉木饰面亚光漆

③ 腰线详图

轻钢龙骨石膏板顶棚
红榉木饰线亚光漆
墙体

② 顶棚线详图

壁纸饰面
织物软包
5 厚镜面
扁铁花造型
织物软包
清玻璃
红榉木饰面亚光漆
红白榉木拼
实木线

C 立面图

转 45°

① 墙身剖面图

图 8.12　①包房 C、B 立面图（单位：mm）

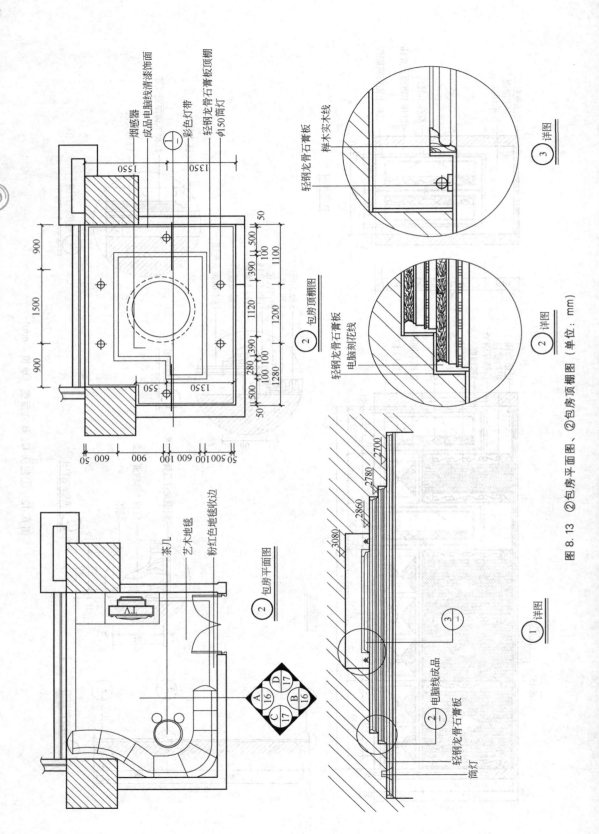

烟感器
成品电脑线清漆饰面
彩色灯带
轻钢龙骨石膏板顶棚
φ150筒灯

1350
1350

900
1500
900

50
500
100
390
1100

1120
1200

280 390
100 100
1350
1280

50
500 100 600 100

② 包房顶棚图

轻钢龙骨石膏板
榉木实木线

③ 详图

轻钢龙骨石膏板
电脑刻花线

② 详图

茶几
艺术地毯
粉红色地毯收边

② 包房平面图

A 16
D 17   B 16
C 17

TV

电脑线成品
② 轻钢龙骨石膏板

轻钢龙骨石膏板
筒灯

3080
2860
2780
2700

① 详图

图8.13 ②包房平面图、②包房顶棚图（单位：mm）

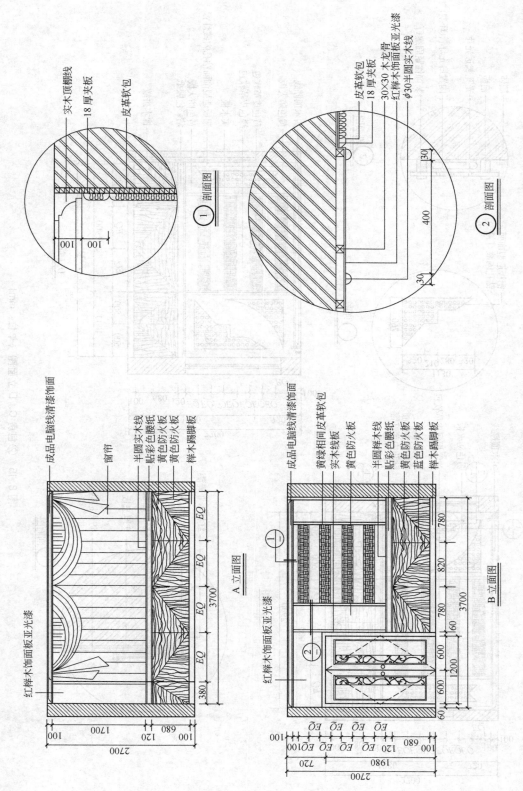

图 8.14 ②包房 A、B 立面图（单位：mm）

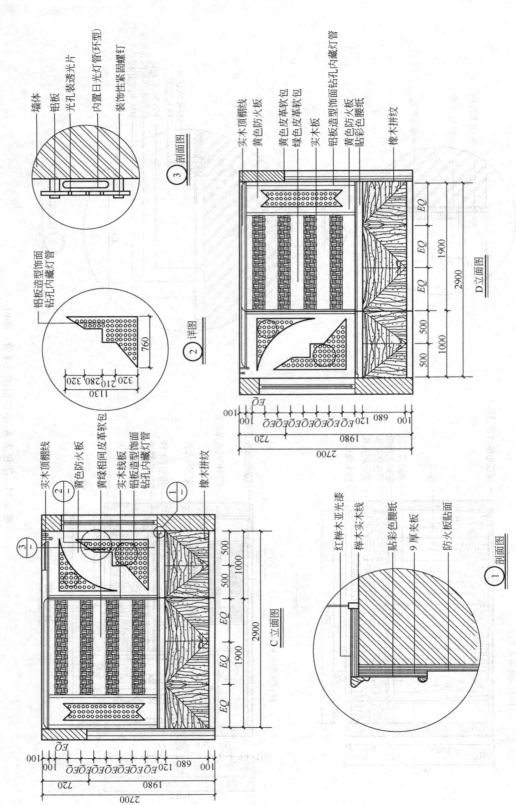

图 8.15 ②包房 C、D 立面图（单位：mm）

墙体
铝板
光孔装透光片
内置日光灯管(环型)
装饰性紧固螺钉

③ 剖面图

铝板造型饰面
钻孔内藏灯管

② 详图

实木顶棚线
黄色防火板
黄色皮革软包
绿色皮革软包
实木板
铝板造型饰面钻孔内藏灯管
黄色防火板
贴彩色腰纸
橡木拼纹

D 立面图

实木顶棚线
黄色防火板
黄绿相同皮革软包
实木线板
铝板造型饰面钻孔内藏灯管
橡木拼纹

C 立面图

红榉木亚光漆
榉木实木线
贴彩色腰纸
9 厚夹板
防火板贴墙面

① 剖面图

建筑装饰构造

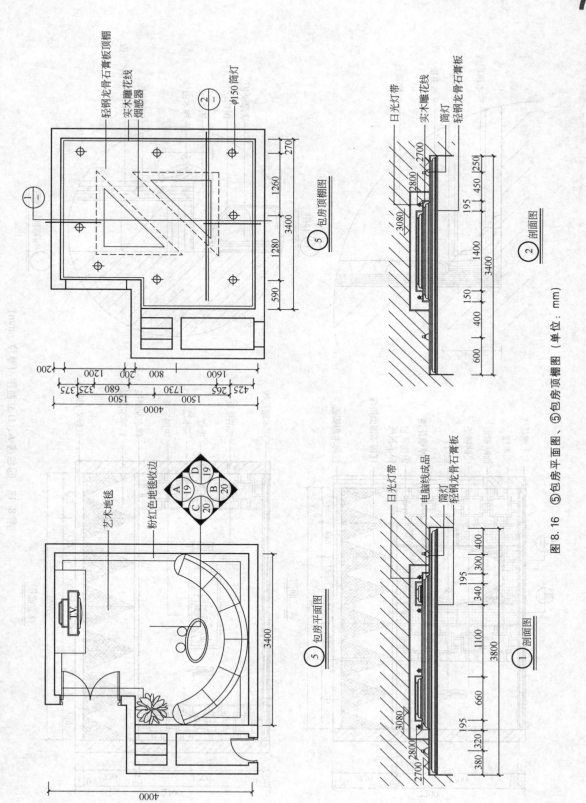

图 8.16 ⑤包房平面图、⑤包房顶棚图（单位：mm）

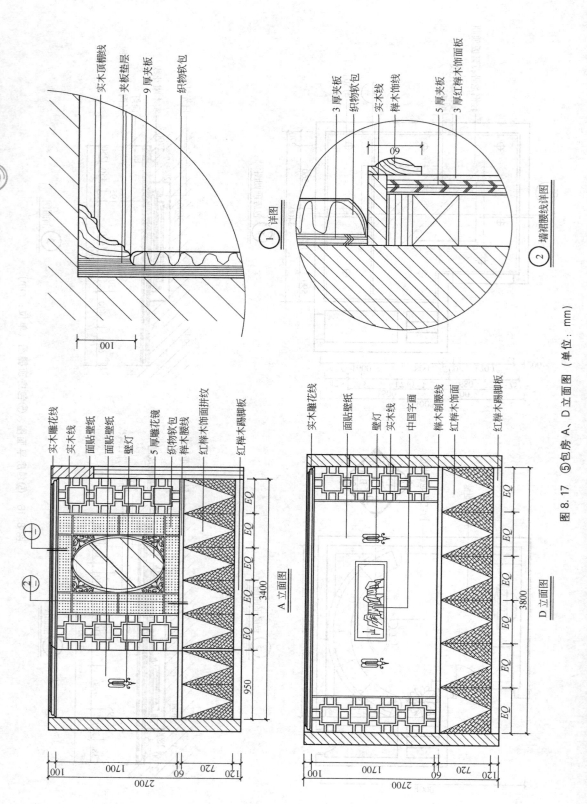

实木顶棚线
夹板垫层
9厚夹板
织物软包

① 详图

100

3厚夹板
织物软包
实木线
榉木饰线
5厚夹板
3厚红榉木饰面板

60

② 墙裙腰线详图

实木雕花线
实木线
面贴壁纸
面贴壁纸
壁灯
5厚雕花板
织物软包
榉木腰线
红榉木饰面拼纹
红榉木踢脚板

EQ EQ EQ EQ EQ EQ EQ EQ

3400

950

A 立面图

100 1700 60 720 120
2700

实木雕花线
面贴壁纸
壁灯
实木线
中国字画
榉木制腰线
红榉木饰面
红榉木踢脚板

EQ EQ EQ EQ

3800

EQ

D 立面图

100 1700 60 720 120
2700

图 8.17 ⑤包房 A、D 立面图（单位：mm）

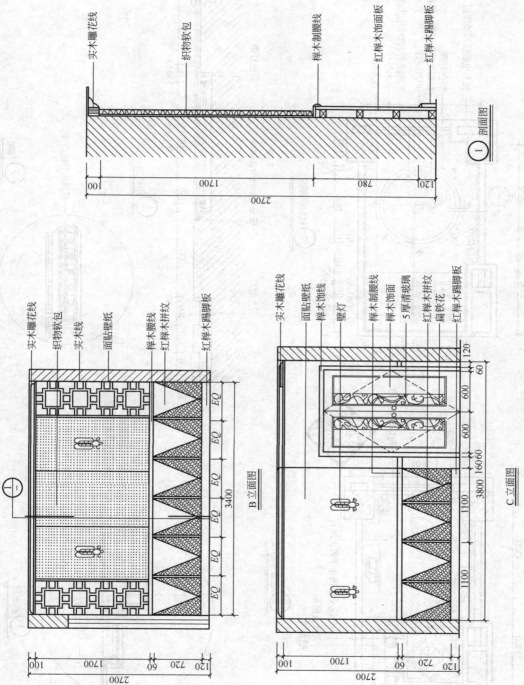

图 8.18 ⑤包房 B、C 立面图（单位：mm）

剖面图

B 立面图

C 立面图

实木雕花线
织物软包
实木线
面贴壁纸
榉木腰线
红榉木拼纹
红榉木踢脚板

实木雕花线
面贴壁纸
榉木饰线
榉木制腰线
榉木饰面
5 厚清玻璃
红榉木拼纹
扁铁花
红榉木踢脚板

实木雕花线
织物软包
榉木制腰线
红榉木饰面板
红榉木踢脚板

壁灯

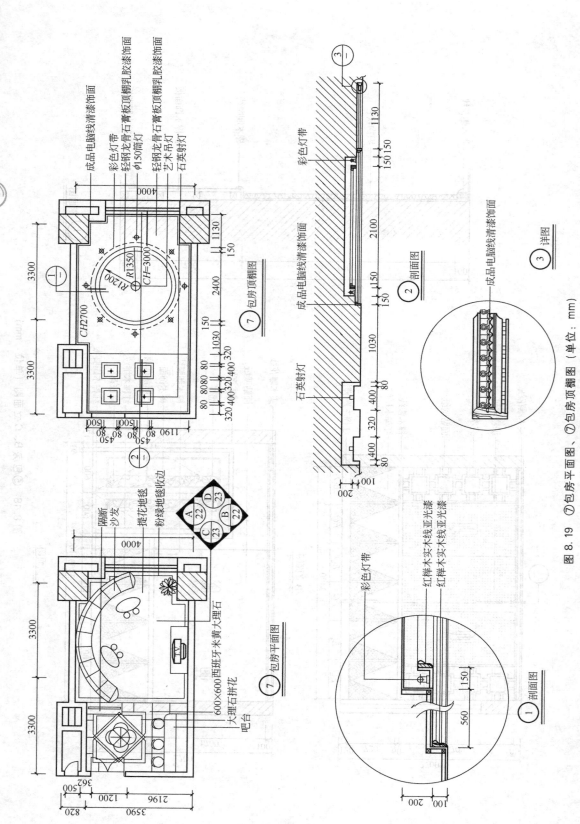

成品电脑线清漆饰面
彩色灯带
轻钢龙骨石膏板顶棚孔胶漆饰面
φ150筒灯
轻钢龙骨石膏板顶棚孔胶漆饰面
艺术吊灯
石英射灯

CH2700

R1350
R1200
CH=3000

4000

3300

3300

3300

1130
150

2400

150

1030

320 400 320 400 320
80 80 80 80

450
1190
450
1500
1500
80
80

⑦ 包房顶棚图

彩色灯带

3

1130

150 150

2100

1150

150

1030

80

400

320

400

80

200

② 剖面图

石英射灯

成品电脑线清漆饰面

成品电脑线清漆饰面

③ 详图

隔断
沙发
提花地毯
粉绿地毯收边

4000

3300

3300

362
500
2196
1200
3590
820

A 22
D 23
B 22
C 23

600×600西班牙米黄大理石
大理石拼花
吧台

⑦ 包房平面图

彩色灯带

红樟木实木线亚光漆
红樟木实木线亚光漆

150

560

① 剖面图

200

100

200

图 8.19 ⑦包房平面图、⑦包房顶棚图（单位：mm）

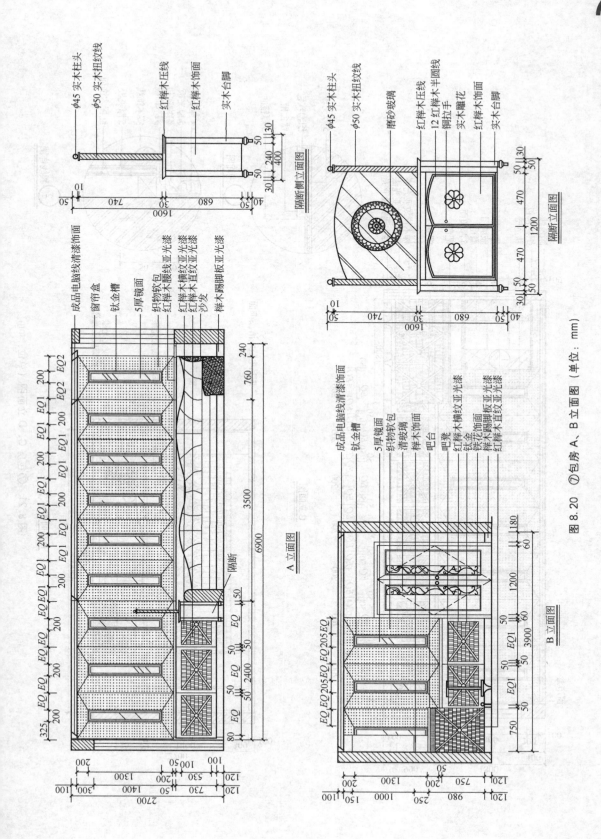

图 8.20 ⑦包房 A、B 立面图（单位：mm）

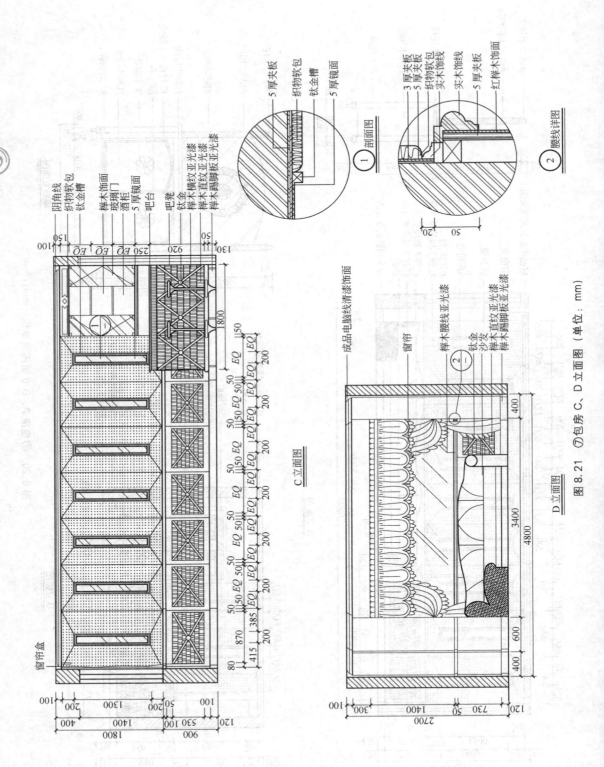

剖面图 ①

5 厚夹板
织物软包
钛金槽
5 厚镜面

腰线详图 ②

3 厚夹板
5 厚夹板
织物软包
实木饰线
实木饰线
5 厚夹板
红榉木饰面

阴角线
织物软包
钛金槽
榉木饰面
玻璃门
酒柜
5 厚镜面
吧台
吧凳
钛金
榉木横纹亚光漆
榉木直纹亚光漆
榉木踢脚板亚光漆

C 立面图

窗帘盒

成品电脑线清漆饰面
窗帘
榉木腰线亚光漆
钛金
沙发
榉木直纹亚光漆
榉木踢脚板亚光漆

D 立面图

图 8.21 ⑦包房 C、D 立面图（单位：mm）

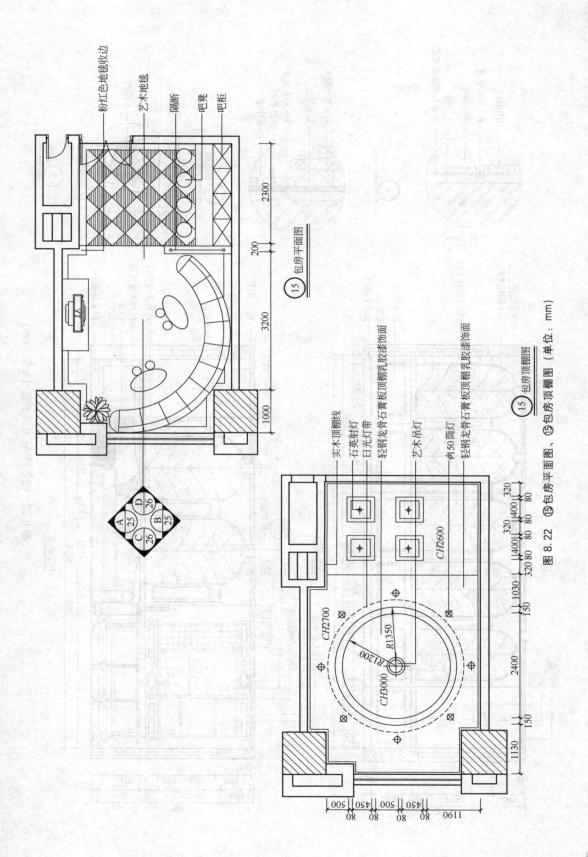

粉红色地毯收边

艺术地毯

隔断

吧凳

吧柜

2300

200

3200

1000

⑮ 包房平面图

实木顶棚线

石英射灯

日光灯带

轻钢龙骨石膏板顶棚乳胶漆饰面

艺术吊灯

φ150筒灯

轻钢龙骨石膏板顶棚乳胶漆饰面

⑮ 包房顶棚图

CH2700

CH2600

CH3000

R1200

R1350

2400

320
80
320
80
320
80
400
400
320 80

1030

150

150

1130

500
450
500
450
1190

图 8.22 ⑮包房平面图、⑮包房顶棚图（单位：mm）

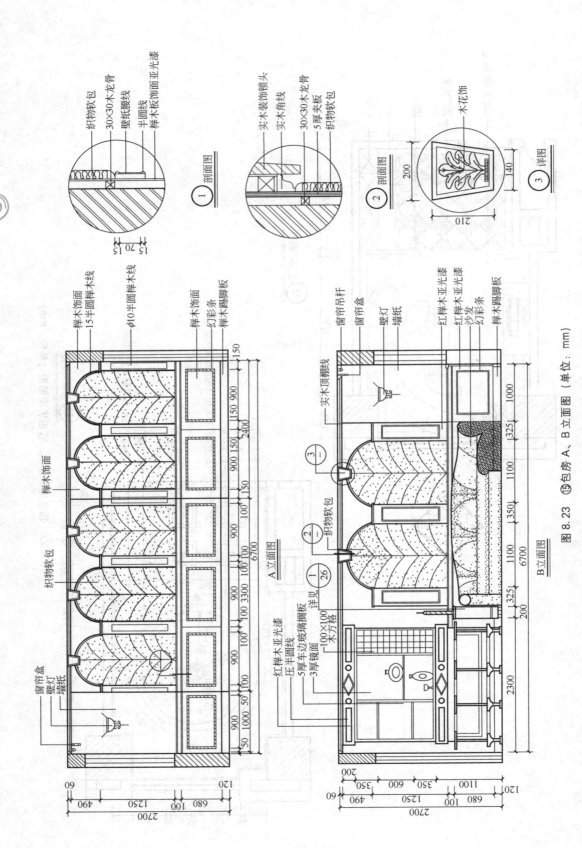

建筑装饰构造

270

剖面图 ①

剖面图 ②

详图 ③

织物软包
30×30木龙骨
壁纸腰线
半圆线
榉木板饰面亚光漆

实木装饰铆头
实木角线
30×30木龙骨
5厚夹板
织物软包

木花饰

200
210
140

15 70 15

榉木饰面
15半圆榉木线
φ10半圆榉木线
榉木饰面
幻彩条
榉木踢脚板

窗帘盒
壁灯
墙纸
榉木饰面
织物软包

红榉木亚光漆
压半圆线
5厚车边玻璃橱板
3厚镜面
100×100木方格

A立面图

150
900 150 900
900 150
900
900 3300
900 1000 100
50

6700

2700
60
490 1250 120
680 100

150
2400
150
100 100 100
50

窗帘吊杆
窗帘盒
壁灯
墙纸
红榉木亚光漆
红榉木亚光漆
沙发
幻彩条
榉木踢脚板

实木顶棚线

织物软包

① 26
② 1
③ 1

B立面图

1000
325
1100
350
1100
325
200

6700

2300

2700
200
60
490 1250 120
680 100
350 600 350
1100

图 8.23 ⑮包房A、B立面图（单位：mm）

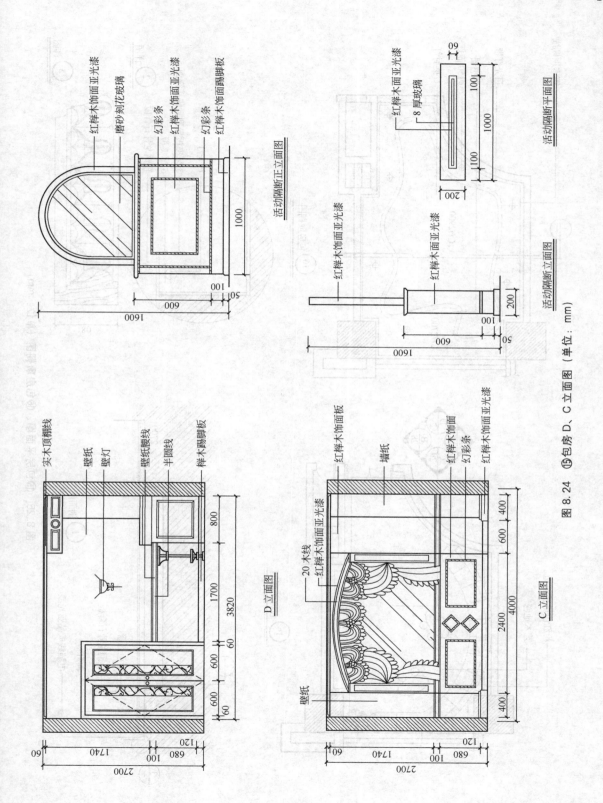

红樱木饰面亚光漆
磨砂刻花玻璃
幻彩条
红樱木饰面亚光漆
幻彩条
红樱木饰面踢脚板

活动隔断正立面图

1000

009

600

100
50

1600

红樱木面亚光漆
8厚玻璃

100
1000
100

200

活动隔断平面图

红樱木饰面亚光漆
红樱木面亚光漆

200

100
50

009

600

1600

活动隔断立面图

实木顶棚线
壁纸
壁灯
壁纸腰线
半圆线
樱木踢脚板

800
1700
3820
60
600
600
60

D立面图

60
100
680
120
1740
2700

20木线
红樱木饰面亚光漆

红樱木饰面板
墙纸
红樱木饰面
幻彩条
红樱木饰面亚光漆

400
600
4000
2400
400

壁纸

C立面图

60
100
680
120
1740
2700

图8.24 ⑮包房D、C立面图（单位：mm）

271

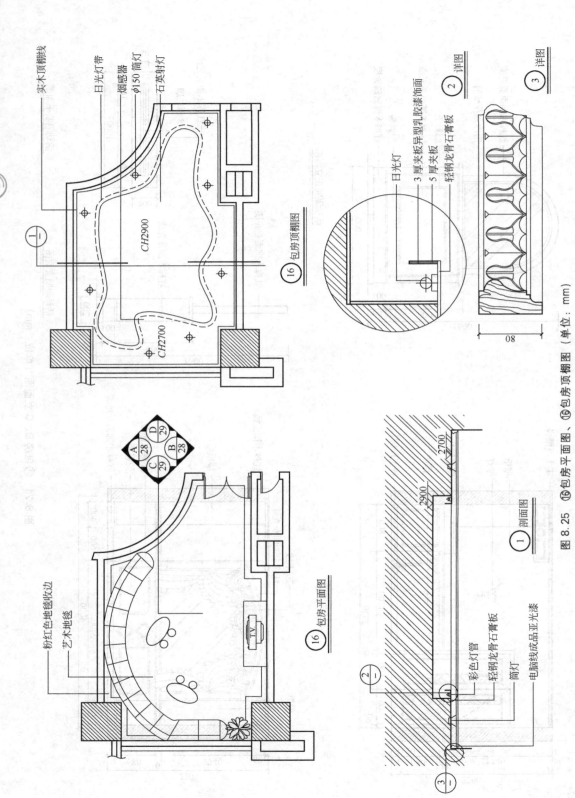

实木顶棚线
日光灯带
烟感器
φ150筒灯
石英射灯

① ← ① 包房顶棚图

CH2900

CH2700

② 详图

日光灯
3 厚夹板异型孔胶漆饰面
5 厚夹板
轻钢龙骨石膏板

③ 详图

08

A 28 D 29
C 29 B 28

粉红色地毯收边
艺术地毯
TV

① 包房平面图

剖面图

彩色灯管
轻钢龙骨石膏板
筒灯
电脑线成品亚光漆

2900
2700

图 8.25 ①包房平面图、①包房顶棚图（单位：mm）

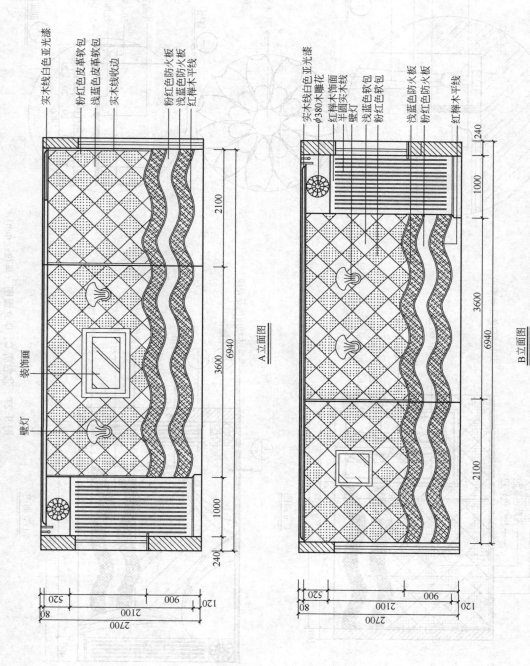

图 8.26 ⑯包房 A、B 立面图（单位：mm）

A立面图

实木线白色亚光漆
粉红色皮革软包
浅蓝色皮革软包
实木线收边
粉红色防火板
浅蓝色防火板
红榉木平线
装饰画
壁灯

B立面图

实木线白色亚光漆
φ380木雕花
红榉木饰面
半圆实木线
壁灯
浅蓝色软包
粉红色软包
浅蓝色防火板
粉红色防火板
红榉木平线

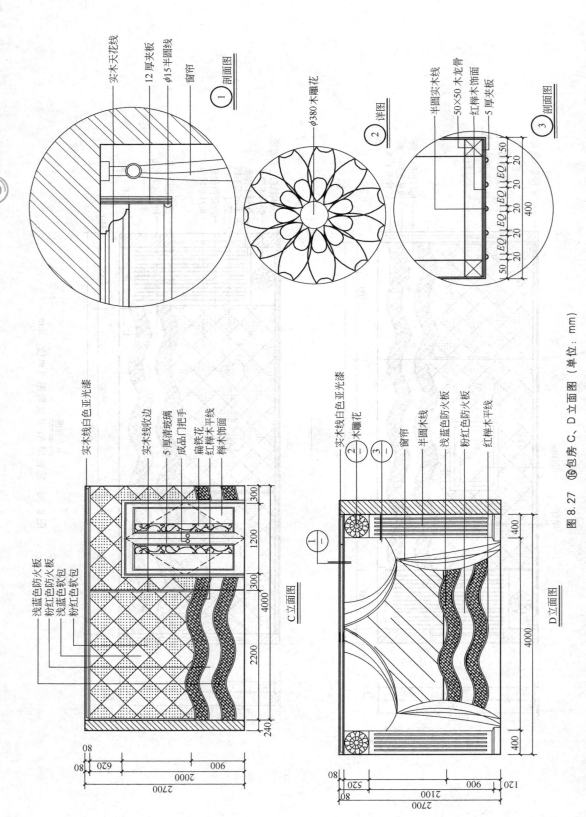

① 剖面图

实木天花线
12 厚夹板
φ15 半圆线
窗帘

φ380 木雕花

② 详图

半圆实木线
50×50 木龙骨
红榉木饰面
5 厚夹板

③ 剖面图

EQ | EQ | EQ | EQ
50 | 20 | 20 | 20 | 50
400

实木线白色亚光漆
实木线收边
5 厚清玻璃
成品门把手
扁铁花
红榉木平线
榉木饰面

实木线白色亚光漆
木雕花
窗帘
半圆木线
浅蓝色防火板
粉红色防火板
红榉木平线

浅蓝色防火板
粉红色防火板
浅蓝色软包
粉红色软包

C立面图

D立面图

图 8.27　⑯包房 C、D 立面图（单位：mm）

建筑装饰构造

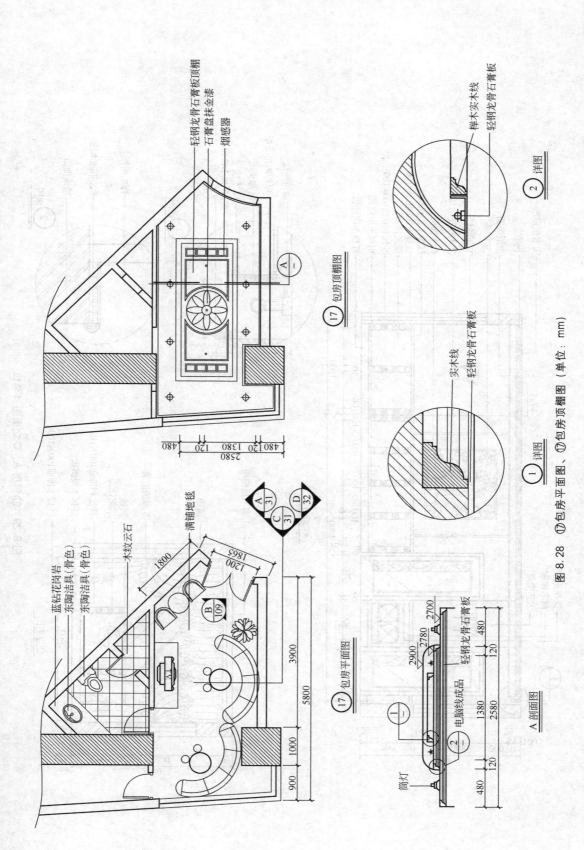

轻钢龙骨石膏板顶棚
石膏盘抹金色漆
烟感器

⑰包房顶棚图

桦木实木线
轻钢龙骨石膏板

② 详图

实木线
轻钢龙骨石膏板

① 详图

图 8.28 ⑰包房平面图、⑰包房顶棚图（单位：mm）

蓝钻花岗岩
东陶洁具(骨色)
东陶洁具(骨色)
木纹云石
满铺地毯

⑰包房平面图

轻钢龙骨石膏板
电脑线成品
筒灯

A 剖面图

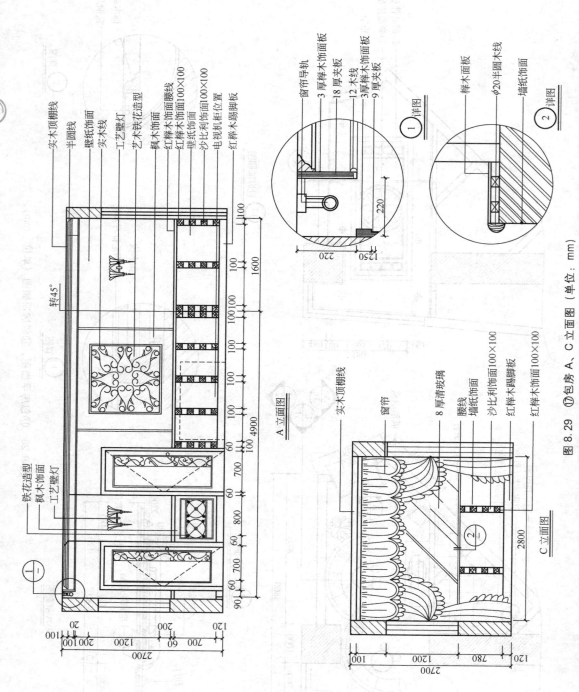

实木顶棚线
半圆线
壁纸饰面
实木线
工艺壁灯
艺术花造型
枫木饰面
红榉木饰面腰线
红榉木饰面100×100
壁纸饰面
沙比利饰面100×100
电视机柜位置
红榉木踢脚板

窗帘导轨
3 厚榉木饰面板
18 厚夹板
12 木线
3 厚榉木饰面板
9 厚夹板

① 洋图

榉木面板
φ20半圆木线
墙纸饰面

② 洋图

转45°

铁花造型
枫木饰面
工艺壁灯

A 立面图

实木顶棚线
窗帘
8 厚清玻璃
腰线
墙纸饰面
沙比利饰面100×100
红榉木踢脚板
红榉木饰面100×100

C 立面图

图 8.29 ⑦包房 A、C 立面图（单位：mm）

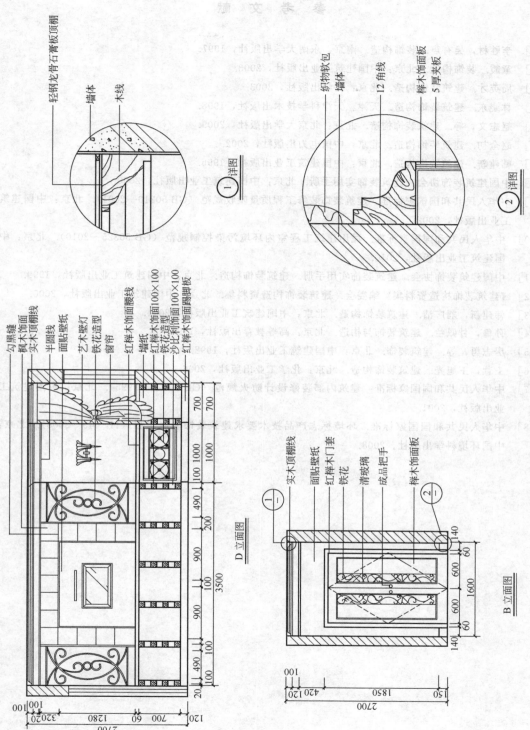

轻钢龙骨石膏板顶棚
墙体
木线

① 详图

织物软包
墙体
12 角线
榉木饰面板
5 厚夹板

② 详图

勾黑缝
枫木饰面
实木顶棚线
半圆线
面贴壁纸
艺术壁灯
铁花造型
窗帘
红榉木饰面腰线
墙纸
红榉木饰面100×100
铁花造型
沙比利饰面100×100
红榉木饰面踢脚板

D 立面图

700
700
1000
100
1000
490
200
900
100
100
900
490
100
100
3500

100
100
3020 20
1280
700 60
2700
120

实木顶棚线
面贴壁纸
红榉木门套
铁花
清玻璃
成品门把手
榉木饰面板

B 立面图

140
60
600
1600
600
60
140

100
100
420 120
1850
150
2700

图 8.30 ⑪包房 D、B 立面图（单位：mm）

277

参 考 文 献

[1] 李胜材，吴有声. 装饰构造. 南京：东南大学出版社，1997.
[2] 童霞. 装饰构造. 北京：中国建筑工业出版社，2003.
[3] 周英才. 建筑装饰构造. 北京：科学出版社，2003.
[4] 林晓东. 建筑装饰构造. 天津：天津科学技术出版社，1998.
[5] 赵志文，等. 建筑装饰构造. 北京：北京大学出版社，2009.
[6] 赵全初. 建筑装饰构造. 北京：中国电力出版社，2002.
[7] 韩建新. 建筑装饰构造. 北京：中国建筑工业出版社，1996.
[8] 中国建筑装饰协会. 建筑装饰实用手册. 北京：中国建筑工业出版社，2000.
[9] 中华人民共和国国家标准. 建筑装饰装修工程质量验收规范（GB 50210—2001）. 北京：中国建筑工业出版社，2002.
[10] 中华人民共和国国家标准. 民用建筑工程室内环境污染控制规范（GB 50325—2010）. 北京：中国建筑工业出版社，2010.
[11] 中国建筑装饰协会. 建筑装饰实用手册. 建筑装饰构造. 北京：中国建筑工业出版社，1999.
[12] 《建筑装饰构造资料集》编委会. 建筑装饰构造资料集. 北京：中国建筑工业出版社，2000.
[13] 韩建新，刘广洁. 建筑装饰构造. 北京：中国建筑工业出版社，2004.
[14] 孙鲁，甘佩兰. 建筑装饰与构造. 北京：高等教育出版社，1997.
[15] 房志勇，等. 建筑装饰. 北京：中国建筑工业出版社，1992.
[16] 王萱，王旭光. 建筑装饰构造. 北京：化学工业出版社，2006.
[17] 中华人民共和国国家标准. 建筑内部装修设计防火规范（GB 50222—1995）. 北京：中国建筑工业出版社，2001.
[18] 中华人民共和国国家标准. 环境标志产品技术要求建筑装饰装修工程（HJ 440—2008）. 北京：中国环境科学出版社，2008.